普通中等专业教育机电类规划教材

机床电气控制技术

第2版

连赛英　主编

机 械 工 业 出 版 社

本书较系统地介绍了机械设备中的电气控制系统和可编程序控制器。主要内容有：常用低压电器、继电器-接触器基本控制电路、机床电气控制、可编程序控制器的原理与应用以及电气控制电路设计等内容。本书在讲述机床电气控制中注重机-电-液的有机联系，重点介绍电气设备的安装、调试及使用，还介绍了电气元件使用注意事项等。本书附有实验指导书、课程设计实例以及电气图常用图形、文字符号新旧对照表。

本版教材精选的内容中增加部分新的电气元件，介绍机床电气设备和电气元件的故障分析、故障排除方法，通过实验环节进一步巩固理论知识，以提高读者分析问题和解决问题的能力。

本书为中等职业学校机械制造专业“机床电气控制技术”课程的教材，可作为授课时数为60学时左右的各类学校非工业电气自动化专业及成人、职业技术教育类似课程的教学用书，还可作为电气、机械工程技术人员及有关专业师生的参考用书。

图书在版编目（CIP）数据

机床电气控制技术/连赛英主编. —2版. —北京：机械工业出版社，2006（2025.1 重印）

普通中等专业教育机电类规划教材

ISBN 978-7-111-05149-7

Ⅰ. 机… Ⅱ. 连… Ⅲ. 机床—电气控制—专业学校—教材 Ⅳ. TG502.35

中国版本图书馆 CIP 数据核字（2006）第 120265 号

机械工业出版社（北京市百万庄大街 22 号 邮政编码 100037）

策划编辑：王海峰 责任编辑：王莉娜 汪光灿 王海峰

版式设计：张世琴 责任校对：刘志文 责任印制：常天培

固安县铭成印刷有限公司印刷

2025年1月第2版第28次印刷

184mm×260mm · 13.75 印张 · 340 千字

标准书号：ISBN 978-7-111-05149-7

定价：39.00 元

电话服务 网络服务

客服电话：010-88361066 机 工 官 网：www.cmpbook.com

010-88379833 机 工 官 博：weibo.com/cmp1952

010-68326294 金 书 网：www.golden-book.com

 机工教育服务网：www.cmpedu.com

第 2 版前言

本书自 1996 年第 1 版出版后受到广大读者欢迎。为了使学生和有关读者能更好地学以致用，理论联系实际，提高分析问题和解决问题的能力，在机械工业出版社职业教育分社的建议和大力支持下推出第 2 版。第 2 版中，常用低压电器引入部分最新产品，增加了机床电气控制电路和常用电器的故障分析、故障排除方法等内容，在控制电路的实验中也增加了故障试验的内容，使学生在基本掌握理论知识的基础上，提高实际操作技能，为培养应用型工程技术人才打下基础。

本书为中等职业学校机械制造专业教学用书，也可作为成人、职业技术教育的教学用书，还可供有关工程技术人员和有关专业师生参考。

本书第 2 版的修订工作由连赛英完成。

由于编者水平有限，书中难免有不妥之处，恳请各位读者批评指正。

编　者

第1版前言

“机床电气控制技术”是根据机械部中专机制专业教学指导委员会审定的教学大纲，为中等专业学校机械制造专业编写的教材。

为了实施新的教学计划，适应市场经济需要，本书选定的内容有常用低压电器、继电器-接触器基本环节的控制电路、机床电气控制、可编程序控制器的原理及应用、电气控制的电路设计。每章后附有思考题与习题。本书还附有实验指导书、电气图常用图形和文字符号新旧对照表等。

本书内容结合了专业特点，取材广泛，较好地处理了教学内容的深度和广度，体现了先进性、灵活性和实用性。在深入浅出地阐述了机床电气控制技术的有关基础知识的同时，注意了理论联系实际，注重了培养应用型的工程技术人才。在低压电器章节中，突出了电器元件的选择、安装与使用注意事项。在基本控制环节电路章节中，较全面地分析、介绍了各种典型环节电路。在机床电气控制章节中，拓宽了知识面，介绍了采用凸轮控制器控制桥式起重机电气控制的内容。在可编程序控制器的原理与应用中，突出了PLC在工业控制中的应用实例。在电气控制的电路设计中，对机床电气控制系统的设计，从设计原则到设计方案的确定，电器的选择、安装与调试等过程都作了详细的阐述，并用实际的机械设备为例，采用继电器-接触器控制系统和PLC控制系统两种设计方案，说明电气控制设计的全过程。本书编入了常用电器的技术数据、实验指导书和电气控制电路设计举例等内容，较好地充实了实践性的教学环节。打“*”的内容可根据实际情况选用。

本书由福建高级工业专门学校连赛英主编，参加编写的有咸阳机器制造学校王津(编写第二章及实验一、二、三)，温州机械工业学校陈大路(编写第四章及实验六、七)，其余内容由连赛英负责编写。

本书由重庆机器制造学校陈达昭主审，参加大纲讨论和审稿的有上海机电工业学校陈林桂，广东省机械工业学校李锡雯，温州机械工业学校周嘉麟，西安仪表工业学校肖志锋，无锡机械制造学校吴宜平，长治机电工业学校斐振文，哈尔滨机械工业学校李军，广西机械学校吴维勇，咸阳机器制造学校方维奇等同志。他们对本书的编审工作提出了许多建设性建议，对上述同志的热情支持和帮助，编者在此表示衷心的感谢。

本书为中等专业学校四年制机械制造专业教学用书，也可作为教学时数为60学时左右的非工业电气化或自动化专业(如电机电器、电子技术应用、计算机、机械设备与控制、机械设备与维修、机械设备与检测等)相关课程的教学用书。

由于编者的水平有限，书中难免有错误和不妥之处，恳请各位读者提出批评指正。

编　者

1995年10月

目　　录

第一章　常用低压电器

电器就是接通、断开电路或调节、控制和保护电路与设备的电工器具和装置。

电器的用途广泛，功能多样，构造各异，种类繁多。

1. 按工作电压等级分类　低压电器是指工作于交流 50Hz 或 60Hz，额定电压 1200V 以下，或直流额定电压 1500V 以下电路中的电器；高压电器是指工作于交流额定电压 1200V 以上，或直流额定电压 1500V 以上电路中的电器。

2. 按动作原理分类　手动电器是指需要人工直接操作才能完成指令任务的电器；自动电器是指不需要人工操作，而是按照电的或非电的信号自动完成指令任务的电器。

3. 按用途分类　控制电器是用于各种控制电路和控制系统的电器；主令电器是用于自动控制系统中发送控制指令的电器；保护电器是用于保护电路及用电设备的电器；配电电器是用于电能的输送和分配的电器；执行电器是用于完成某种动作或传动功能的电器。

4. 按工作原理分类　电磁式电器是依据电磁感应原理来工作的电器；非电量控制电器，其工作是靠外力或某种非电物理量的变化而动作的电器等。

本章主要介绍几种常用低压电器，并通过对它们的结构、工作原理、型号、有关技术数据、图形符号和文字符号、选用原则及使用注意事项等内容介绍，为以后正确选择、合理使用电器打下基础。

第一节　接　触　器

接触器是一种低压自动切换、并具有控制与保护作用的电磁式电器。它用于远距离频繁地接通或断开交、直流主电路和大容量控制电路。如用于控制电动机、电热设备、电焊机、电容器组等，还具有欠电压与零电压保护功能，是电力拖动自动控制电路中使用最广泛的电器元件。

接触器按其主触点控制电路中电流的种类分为直流接触器和交流接触器，交流接触器又分为工频(50Hz 或 60Hz)和中频 400Hz 两种。按其电磁系统的励磁电流种类分为直流励磁操作和交流励磁操作两种。按主触点的极数分为单极、双极、三极、四极、五极等几种。

一、接触器的主要结构

接触器结构由电磁系统、触点系统和灭弧装置等组成。交流接触器 CJ20-63 型结构见图 1-1。

1. 电磁系统　电磁系统是接触器的动力元件，由铁心、衔铁、电磁线圈和释放弹簧几部分组成。

(1) 磁路机构　电磁系统的电磁铁结构形式主要有衔铁绕棱角转动的拍合式结构，衔铁绕轴转动的拍合式结构和衔铁作直线运动的单 E 形和双 E 形式结构等，见图 1-2。

交流励磁的接触器大都采用图 1-2b、c 类型的电磁系统。直流励磁的接触器主要采用图

1-2a 类型的电磁系统。

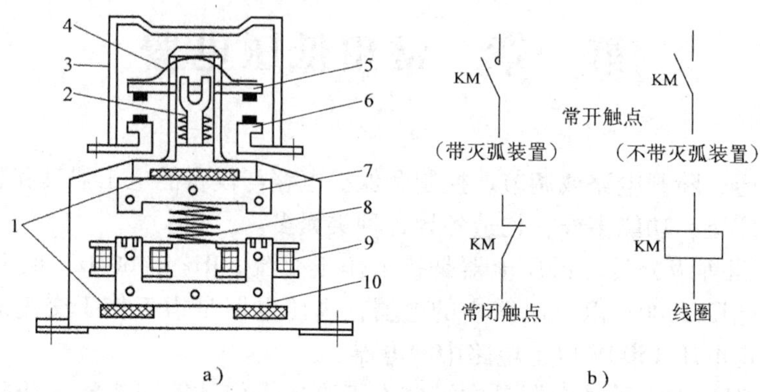

图 1-1　CJ20-63 型交流接触器的结构、图形、文字符号

a）结构示意图　b）图形文字符号

1—垫毡　2—触点弹簧　3—灭弧罩　4—触点压力弹簧片　5—动触桥

6—静触点　7—衔铁　8—缓冲弹簧　9—电磁线圈　10—铁心

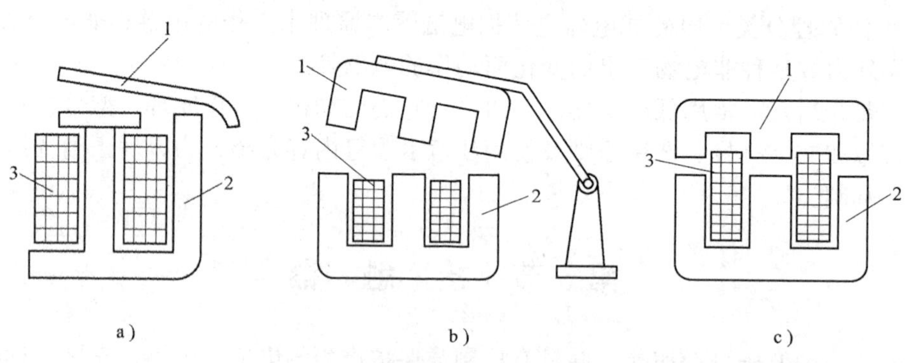

图 1-2　常用的电磁系统结构图

1—衔铁　2—铁心　3—线圈

交流励磁的铁心一般用硅钢片叠压铆成，以减少交变磁场在铁心中产生的涡流及磁滞损耗，防止铁心过热。直流励磁线圈中通的是直流电，铁心不产生涡流和磁滞损耗，因此，铁心可用整块铸钢或铸铁制成。

电磁铁吸力

$$F=\frac{B^2S}{8\pi}\times 10^7 \tag{1-1}$$

式中　F——电磁吸力(N)；

B——气隙中磁感应强度(T)；

S——磁极截面积(m^2)。

在气隙值 δ 与外加电压一定时，对于直流电磁铁的电磁吸力为恒定值。但对于交流电磁铁，由于外加正弦交流电压，其气隙磁感应强度亦按正弦规律变化，即

$$B=B_m\sin\omega t \tag{1-2}$$

交流电磁吸力可按下式求出：

$$F=\frac{F_m}{2}-\frac{F_m}{2}\cos2\omega t=F_0-F_0\cos2\omega t \tag{1-3}$$

式中　F_m——电磁吸力最大值，$F_m=\frac{B_m^2S}{8\pi}\times10^7$；

F_0——电磁吸力的平均值，$F_0=\frac{F_m}{2}$。

交流电磁机构的电磁吸力是一个两倍电源频率的周期性变量。它有两个分量，一是恒定分量 F_0，另一是交变分量，其吸力曲线见图 1-3。

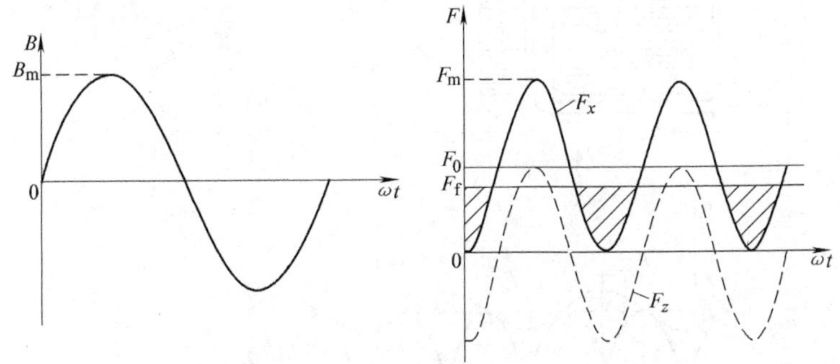

图 1-3　交流电磁机构实际吸力曲线

电磁机构在工作中，衔铁始终是受反作用弹簧和触点弹簧等的反作用力 F_f 的作用。尽管电磁吸力的平均值 F_0 大于 F_f，但有的时候 F 仍小于 F_f(图 1-3 的影线部分)。此时衔铁开始释放，当 $F>F_f$ 时，衔铁又被吸合，如此反复进行，衔铁必然产生振动和噪声。

为了消除衔铁产生振动和噪声，可在铁心端部开一个槽，槽内嵌有短路环(或分磁环)的铜环，见图 1-4a。当励磁线圈通入交流电后，在短路环中就有感应电流产生，该感应电流又产生一个磁通。短路环将铁心中的磁通分为两部分，即不穿过短路环的磁通 Φ_1 和穿过短路环的磁通 Φ_2，在短路环的作用下，使 Φ_1 与 Φ_2 磁通产生相移，即不同时为零，使合成吸力始终大于反作用力 F_f，从而消除振动和噪声。磁通相位关系与吸力特性曲线见图1-4b、c。

(2) 励磁线圈　励磁线圈的作用是将电能转换成磁场能量，它是电磁机构动力的能源。通入线圈的电流种类有两种，通入直流电的为直流线圈，通入交流电的为交流线圈。

直流励磁的电磁机构，其磁路的铁心不发热，仅由于励磁线圈流过电流而产生热量，为了改善线圈的散热条件，线圈与铁心之间不设框架，直接接触，通过铁心来散热，并且直流励磁线圈做成高而薄的长条型。

交流励磁的电磁机构，其铁心存在涡流与磁滞损耗，线圈与铁心均发热，为了不使热量相互影响，线圈设有框架，使铁心与线圈隔离，同时为了使铁心与线圈的散热面积增大，将线圈做成短而厚的粗短形。

接触器的励磁线圈并接于电路中为电压线圈。对于交流励磁线圈的电压，在 85%~105% 额定电压时能可靠地动作。否则，由于电流过大，使线圈过热以至烧毁。从电工基础的有关知识可知，交流励磁电磁机构，当铁心气隙 δ 大、电感 L 小和阻抗 Z 小时，线圈电流就增大，电磁吸力 F 与磁通平方成正比，而磁通的最大值又正比于外加电压。因此，当线圈励磁电压过低时，其电磁吸力不足，衔铁吸不上，气隙大，而使线圈过流而烧毁；当线圈励磁电压过高时，磁路趋于饱和，线圈电流显著增大，也会使线圈过热烧毁。

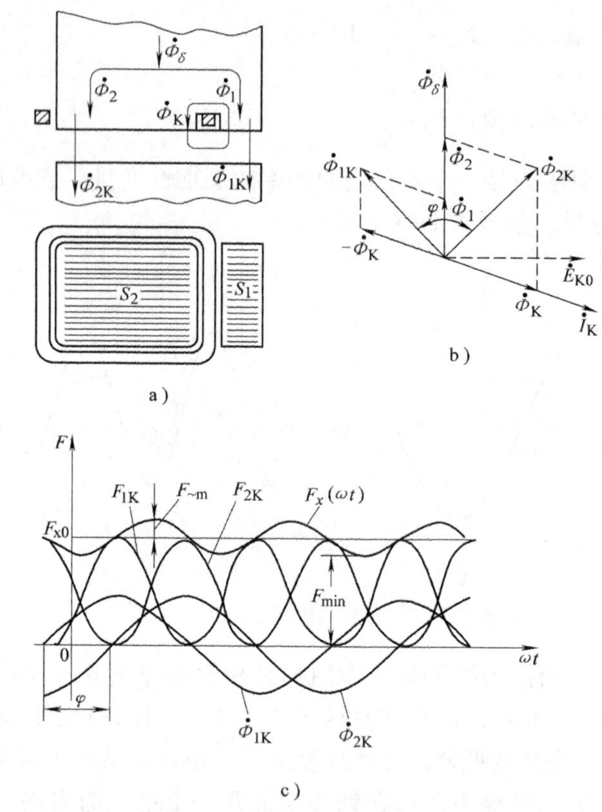

图 1-4　交流电磁机构加入短路环后磁通相位与吸力特性

a）结构示意图　b）各磁通相位关系　c）吸力特性

此外，交流励磁的电磁机构在起动时，由于铁心气隙大，使通过线圈的起动电流会达到工作电流的十几倍。因此，交流接触器不宜在起动频繁的场合使用。

由于交流励磁的电磁机构有感抗存在，而直流励磁只有线圈电阻，在同样外加电压和线圈吸持电流时，直流励磁线圈匝数多、电阻值大，而交流励磁线圈匝数少、电阻值小。因此，交流励磁线圈不能直接接于直流电源上，否则也将烧毁线圈。

2. 触点系统　触点是电器的执行元件，起接通和断开电路的作用。接触器的触点系统分为主触点和辅助触点。主触点用以通断较大电流的主电路，体积较大。辅助触点用以通断小电流的控制电路，体积较小。触点还可分为常开触点和常闭触点两种，所谓“常开”是指线圈未通电时触点处于断开状态，线圈通电后触点就闭合，又称为动合触点。所谓“常闭”则是指线圈未通电时触点处于闭合状态，线圈通电后触点就断开，又称为动断触点。

触点用于通断电路，要求触点的材料有良好的导电性能。接触电阻小的触点通常用铜制成。若要求接触电阻小，工作性能相对稳定的触点应采用银制触点。因为铜触点表面易氧化，形成电阻率大的氧化铜，增大接触电阻，触点温升高，损耗大。而银触点在高温时也会被氧化，形成氧化银，但其电阻率与纯银差不多，且易粉化。

触点的结构形式见图 1-5 所示，图 a、b 为桥式触点，其中图 a 为点接触形式，适用于电流不大、触点压力小的场合，图 b 为面接触形式，适用于较大电流的场合，图 c 为指形触点，其接触区域为一直线(长形截面)，触点在结构设计时，应使触点在接通或断开时产生滚、滑动过程，以去除氧化膜，减少接触电阻，适用于接通次数多、电流大的场合。

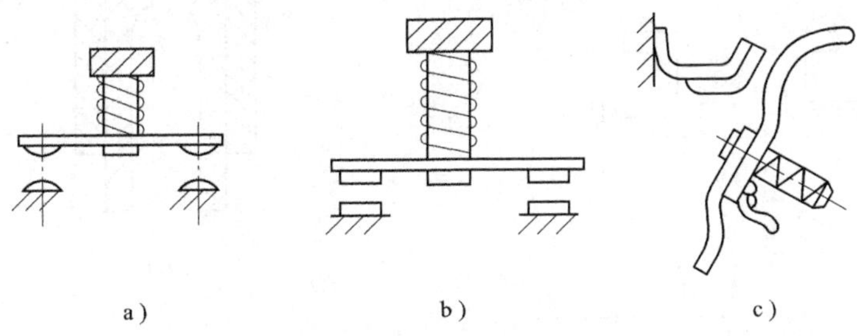

图 1-5　触点结构形式
a) 点接触形式　b) 面接触形式　c) 指形触点

为了使触点在接触过程中消除振动，闭合时接触得更紧密，减少接触电阻，因此，在触点上装有接触弹簧，加大触点间的压力。触点间的接触电阻还与接触表面的状况有关。

3. 灭弧装置　电器的动静触点在断开电路的瞬间，由于气体中少量正、负离子在电场强度作用下加速运动，与中性气体分子碰撞，使其发生游离。同时，触点金属内部的自由电子从阴极表面逸出奔向阳极，也撞击中性气体分子，也使其激励和游离，这些离子在电场中定向运动时伴随着强烈的热过程，致使在电流通道内形成等离子体，并伴有强烈的声、光和热效应的弧光现象，即为电弧。

电弧温度高达数千以至上万开尔文。由于电弧存在，使电路切断时间延迟，影响电路正常工作，电弧还会烧坏触点，使触点熔焊而损坏电器，甚至会烧毁电器与其它设备，酿成火灾。因此，在接触器中应设置有灭弧装置，起快速灭弧作用，确保电路正常工作和电器设备的安全。

电弧的存在既要有一定的电压以维持电弧的电压降，也要有一定的电流以维持强烈的热电离作用。因此，为使电弧快速熄灭，可采取下列措施。

(1) 双断口结构的电动力灭弧装置　图 1-6a 是一种桥式结构双断口触点。当触点断开时，在触点之间产生电弧，电弧电流在电弧之间产生图中以⊕表示的磁场，根据左手定则，电弧电流要受到一个指向外侧的电动力 F 的作用，使电弧向外运动并拉长，使它迅速穿越冷却介质而快速冷却并熄灭。

(2) 窄缝灭弧装置　图 1-6b 是利用灭弧罩上的窄缝实现灭弧的装置。当触点断开时，电弧在电动力的作用下进入窄缝内，窄缝可将电弧柱的直径压缩，使电弧与缝壁紧密接触，加快冷却和去游离作用，从而使电弧加快熄灭。灭弧罩常用耐高温陶土、石棉水泥等材料制成。目前有采用多个窄缝的多纵缝灭弧装置，电动力将电弧引入纵缝，被分劈成若干段直径较小的电弧，以增强冷却和去游离作用，提高灭弧效果。

(3) 磁吹灭弧装置　图 1-6c 是磁吹灭弧装置示意图。由磁吹线圈、引弧角和导弧磁夹板等组成。由图可见，磁吹线圈产生的磁场其磁通比较集中，它经铁心和导弧磁夹板进入电弧空间。于是，电弧在磁场的作用下，在灭弧罩内部迅速向上运动，并在引弧角处被拉到最长。在运动过程中，电弧一方面被拉长，另一方面又被冷却，因此电弧能迅速熄灭。引弧角除有引导电弧运动的作用外，还能把电弧从触点处引开，从而起到保护触点的作用。

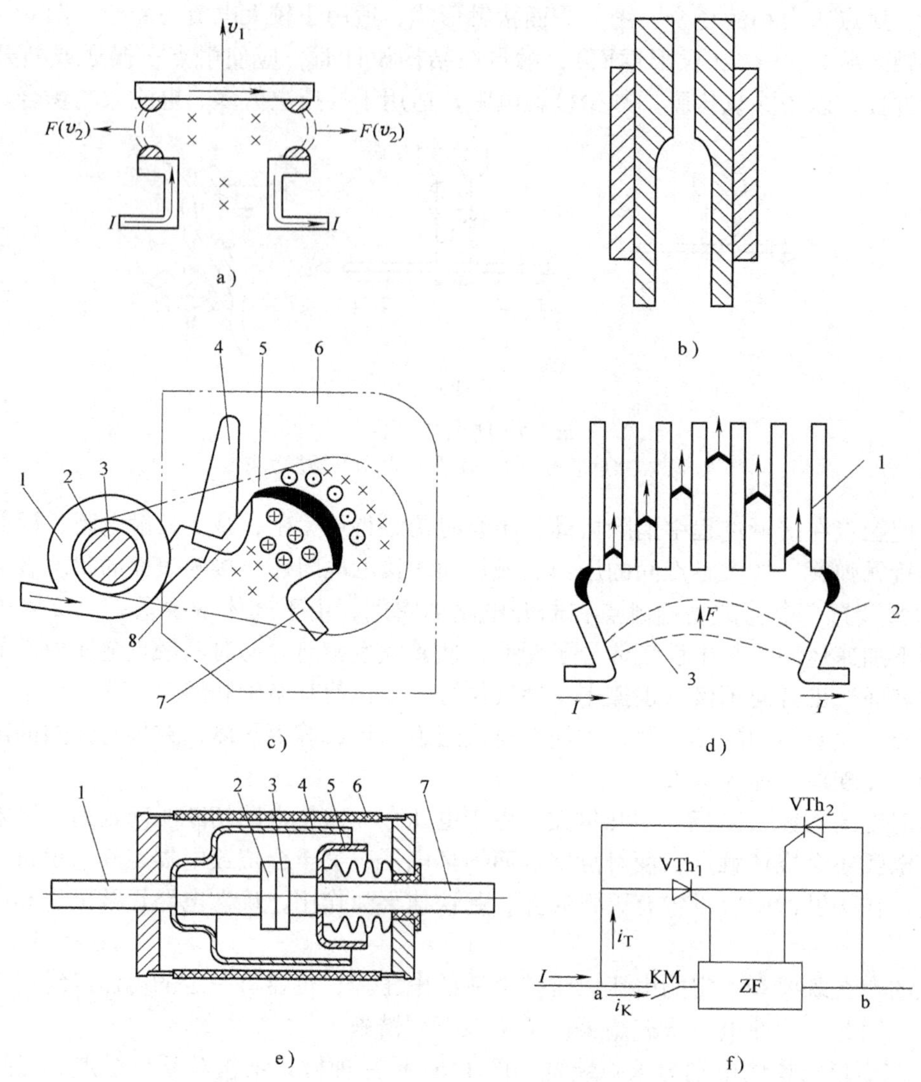

图 1-6　灭弧装置

a）双断口电动力灭弧　b）窄缝灭弧　c）磁吹灭弧

1—磁吹线圈　2—绝缘套　3—铁心　4—引弧角　5—导磁夹板

6—灭弧罩　7—动触点　8—静触点

d）栅片灭弧

1—灭弧栅片　2—触点　3—电弧

e）真空灭弧室　f）混合式无弧装置

1—静导电杆　2—静触点　3—动触点　4、5—屏蔽罩

6—绝缘外壳　7—动导电杆

这种灭弧装置称为串联磁吹灭弧装置。由于磁吹线圈是与主电路串联，作用于电弧的磁场力随电弧电流的大小而改变，电弧电流越大，灭弧能力越强，且磁吹力的方向与电流方向无关。除外，还有并联磁吹灭弧装置，其优点是弱电流时磁吹效果比串联磁吹灭弧效果好，

其缺点是当触点上电流方向改变时，必须同时改变线圈电流的极性，否则，磁吹力会反方向，电弧不但不易熄灭，甚至可能损坏电器。

交、直流电器均可采用磁吹灭弧方式。

（4）栅片灭弧装置 图 1-6d 是栅片灭弧装置示意图。由灭弧栅片（由多片镀铜薄钢片组成）、绝缘夹板等组成。当触点断开时，电弧在吹弧电动力的作用下被推向栅片，它们彼此间是互相绝缘的。电弧进入栅片后，被分成一段段串联短电弧，而栅片变成短弧的电极。栅片的作用还在于能导出电弧的热量，使电弧迅速冷却，同时每两片灭弧栅片可以看成一对电极，而每对电极间都有 150~250V 的绝缘强度（近阴极作用），使整个灭弧栅的绝缘大大加强，而每个栅片间的电压却不足以达到电弧燃烧的电压。所以，电弧进入灭弧栅后就很快的熄灭。

（5）真空灭弧 利用真空灭弧室达到快速熄弧的接触器是一种新型接触器。真空接触器的触点和灭弧室的结构如图 1-6e 所示。它是以真空作为灭弧介质的灭弧装置，其绝缘外壳采用高纯度氧化铝等高致密材料，由封接圈封接，保证灭弧室的真空度。灭弧室内设置了屏蔽罩。可有效地凝结分断电流时，由触点间隙扩散出来的金属蒸气，确保分断成功。当动、静触点在真空状态下分合时，由于没有气体分子，所以几乎不产生电弧，达到快速熄弧目的。

（6）混合式无弧装置 无弧转换混合式交流接触器其无弧转换装置见图 1-6f。图 1-6f 所示为三相交流混合式接触器中一相的结构原理图，它是在接触器动合触点两端并入无弧转换环节，由两个单相晶闸管或一个双向晶闸管及有关的触发控制电路组成。

当交流接触器线圈得电后时，其动合主触点闭合，主电路接通，电流 i_K 流过主触点，并在 ab 两端形成一电压降 ΔU_{ab}，该值的大小取决于主触点电路的阻抗和流过主触点的电流大小。在额定电流下，ΔU_{ab} 的值应小于晶闸管 VTh_1 和 VTh_2 的导通电压，即触发信号产生电路 ZF 的触发信号送到 VTh_1 和 VTh_2 的控制极也不会使之导通。当触点从闭合状态开始断开时，主触点的动、静触点之间接触电阻剧增，导致 ΔU_{ab} 增大到大于晶闸管导通电压（约 1V）。电流在分断前使触发电路发出的触发信号一直保持，这样 VTh_1 和 VTh_2 导通，电流 i_T 经 VTh_1 和 VTh_2 旁路转移，同时其主触点完全断开，实现无电弧转移。经 VTh_1 和 VTh_2 转移的电流过零时，晶闸管自然关断，当电源反向时，触发电路无电流，所以无触发信号输出，VTh_1 和 VTh_2 继续处于关断状态。这种工作方式因无电弧灼伤，提高了接触器的电气寿命。

接触器的其它部件包括反作用弹簧、缓冲弹簧、触点压力弹簧片、传动机构和接线柱等。反作用弹簧的作用是，当线圈断电时，使主触点复位分断。缓冲弹簧是安装在静铁心与胶木底座之间的一个刚性较强的弹簧，它的作用是缓冲动，缓冲动铁心吸合时对静铁心的冲击力，以保护胶木外壳免受冲击，防止损坏。触点压力弹簧片的作用是增加动、静触点之间的压力，从而增大触点接触面积，减少接触电阻，否则，由于动、静触点之间压力不足，接触面积减少，接触电阻增大，会使触点因过热而损伤。

二、接触器的工作原理

见图 1-1，无论是交流接触器还是直流接触器，当励磁线圈接通电源后，线圈电流产生磁场，使铁心磁化，产生电磁吸力克服反作用力吸引衔铁，并最终吸合。由于触点支持件与衔铁固定在一起，衔铁向铁心运动时，触点支持件连同装配于其上的动触点也随之运动，与静触点接通或断开，把电路接通或切断。一旦线圈切断电源或电压突然消失或电压显著降低时，电磁吸力消失或变小，而在反力弹簧等反作用力的作用下，衔铁就会脱离铁心返回原位，与此同时动触点也返回原位，把电路切断(常开触点)或接通(常闭触点)。

三、型号与技术参数

直流接触器目前常用的是 CZ0、CZ16、CZ17、CZ18、CZ21、CZ22、CZ911-CZ915、ZX1-32 等系列。

直流接触器的型号：

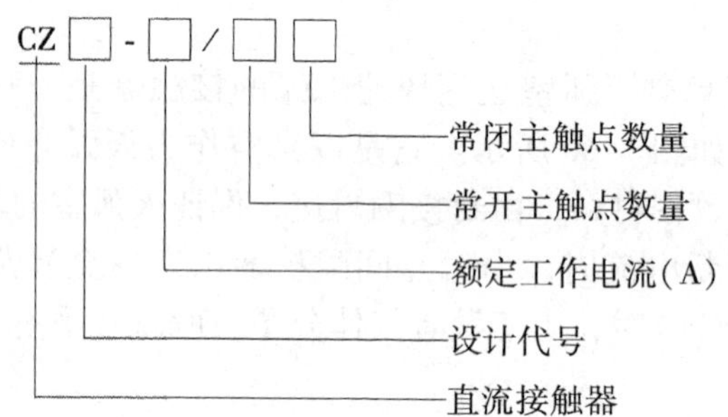

例如，CZ0-150/01 表示 CZ0 系列额定电流 150A，具有一个常闭主触点的直流接触器。CZ0、CZ16、CZ17 系列直流接触器基本技术数据见表 1-1。

表 1-1　CZ0、CZ16、CZ17 系列直流接触器基本技术数据

型　号	额定电压/V	额定电流/A	额定操作频率/(次/h)	主触头及数目		分断电流/A	飞弧距离/mm		辅助触头及数目	
				常开	常闭		440V 时	660V 时	常开	常闭
CZ0-40/20	440	40	1200	2	—	160	15		2	2
CZ0-40/02			600	—	2	100	15		2	2
CZ0-100/10		100	1200	1	—	400	40		2	2
CZ0-100/01			600	—	2	250	35		2	1
CZ0-100/20			1200	2	—	400	40	40	2	2
CZ0-150/10		150	1200	1	1	600	40		2	2
CZ0-150/01			600	—	—	375	35		2	1
CZ0-150/20			1200	2	—	600	40	50	2	2
CZ0-250/10		250	600	1	1	1000	100	160	5（其中 1 对常开,另 4 对可组合成常开或常闭）	
CZ0-250/20			600	2	—	1000	100	140		
CZ0-400/10		400	600	1	—	1600	140	180		
CZ0-400/20			600	2	—	1600	120	160		
CZ0-600/10		600	600	1	—	2400	170	220		
CZ16-1000/10	660	1000	600	—	—	4000				
CZ16-1500/10		1500	600	—	—	6000				
CZ17-150/10	24	150	600	1	1	600			2	2
CZ17-150/11	48		600	1	1	600			2	2

交流接触器种类较多，有国产型和国外引进型。国产型：CJX1(替代 CJ0、CJ10)、CJ12、CJ12B、CJ15、CJ20、CJ40、CJT1(替代 CJ10)、CJ20J、CJ40J、CJT1J、CJX1、CJX3-N、CKJ、CJL1 等。国外引进型：LC1-D、LC2-D、3TB40-58、3TD 等。

CJX1 系列交流接触器采用整体结构，可拆成上、下两部分，上部分是触头系统，下部分是磁系统，用螺钉将两部分组成一个整体。CJL1 系列其电磁系统与触头系统采用左右装置。

CJX3 系列具有控制容量大，防护等级高，使用寿命长，可与 3TB 产品互换。CJX3-N 系列可逆交流接触器，它同时装有机械及电气两种联锁机构，保证电路频繁换相可靠工作。

CKJ 系列真空交流接触器，由于采用了真空技术，故触头系统磨损小，灭弧容易，特别适合于易燃易爆的场合。

CJ20J、CJ40J、CJT1J 系列交流接触器，在原有基础上，其控制线圈变为直流低压运行，达到消音节能作用。

LC1-D 系列交流接触器，它与 LA1-D 型辅助触头组成积木式辅助触头组；与 LA2-D(通电延时)，与 LA3-D(断电延时)空气延时触头组成延时接触器；与 LR1-D 系列热继电器直接插接安装，组成磁力起动器。

LC2-D 系列机械联锁交流接触器，在 LC1-D 基础上加装机械联锁装置，可对两台可逆接触器进行联锁，防止短路事故发生；与 LR1-D 组合实现对电动机过载保护。3TB40-58 系列空气电磁式交流接触器与 3UA5 系列热继电器组成磁力起动器。

CJX1 系列交流接触器的型号命名意义如下：

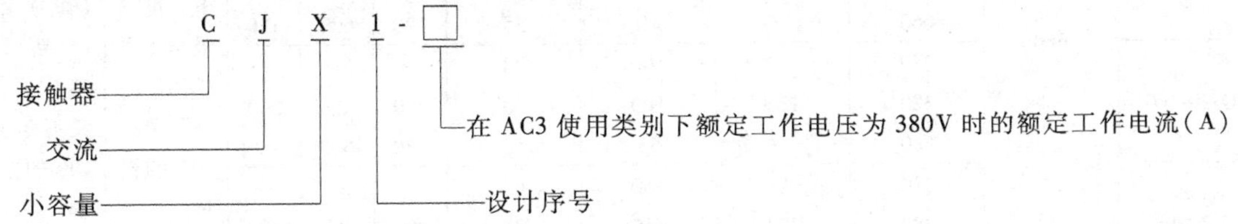

CJX1 系列交流接触器技术数据见表 1-2。

表 1-2　CJX1 系列交流接触器技术数据

型号	额定绝缘电压/V	额定发热电流/A	额定工作电流/A	AC3 使用类别时，可控制三相笼型异步电动机的最大功率/kW			线圈电压等级/V	吸引线圈消耗功率/V·A		通电持续率(%)	操作频率/(次/时)	
				220V	380V	660V		起动	吸持		AC3	AC4
CJX1-9	660	20	9	2.2	4	5.5	(50Hz) 24、36、42、48 110、127 220、380 (60Hz) 24、42 110、220 440、460	64 (cosΦ=0.84)	8.3 (cosΦ=0.29)	40	120	300
CJX1-12			12	3	5.5	7.5						
CJX1-16		31.5	16	4	7.5	11					600	300
CJX1-22			22	5.5	11	11						
CJX1-30		50	30	8.2	15	15						
CJX1-37		80	37	12	18	30						
CJX1-45			45	15	22	37						

CJ20 系列交流接触器技术数据见表 1-3。

表 1-3　CJ20 系列交流接触器技术数据

型　号	额定绝缘电压/V	额定工作电压/V	额定发热电流/A	断续周期工作制下的额定工作电流/A	AC3 类工作制下的控制功率/kW	在额定负载下额定操作频率/(次/h)			吸引线圈动作性	
						AC2	AC3	AC4	吸合电压	释放电压
GJ20-6. 3	660	220	6. 3	6. 3	1. 7	—	—	—	85% ~ 110% 额定电压下，可靠吸合（煤矿用产品下限留有 10% 的裕量）	< 70% 额定电压可靠释放（煤矿用产品为 65%），又不低于 10% 的裕量
		380		6. 3	3	300	1200	300		
		660		3. 6	3	120	600	120		
GJ20-10		220	10	10	2. 2	—	—	—		
		380			4	300	1200	300		
		660			7. 5	120	600	120		
GJ20-16		220	16	16	4. 5	—	—	—		
		380		16	7. 5	300	1200	300		
		660		13. 5	11	120	600	120		
GJ20-25		220	32	25	5. 5	—	—	—		
		380		25	11	300	1200	300		
		660		16	13	120	600	120		
GJ20-40		220	55	55	11	—	—	—		
		380		40	22	300	1200	300		
		660		25	22	120	600	120		
GJ20-63		220	80	63	18	—	—	—		
		380		63	30	300	1200	300		
		660		40	35	120	600	120		
GJ20-100		220	125	100	28	—	—	—		
		380		100	50	300	1200	300		
		660		63	50	120	600	120		
GJ20-160		220	220	160	48	—	—	—		
		380		160	85	300	1200	300		
		660		100	85	120	600	120		
GJ20-250		220	315	250	80	—	—	—		
		380		250	132	300	600	300		
		660		200	190	120	300	30		
GJ20-400		220	400	400	115	—	—	—		
		380		400	200	300	600	120		
		660		250	200	120	300	30		
GJ20-630		220	630	630	175	—	—	—		
		380		630	300	300	600	120		
		660		400	350	120	300	30		
GJ20-160/11		1140	220	80	85	30	300	30		
GJ20-630/11			400	400	400	30	120	30		

3TB40 ~ 58 系列空气电磁式交流接触器技术数据见表 1-4。

表 1-4 3TB40~58 系列交流接触器主要技术数据

型号	额定绝缘电压/V	额定发热电流/A	AC1类负载（55℃时）不间断工作制额定电流/A	AC2及AC3类负载（笼型异步电动机或绕线转子异步电动机）						AC4类负载(100%点动)在380~415V下触头寿命为20万次时额定电流/A	辅助触头			在AC3类工作制下		机械寿命/(万次)	吸引线圈功率损耗	
				380V时额定工作电流/A	660V时额定工作电流/A	可控制电动机功率/kW					额定绝缘电压/V	额定发热电流/V	触头对数	操作频率/(次/h)	电寿命/(万次)		起动/W	保持/W
						220V	380~415V	500V	600V									
3TB40	660	22		9	7.2		4		5.5		660	10	一常开、一常闭或二常开、二常闭	1000	120	150	68	10
3TB41				12	9.5		5.5		7.5								68	
3TB42		35		16	13.5		7.5		11					750	120		69	
3TB42				22	13.5		11		11								69	
3TB44	750	55		32	18		15		15							10	71	
3TB46	1000		80	45		15	22	30	37	24				500	100		152	16
3TB47			90	63		18.5	30	37	37	28								
3TB48			100	75		22	37	45	55	34							300	26
3TB50			160	110		37	55	75	90	52							470	32
3TB52			200	170		55	90	110	132	72							640	40
3TB54			300	250		75	132	160	200	103							980	48
3TB56			400	400		115	200	255	355	120							1340	84
3TB8			630	630		190	325	430	560	150							5850	470

四、接触器的选择

正确地选用接触器是保障电力拖动自动控制系统安全、可靠地工作的保证。

选择的原则是根据所控制负载的大小、电动机的功率和对操作的要求确定接触器的电流等级；再根据控制回路的电源情况，选择线圈参数；最后根据工作环境选择一般的或特殊规格的产品(选择过程详见第五章第四节)。

五、接触器使用中的注意事项

交流励磁的交流接触器在使用中应注意以下几个方面：

1）励磁线圈电压应为 85%~105%U_N。

2）铁心衔铁上短路环应完好。

3）衔铁、触点支持件等活动部件动作应灵活，已损坏的零件应及时修理或更换。

4）铁心、衔铁端面应接触良好、无异物。

5）触点表面接触良好，有一定的超程和接触压力，若触点厚度只剩下 1/3 时应及时更换。

6）操作频率应在允许范围内。

对于直流励磁的直流接触器，线圈电压下降到额定电压 U_N 的 10%~20%时，衔铁释放，为了保证衔铁在上述电压值可靠地释放，常在磁路中加非磁性垫片，以减少剩磁的影响。

接触器不允许在去掉灭弧罩的情况下使用。接触器常见故障及修理见表 1-5。

表 1-5　接触器常见故障及处理方法

故障现象	产生故障的原因	处理方法
线圈过热或烧损	1. 电源电压过高或过低 2. 操作频率过高 3. 线圈已损坏 4. 使用环境特殊，如空气潮湿，含有腐蚀性气体或温度太高 5. 运动部分卡住 6. 铁心极面不平或气隙过大	1. 调整电源电压 2. 按使用条件选用接触器 3. 更换或修理线圈 4. 选用特殊设计的接触器 5. 针对情况设法排除 6. 修理或更换铁心
衔铁吸合不上或不完全吸合	1. 电源电压过低或波动过大 2. 操作回路电源容量不足，或发生断线，触点接触不良，以及接线错误 3. 线圈技术参数不符合要求 4. 接触器线圈断线，可动部分被卡住，转轴生锈，歪斜等 5. 触点弹簧压力与超程过大 6. 接触器底盖螺钉松脱或其他原因使静、动铁心间距太大 7. 接触器安装角度不合规定	1. 调整电源电压 2. 增大电源容量，修理线路和触点 3. 更换线圈 4. 排除可动零件的故障 5. 按要求调整触点 6. 拧紧螺钉，调整间距 7. 电器底板垂直水平面安装
衔铁不释放或释放缓慢	1. 触点弹簧压力过小 2. 触点被熔焊 3. 可动部分被卡住 4. 铁心极面有油污 5. 反力弹簧损坏 6. 用久后，铁心截面之间的气隙消失	1. 调整触点参数 2. 修理或更换触点 3. 拆修有关零件再装好 4. 清除铁心极面污物 5. 更换弹簧 6. 更换或修理铁心
噪声较大	1. 电源电压低 2. 触点弹簧压力过大 3. 铁心截面生锈或粘有油污、灰尘 4. 零件歪斜或卡住 5. 分磁环断裂 6. 铁心截面磨损过度而不平	1. 提高电压 2. 调整触点压力 3. 清理铁心截面 4. 调整或修理有关零件 5. 更换铁心或分磁环 6. 更换铁心
触点熔焊或过热或灼伤	1. 操作频率过高或过负荷使用 2. 负载侧短路 3. 触点弹簧压力过小，超程不够 4. 触点表面有突起的金属颗粒或异物 5. 操作回路电压过低或机械性卡住触点停顿在刚接触的位置上 6. 环境温度过高，或使用于密闭箱中	1. 按使用条件选用接触器 2. 排除短路故障 3. 调整弹簧压力 4. 修整触点表面异物 5. 提高操作电压，排除机械性卡阻故障 6. 调整或更换触点
相间短路	1. 可逆接触器互锁不可靠 2. 灰尘、水汽、污垢等使绝缘材料导电 3. 某些零部件损坏(如灭弧室)	1. 检修互锁装置 2. 经常清理，保持清洁 3. 更换损坏的零部件

第二节　继　电　器

继电器是根据输入信号(电的或非电的)变化来换接执行机构的电器，是实现自动控制和保护电力拖动装置的自动电器。

继电器的种类很多，按输入信号的性质分为电压继电器、电流继电器、速度继电器、压力继电器、温度继电器、时间继电器和中间继电器。按工作原理分为电磁式继电器、感应式继电器、热继电器、电动式继电器和电子式继电器。按用途分为控制用和保护用继电器等。

继电器主要由承受机构反映继电器输入量并传递给中间机构，中间机构将输入量与预定量(即整定值)进行比较，并使执行机构产生输出量(一般说,继电器的执行机构为触点)，输出量实现电路的接通或断开。

继电器的特点是它具有跳跃式的输入-输出特性，见图1-7。

当继电器获得一个输入量 X，当 $X<X_{xh}$ 吸合值时，输出量 $Y=0$。当 $X=X_{xh}$ 时，输出量立即动作，$Y=Y_{max}$。此后，即使 $X>X_{xh}$，其 Y 仍为 Y_{max} 不变。当 X 值减小到 $X=X_{xh}$ 时，Y 还等于 Y_{max}，直至 X 值减小到 $X=X_{sf}$(释放值)时，输出量消失，$Y=0$，继电器恢复原状。因此，继电器这种典型的输入-输出特性也称为 0-1 特性。

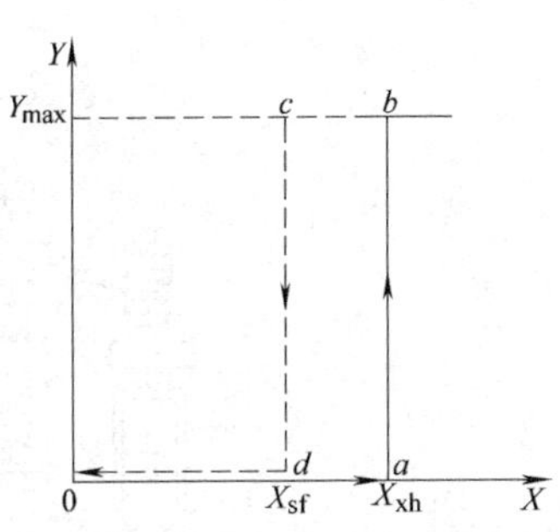

图 1-7　继电器输入-输出特性

根据继电器的作用与其输入-输出特性，要求继电器应具有反应灵敏、准确、动作迅速、工作可靠、结构牢固和使用耐久的性能。以下将介绍几种常用的继电器。

一、电磁式继电器

电磁式继电器是应用最多的一种继电器，主要由电磁机构和触点系统组成，其结构和工作原理与电磁式接触器大致相同。电磁式通用型继电器结构示意图和图形文字符号，见图1-8。

由于继电器是用于切换小电流的控制电路和保护电路，触点的容量较小(一般在 5A 以下)，不需要灭弧装置。

电磁式继电器按励磁线圈电流的种类可分为直流电磁式继电器和交流电磁式继电器。按反应参数可分为电压继电器和电流继电器。按触点数量和动作时间又分为中间继电器和时间继电器等。

1. 电压继电器　电压继电器的励磁线圈与被测量电路并联，反应电路电压的变化，可作为电路的过电压或欠电压保护。为了不影响电路的工作状态，要求其励磁线圈匝数要多，导线截面要小，线圈阻抗要大。根据电压继电器动作电压值的不同分为过电压、欠电压和零电压继电器。过电压继电器在电路电压为 110%~115%U_N 时吸合动作，欠电压继电器在电路电压为 40%~70%U_N 时释放，零电压继电器在电路电压降至 5%~25%U_N 时释放。对于交流励磁的过电压继电器在电路正常时不动作，只有在电路电压超过额定电压，达到整定值时才动作，且一动作就将电路切断。为此，铁心和衔铁上可以不安放短路环。

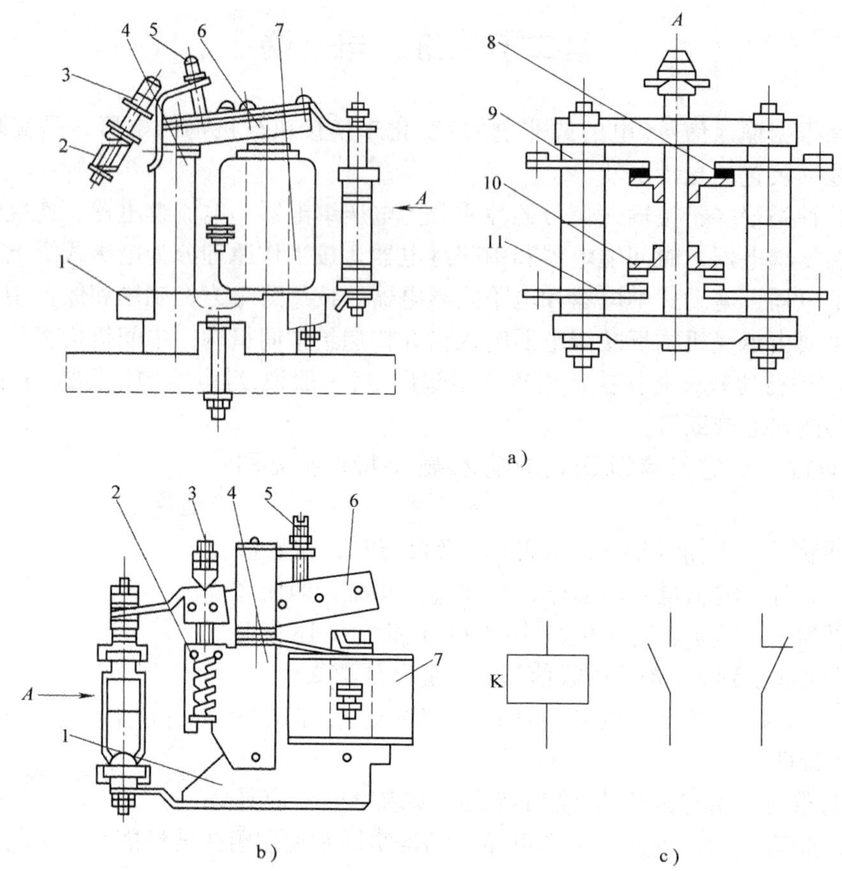

图 1-8　电磁式通用型继电器结构示意图和图形、文字符号

a）JT3 直流型　b）JT4 交流型　c）图形、文字符号

1—底座　2—释放弹簧　3—调节螺母　4—铁心　5—调节螺钉

6—衔铁　7—线圈　8、10—动触点　9、11—静触点

2. 电流继电器　电流继电器的励磁线圈串接于被测电路中，反映电路电流的变化，对电路实现过电流与欠电流保护。为了不影响电路工作情况，其线圈匝数应尽量少，导线截面要大，阻抗值要小。电流继电器也分为过电流继电器和欠电流继电器两种。欠电流继电器的吸引电流为线圈额定电流的 30%~65%，释放电流为额定电流的 10%~20%。过电流继电器在电路正常工作状态时不动作，当线圈电流超过某一整定值时才动作。整定值通常为(1.1～1.4)I_N(I_N 为额定电流)。因此，交流过电流继电器的铁心和衔铁也可不安放短路环。

3. 中间继电器　中间继电器与电压继电器在电路中的接法和结构特征基本上相同，所不同的是中间继电器的触点对数多，容量较大(5～10A)，在电路中起到扩大触点数量和容量的中间放大与转换作用。图 1-9 为 JZ7-44 型中间继电器结构示意图和图形文字符号。

4. 电磁式继电器动作值的整定方法　电磁式继电器的吸合值与释放值的整定方法有以下几种：

(1) 吸合动作值整定

1）调整释放弹簧松紧程度。将释放弹簧调紧了，反作用力增大，吸合动作值提高，反之减少。

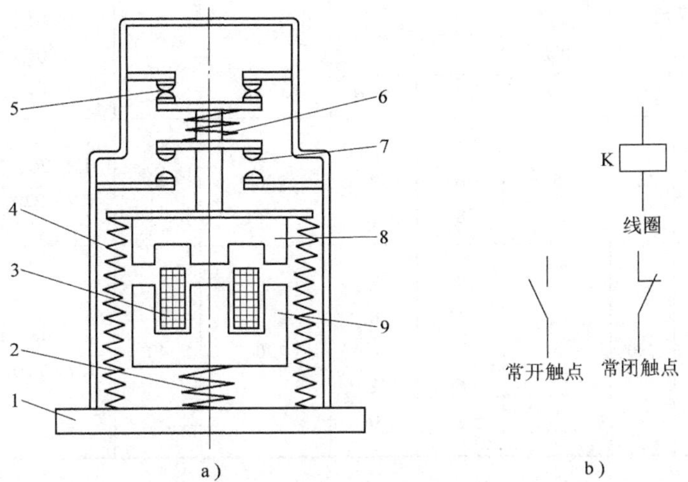

图 1-9　JZ7-44 型中间继电器结构示意图和图形文字符号
a）结构示意图　b）图形文字符号
1—底座　2—缓冲弹簧　3—线圈　4—释放弹簧　5—常闭触点
6—触点弹簧　7—常开触点　8—衔铁　9—铁心

2）改变铁心与衔铁之间的初始气隙。在反作用弹簧力和非磁性垫片厚度不变的情况下，初始气隙越大，吸合动作值也越大，反之就小。

（2）调整释放值

1）调整释放弹簧的松紧程度。释放弹簧调得越紧，释放值也越大，反之越小。

2）改变铁心与衔铁吸合时的工作气隙。非磁性垫片越厚，衔铁吸合后磁路的气隙与磁阻就越大，漏磁也越大，工作主磁通减小，在反作用弹簧力不变的情况下，释放值就越大，反之越小。

5. 电磁式继电器型号和技术参数　电磁式通用型继电器常用的有 JT3 型直流通用型继电器(电压继电器、中间继电器、时间继电器、欠电流继电器等）。新产品 JT18 型直流通用型继电器可取代 JT3 型继电器。JTX 型小型通用继电器有交流电压、直流电压和直流电流继电器三种形式。JL12 系列过电流延时继电器、JL14 系列电流继电器、JZ7 型中间继电器和交直流通用的 JZ15 型中间继电器及 JDZ、JZC1、JZC3、JZX5（HH5）、GMR 系列中间继电器，AS 系列通用电磁继电器及国外引进的 3TH 系列接触式继电器等。

JZ7、JDZ 系列中间继电器技术数据见表 1-6。

表 1-6　JZ7、JDZ 系列中间继电器技术数据

型号[①]	额定电压/V		额定电流/A	触头数量		操作频率/次·h^{-1}	通电率/%	线圈电压/V（50Hz 或 60Hz）	外形尺寸/mm
	交流	直流		常开	常闭				
JZ7-44 JZ7-62 JZ7-80	380	220	5	4 6 8	4 2 0	1200	40	12、36、110、127、220、380、420、440	66×52×90

（续）

型号①	额定电压/V		额定电流/A	触头数量		操作频率/次·h^{-1}	通电率/%	线圈电压/V（50Hz 或 60Hz）	外形尺寸/mm
	交流	直流		常开	常闭				
JDZ1-44 JDZ1-62 JDZ1-80	380	220	5	4 6 8	4 2 0	2000	40	12、36、110、127、220、380	59×50×90
JDZ2-22 JDZ2-40 JDZ2-44 JDZ2-62 JDZ2-80	380	220	5	2 4 4 6 8	2 0 4 2 0	1200	40	24、48、110、127、220、380	56×46×85 65×46×85 65×46×98 65×46×98 65×46×98

JZX5 系列小型中间继电器技术数据见表 1-7。

表 1-7　JZX5 系列小型中间继电器技术数据

<table>
<tr><th rowspan="2">型号①</th><th colspan="2">额定电压/V</th><th rowspan="2">额定电流/A</th><th rowspan="2">转换触头数量</th><th rowspan="2">静态接触电阻/mΩ</th><th colspan="2">额定控制功率</th><th rowspan="2">线圈电压/V</th><th rowspan="2">操作频率/次·h⁻¹</th><th colspan="2">动作时间/ms</th><th rowspan="2">线圈功耗</th><th rowspan="2">外形尺寸/mm</th></tr>
<tr><th>交流</th><th>直流</th><th>交流/VA</th><th>直流/W</th><th>吸合</th><th>断开</th></tr>
<tr><td>JZX5□□</td><td rowspan="5">220</td><td rowspan="5">110</td><td rowspan="5">(2、3转换) 5
(4转换) 3</td><td rowspan="5">2
3
4</td><td rowspan="5"><50</td><td colspan="2" rowspan="5">(2、3转换)
AC：110
DC：120
(4转换)
AC：660
DC：72</td><td rowspan="2">AC：6、12
24、48、110
220
DC：6、12、
24、48、110</td><td rowspan="5">1800</td><td rowspan="4"><20</td><td rowspan="4"><20</td><td rowspan="5">AC：
1.9VA
(50Hz)
1.7VA
(60Hz)
DC：
1.2W</td><td rowspan="5">P：27.8×
20.7×
34.9
B：27.8×
20.7×
34.9
S：12×
43×35
E：27.8×
20.7×
34.9</td></tr>
<tr><td>JZX5□□
-L</td></tr>
<tr><td>JZX5□□
-F</td><td>AC：24、48
110、220
DC：24、48
110</td></tr>
<tr><td>JZX5□□
-FL</td><td>DC：24、48
110</td></tr>
<tr><td>JZX5□□
-R</td><td>AC：6、12
24、48、110
DC：6、12
24、48</td><td><30</td><td><30</td></tr>
</table>

① 型式特点：无标志—标准型；F—带浪涌抑制回路；L—带发光二极管；R—磁保持型。

3TH 系列接触式继电器技术数据见表 1-8。

表 1-8　3TH 系列接触式继电器技术数据

型　号	额定绝缘电压/V	额定工作电流/A	控制交流电磁铁 AC-11 负载时额定电流/A				控制直流电磁铁 DC-11 负载时额定电流/A			
			220V	380V	500V	660V	110V	220V	440V	600V
3TH80 3TH82	660	6	10	6	4	2	0.9	0.45	0.25	0.2

型　号	操作频率/次·h⁻¹	机械寿命/万次	线圈吸持功率		吸合时间/ms	断开时间/ms	质量/kg		高度尺寸 A/mm	
			交流/V·A	直流/W			AC	DC	AC	DC
3TH80	3000	1000	68/10	6.5	8～35	5～30	0.37	0.58	85	120
3TH82							0.43		100	135

二、时间继电器

时间继电器是其承受部分在接受或去除外界信号后，其执行部分触点经过一段时间才能动作的继电器。

时间继电器从动作原理可分为机械式时间继电器，包括阻尼式(含油阻尼、空气阻尼、电磁阻尼等)、水银式、钟表式和热双金属片式等四种；电气式时间继电器，包括有电动式、计数器式、热敏电阻式和阻容式(含电磁式、电子式)等四种。

时间继电器按延时方式可分为通电延时型和断电延时型两种。

1. 电磁阻尼式时间继电器　电磁阻尼式时间继电器是利用电磁阻尼原理产生延时的，其结构示意见图 1-10。

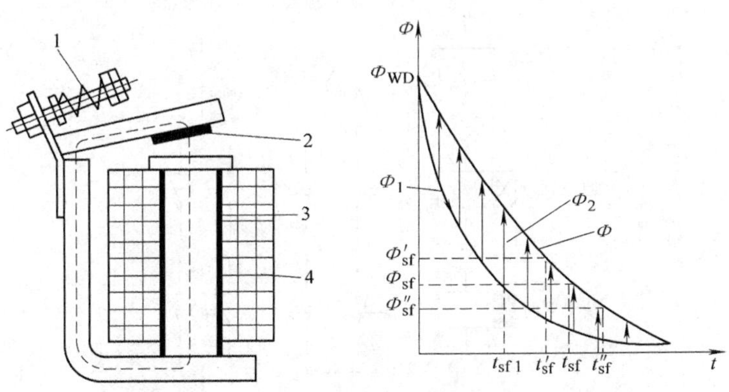

图 1-10　电磁阻尼式时间继电器结构示意图

1—调整弹簧　2—非磁性垫片　3—阻尼铜套　4—工作线圈

电磁阻尼式时间继电器是在直流电磁式电压继电器的铁心上增加一个阻尼铜套，在线圈断电时，由于磁通的变化，在阻尼套中产生一个感应电动势、电流和磁通。该磁通是要阻止原有磁通的变化，从而得到延时作用。利用阻尼铜套产生延时的原理，见图1-10。在继电器通电时，由于衔铁处于释放位置，气隙大、磁阻大、磁通小、铜套阻尼作用相对也小。由于主磁通作用大，因此，衔铁吸合时延时不显著。这种继电器仅用于断电延时，且延时时间较短。延时时间的调整方法有两种：利用调节释放弹簧的松紧，得到连续平滑的调整延时时间长短；改变衔铁与铁心间非磁性垫片厚度，即改变气隙大小来调整，增厚垫片时，气隙增大，主磁通减少，延时缩短。反之延时时间增长。

2. 空气阻尼式时间继电器　空气阻尼式时间继电器由电磁系统、延时机构和触点系统三部分组成。它是利用空气阻尼原理获得延时的，其结构示意图与动作原理见图1-11。其中电磁机构

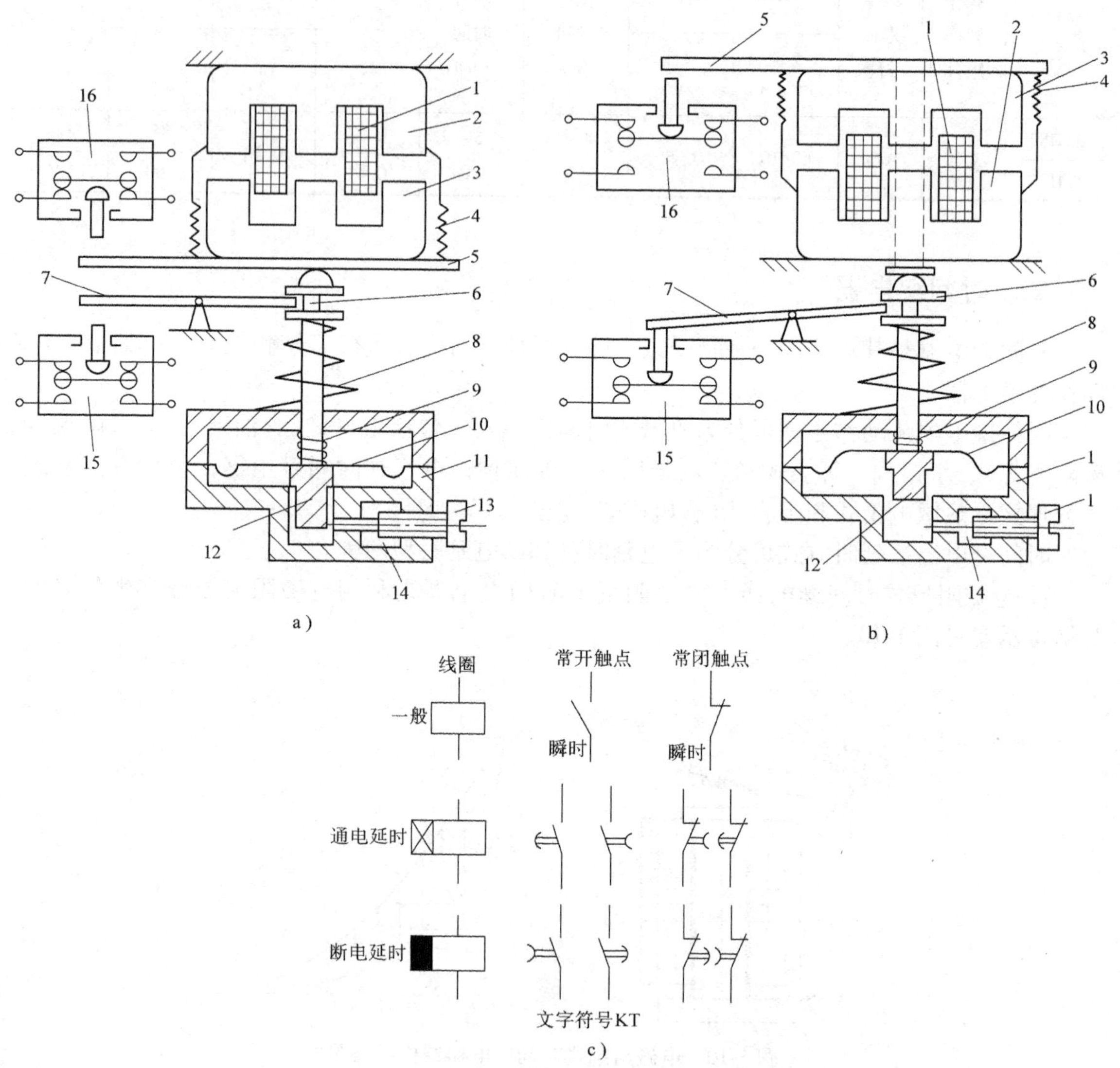

图1-11　空气阻尼式JS7-A型时间继电器的结构与动作原理图

a）通电延时型　b）断电延时型　c）图形、文字符号

1—线圈　2—铁心　3—衔铁　4—反力弹簧　5—推板　6—活塞杆　7—杠杆　8—塔形弹簧　9—弱弹簧　10—橡皮膜　11—空气室壁　12—活塞　13—调节螺杆　14—进气孔　15、16—微动开关

为直动式双E型，触点系统是借用LX5型微动开关，延时机构采用气囊阻尼器。该时间继电器可以做成通电延时型，也可做成断电延时型。电磁机构可以是直流的，也可以是交流的。

现以通电延时型时间继电器为例介绍其工作原理(见图1-11a)。

当线圈1通电后，衔铁3被铁心2吸合，活塞杆6在塔形弹簧8的作用下，带动活塞12及橡皮膜10向上移动。但由于橡皮膜下方气室的空气逐渐稀薄，形成负压，因此活塞杆只能缓慢地向上移动，其移动速度快慢视进气孔14的大小而定，可通过调节螺杆13进行调整。经过一定的延时时间后，活塞杆才能移到最上端，这时通过杠杆7将微动开关15压动，使其常闭触点断开，常开触点闭合，起到了通电延时的作用。

当线圈断电时，电磁吸力消失，衔铁在反力弹簧4的作用下释放，并通过活塞杆将活塞推向下端。这时橡皮膜下方气室内的空气通过橡皮膜中心孔、弱弹簧9和活塞的肩部所形成的单向阀，迅速地从橡皮膜上方的气室缝隙中排掉。因此，杠杆7和微动开关15能迅速复位。

在线圈通电和断电时，微动开关16在推板5的作用上都能瞬时动作，即为时间继电器的瞬动触点。

图1-11a为通电延时型，若将其电磁机构翻转180°安装时，图1-11b为断电延时型。

空气阻尼式时间继电器产品有JS7A、JS7-N、JS23等。它们的优点是延时范围较大、结构简单、使用寿命长、价格低廉。其缺点是延时误差大(±10%~±20%)、无调整刻度指示、难以精确地整定延时值。因此，对延时精度要求高的场合，不宜使用这种时间继电器。而JS7-N系列空气式时间继电器，采用内循环气室结构，克服环境尘埃对延时精度的影响。JS7、JS23系列空气阻尼式时间继电器技术数据见表1-9。

表1-9 JS7、JS23系列空气阻尼式时间继电器技术数据

型号	线圈电压/V	延时时间范围/s	触头容量		延时触头数量				瞬时触头数量		操作频率/(次/h)
			电压/V	额定电流/A	线圈通电延时		线圈断电延时				
					常开	常闭	常开	常闭	常开	常闭	
JS7-1A	交流50Hz时：24、36、110、220、380、420；交流60Hz时：24、36、110、220、380、440	0.4~60及0.4~180	380	5					1	1	600
JS7-2A					1	1	1	1			
JS7-3A					1	1	1	1			
JS7-4A									1	1	
JS23-1	交流：110、220、380	0.2~30及10~180	交流：220 380 直流：110 220	交流：380V时0.79 直流：220V时0.14~0.27	1	1			0	2	600
JS23-2					1	1			1	3	
JS23-3					1	1			2	2	
JS23-4							1	1	0	4	
JS23-5							1	1	1	3	
JS23-6							1	1	2	2	

3. 晶体管式时间继电器　晶体管式时间继电器也称为半导体式时间继电器。

晶体管式时间继电器是应用RC电路电容器充电时，电容器上的电压逐步升高的原理作为延时的基础。因此，只要改变充电电路的时间常数(改变电阻值)，即可整定其延时时间。

晶体管式时间继电器具有延时范围广、精度高、体积小、耐冲击和耐振动、各种显示功能调节方便和寿命长等优点，所以发展很快，使用也日益广泛。

常用的晶体管式时间继电器产品有 JSJ、JSB、JS11S、JS14、JS15、JS20、JSG4 等。图 1-12 为 JSJ 型晶体管式时间继电器的原理图。

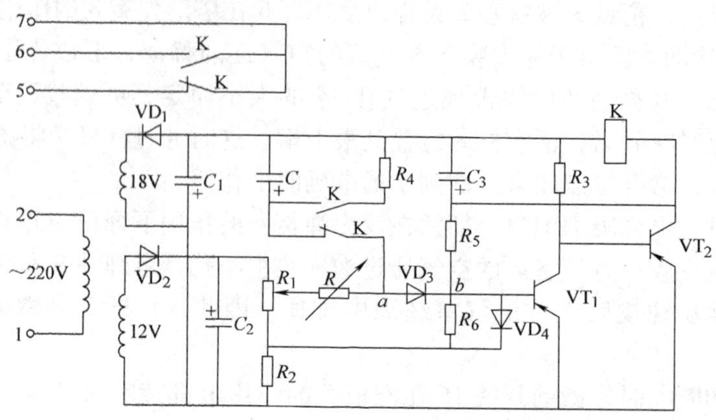

图 1-12　JSJ 型晶体管式时间继电器原理图

JS11S 系列电子式时间继电器(替代 JS11 电动式)；JS14A 系列电子式时间继电器，采用插座式结构；JS14S 系列数显式时间继电器(替代 JS14P、JS20P)；JSG4 系列固态时间继电器，以及引进技术自行开发的 SCF 系列时间继电器，根据设计代号不同具有不同延时范围和方式(通、断电延时或带瞬动、循环延时、定时吸合、往复延时、间隔延时、星三角转换、数字显示、发光管指示等产品)。例 SCF-A/Y 即为具有星三角转换/瞬动 1 常开触点型时间继电器。

JS14A 系列电子式时间继电器技术数据见表 1-10。

表 1-10　JS14A 系列电子式时间继电器技术数据

型号①	额定工作电压/V	额定工作电流/A	延时触头数量				延时范围/s	重复误差/%	电源电压/V	外形尺寸/mm
			通电延时		延时转换					
			常开	常闭	常开	常闭				
JS14A-□/□	AC：380 DC：220	AC：3/380V 5/220V DC：1/220V 3/24V			2	2	0.1~900 分 11 段	3	AC：36 110、127 220、380 DC：24 48、110 220	47×84×125
JS14A-□/□M										54×106×129
JS14A-□/□Y			1	1						47×84×109

① M 表示面板式；Y 表示电位器外接。

JS14S 系列数显时间继电器技术数据见表 1-11。

JSG4 系列固态时间继电器技术数据见表 1-12。

JS20 系列晶体管时间继电器技术数据见表 1-13。

表 1-11　JS14S 系列数显时间继电器技术数据

电　源	电源适用范围	延时精度	触　头	触点容量	功耗/VA	显示器件	触头寿命	外形尺寸/mm
AC：36、110、127、220、380V，50Hz（60Hz 可定制） DC：24V	(0.8~1.1) U_e	AC：电源频率精度 +0.05s DC：±0.3% +0.05s	两组延时或一组延时一组瞬动	AC：220V×2.5A（阻性） DC：28V×5A（阻性）	<4	LED 数字显示屏	触头电寿命 ≥10^5 次 触头机械寿命 ≥10^7 次	52×104×95

表 1-12　JSG4 系列固态时间继电器技术数据

型　号	额定工作电压/V	额定工作电流/mA	输出方式及端子数量			电寿命/万次	重复误差/%	电源电压/V	功能	外形尺寸/mm
			方式	常开	常闭					
JSG4	AC、DC 24~240	10~700	晶闸管	1	1	100	1	AC、DC 24~240	通电延时	22.5×76×103

表 1-13　JS20 系列晶体管时间继电器技术数据

型　号	额定工作电压/V	额定控制电流/A	瞬动触头对数	延时触头对数		延时范围/s	重复误差/%	外形尺寸/mm
				通电延时	断电延时			
JS20-□/00	AC：380 DC：220	AC：2/380V 5/220V DC：1/220V 3/24V	—	2 转换	—	1~900 分 11 段	<3	47×84×125
JS20-□/01								54×106×129
JS20-□/02				1 常开 1 常闭				47×84×110
JS20-□/03			1 转换	1 转换		1~600 分 10 段		47×84×125
JS20-□/04								54×106×129
JS20-□/05			1 常开	1 常开				47×84×110
JS20-□/10			—	2 转换		1~900 分 11 段		47×84×125
JS20-□/11								54×106×129
JS20-□/13			1 转换	1 转换		1~600 分 10 段		47×84×125
JS20-□/14								54×106×129
JS20-□D/00			—	—	1 转换	1~180 分 7 段		47×84×125
JS20-□D/01								54×106×129
JS20-□D/02								47×84×110

该系列继电器具有装置式与面板式两种结构形式，装置式配有带接线端子的胶木底座，面板式配有通用电子管大八脚插座。

4. 时间继电器选用原则　每一种时间继电器都有其各自的特点，应根据电路工作性能要求进行合理选用，以充分发挥它们的优点。因此，在选用时应从以下几个方面进行考虑：

1）确定延时方式，使其更方便于组成控制电路。

2）根据延时精度要求选用适当的时间继电器。

3）考虑电源参数变化及工作环境温度变化对延时精度的影响。

4）操作频率高是否影响其延时动作的失调。

5）时间继电器动作后，其复位时间的长短。

6）时间继电器的延时范围。

7）电路励磁电流的性质。

三、热继电器

热继电器是利用电流的热效应来切断电路的保护电器。它在电路中用作电动机的长期过载保护。电动机在实际运行中，由于过载时间过长，绕组温升超过了允许值时，将会加剧绕组绝缘的老化，缩短电动机的使用年限，严重时会使电动机绕组烧毁。因此，在电动机的电路中应设置有过载保护。

热继电器基本结构由热元件、触点系统、动作机构、复位按钮、整定电流装置和温升补偿元件等部分组成，见图 1-13。

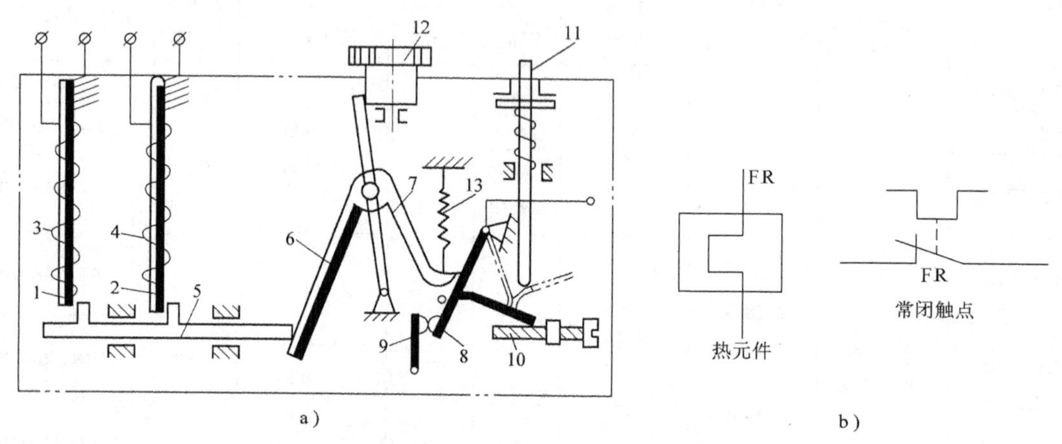

图 1-13　热继电器结构示意图和图形文字符号

a）结构示意图　b）图形文字符号

1、2—主双金属片　3、4—电阻丝　5—导板　6—温度补偿双金属片　7—推杆　8—动触点　9—静触点　10—螺钉　11—复位按钮　12—调节凸轮　13—弹簧

热元件由主双金属片 1、2 及围绕其外面的电阻丝 3、4 组成。双金属片是由两种线膨胀系数不同的金属用机械辗压而成。热元件应串接于电动机定子绕组电路中，当电动机正常运行时，热元件产生的热量虽能使双金属片产生弯曲变形，但还不足以使继电器的触点动作。当电动机过载时，工作电流增大，热元件产生的热量也增多，温度升高，使双金属片弯曲位移增大，并推动导板 5 使继电器触点动作，从而切断电动机控制电路，达到过载保护的

目的。

当电动机出现缺相运行时，若负载不变，则绕组中的电流就会增大，将使电动机烧毁。为了能可靠地对缺相运行的电动机实现过载保护，需采用带断相保护的热继电器。

JR16 系列带有差动式断相运行保护装置的热继电器结构和动作原理见图 1-14。

在图 1-14 中，图 a 为未通电时的位置。图 b 是三相均接通额定电流时的位置，此时，三相双金属片 U、V、W 均匀受热，同时向左弯曲，内外导板一齐平行左移一段距离达到临界位置，触点不动作。图 c 是当三相均过载时，三相双金属片都受热向左弯曲，推动外导板（还同时带动内导板）左移，超过临界位置，通过补偿双金属片和推杆等机构带动，使常闭动触点瞬时脱离静触点，从而切断控制回路，达到保护电动机的目的。图 d 是当电动机发生一相（如 W 相）断线故障时，该相双金属片 W 逐渐冷却，向右移动，并带动内导板同时右移，其余两相 U、V 的双金属片 U、V 则继续向左移动，并带动外导板向左移动，这样，内外导板产生一左一右的反向移动，就形成了差动作用，通过杠杆的放大作用，使继电器迅速动作，切断控制回路，使电动机得到保护。

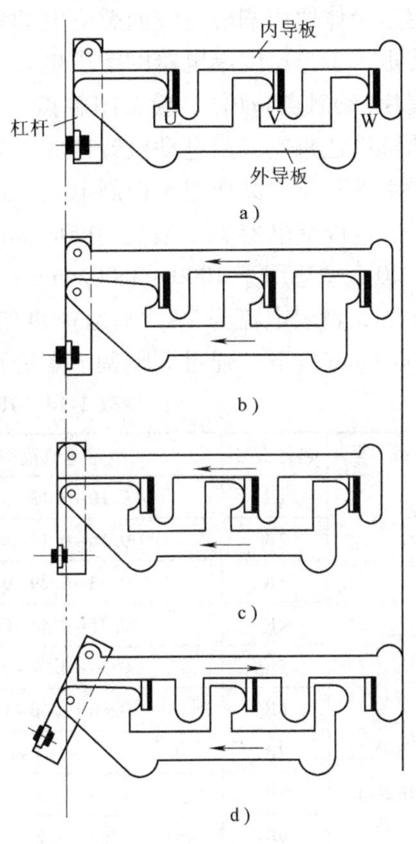

图 1-14　差动式断相保护装置结构和动作原理图

a）未通电　b）三相通额定电流

c）三相同时过载　d）一相断电

目前生产的热继电器常用型号有 JR0、JR5、JR9、JR10、JR16、JR20、JR36、JRS1、JRS2、JRS16、JRC1 等。国外引进的产品有 3UA、T、LR1、KTD、LR1-D、3UA5 等。JR20、JR36、JRS 系列热继电器具有如下特点：过载保护，断相保护，温度补偿，脱扣指示功能，手动自动复位，调节整定电流，动作灵敏性检查装置，自断开检验按钮，可独立安装也可与接触器接插安装。JRC1 系列电子式热继电器是智能型电动机保护器，热继电器更新换代产品。它应用单片机技术，采用以微处理器为核心的控制系统，根据各种输入的电流、电压信号，按照电流-时间的反时限特性及电压门限值给出准确的控制信号，实现对电动机的过载、断相、堵转、不平衡、过电压、欠电压等故障保护。

JR20 系列热继电器热元件技术数据见表 1-14，动作特性见表 1-15。

JRS2 系列热继电器各型号与相配接触器型号见表 1-16。

LR1-D、3UA5 系列热继电器技术数据见表 1-17。

热继电器的故障和处理方法见表 1-18。

四、速度继电器

速度继电器主要用于笼型异步电动机的反接制动控制，也称为反接制动继电器。它主要由转子、定子和触点三部分组成。转子是一个圆柱形永久磁铁，定子是一个笼型空心圆环形，由硅钢片叠成，并装有笼型绕组。

图 1-15 为速度继电器的原理示意图与符号。其转子的轴与被控电动机的轴相连接，而定子空套在转子上。当电动机运行时，速度继电器的转子随电动机轴转动。此时，定子内的短路导体便切割磁力线而感应电动势，并产生感应电流，该电流与旋转的转子磁场作用产生转矩，于是速度继电器的定子也开始转动，当定子转过一定角度时，装在定子上的摆锤推动簧片(动触点)动作，使常闭触点分断，常开触点闭合，发出控制信号作用于控制电路，电动机迅速减速，当电动机转速低于某一值时，速度继电器定子产生的转矩减小，触点在簧片作用下复位，又作用于控制电路，迅速切断电源，电动机便停止运转。

速度继电器 JY1 型在 3000r/min 以下能可靠地工作；ZF20-1 型适用于 300～1000r/min；ZF20-2 型适用于 1000～3600r/min；ZF20 型有两对常开、两对常闭触点，触点额定电压为 380V，额定电流为 2A。一般速度继电器触点的动作转速为 140r/min，触点的复位转速在 100r/min 以下，通过调整调节螺钉可调节触点的动作和复位转速值。

表 1-14　JR20 系列热继电器的热元件技术数据

型　号	热元件号	整定电流范围/A	型　号	热元件号	整定电流范围/A
JR20-10	1R	0.10～0.13～0.15	JR20-25	3T	17～21～25
	2R	0.15～0.19～0.23		4T	21～25～29
	3R	0.23～0.29～0.35	JR20-63	1U	16～20～24
	4R	0.35～0.44～0.53		2U	24～30～36
	5R	0.53～0.67～0.80		3U	32～40～47
	6R	0.80～1.00～1.20		4U	40～47～55
	7R	1.2～1.5～1.8		5U	47～55～62
	8R	1.8～2.2～2.6		6U	55～63～71
	9R	2.6～3.2～3.8	JR20-160	1W	33～40～47
	10R	3.2～4.0～4.8		2W	47～55～63
	11R	4.0～5.0～6.0		3W	63～74～84
	12R	5.0～6.0～7.0		4W	74～86～98
	13R	6.0～7.2～8.4		5W	85～100～115
	14R	7.0～8.6～10.0		6W	100～115～130
	15R	8.6～10.0～11.6		7W	115～132～150
JR20-16	1S	3.6～4.5～5.4		8W	130～150～170
	2S	5.4～6.7～8.0		9W	140～160～176
	3S	8.0～10.0～12.0	JR20-250	1X	130～160～195
	4S	10～12～14		2X	167～200～250
	5S	12～14～16	JR20-400	1Y	200～250～300
	6S	14～16～18		2Y	267～335～400
JR20-25	1T	7.8～9.7～11.6	JR20-630	1Z	320～400～480
	2T	11.6～14.3～17.0		2Z	420～525～630

表 1-15　JR20 系列热继电器动作特性

动作特性		整定电流倍数	动作时间	起始温度	环境温度
平衡负载		1.05	≥2h	冷态开始	+20℃
		1.20	<2h	热态开始	
		1.50	<2min		
		6.0	>5s	冷态开始	
带断相保护	断相时	任意二相 1.0 第三相 0.9	≥2h	冷态开始	+20℃
		任意二相 1.15 第三相 0	<2h	热态开始	
	二相通电	1.05	≥2h	冷态开始	+20℃
		任意二相 1.32 第三相 0	<2h	热态开始	
温度补偿特性		1.0	≥2h	冷态开始	+55℃
		1.20	<2h	热态开始	
		1.05	≥2h	冷态开始	-5℃
		1.30	<2h	热态开始	

表 1-16　JRS2 系列热继电器与相配接触器型号

型号	JRS2-12.5/Z (3UA50)	JRS2-25/Z (3UA52)	JRS2-32/Z (3UA54)	JRS2-63/F (3UA59)	JRS2-80/Z (3UA58)	JRS2-180/F (3UA62)	用　途
额定工作电流/A	12.5	25	32	63	80	180	适用于交流 50Hz 或 60Hz，电压至 660V，电流至 180A 的长期或间断长期工作的一般交流电机的过载保护，具有断相保护、温度补偿、脱扣指示功能，并能自动与手动复位，可与接触器接插安装，也可独立安装。功能齐全，性能稳定，使用可靠 安装方式代号：Z—组合式；F—分立式
整定电流范围/A	0.1~0.16 0.16~0.25 0.25~0.4 0.32~0.5 0.4~0.63 0.63~1 0.8~1.25 1~1.6 1.25~2 1.6~2.5 2.5~4 3.2~5 4~6.3 6.3~10 8~12.5 10~14.5	0.1~0.16 0.16~0.25 0.25~0.4 0.4~0.63 0.63~1 0.8~1.25 1~1.6 1.25~2 1.5~2.5 2~3.2 3.2~5 4~6.3 5~8 6.3~10 8~12.5 10~16 1.25~20 16~25	0.63~1 4~6.3 6.3~10 10~16 12.5~20 16~25 20~32 25~36	0.1~0.16 0.16~0.25 0.25~0.4 0.4~0.63 0.8~1.25 1~1.6 1.25~2 1.6~2.5 1.6~2.5 2.5~4 4~6.3 5~8 6.3~10 8~12.5 10~16 16~25 16~25 20~32 25~40 32~45 40~57 50~63	16~25 20~32 25~40 32~50 40~57 50~63 57~70 63~80	55~80 63~90 80~110 90~120 110~135 120~150 135~160 150~180	

（续）

型号	JRS2-12.5/Z（3UA50）	JRS2-25/Z（3UA52）	JRS2-32/Z（3UA54）	JRS2-63/F（3UA59）	JRS2-80/Z（3UA58）	JRS2-180/F（3UA62）	用　途
相配接触器型号	3TB40/41 3TF30/31 3TF40/41 3TD40/41 3TW10、12、40、41 CJX3-9/12	3TB42/43 3TF32/33 3TF42/43 3TE42 3TW13、42、43 CJY3-16/22	3TW15 3B44 3TD44 CJX3-32	3TF40～47 3TD40～47 3TE40～44 CJX3-45/63	3TF46～49 3TD46 3TD48 3TE46～48 CJX3-75/85	3TB52/53 3TF52/53 3TD52 CJX3-170	适用于交流 50Hz 或 60Hz，电压至 660V，电流至 180A 的长期或间断长期工作的一般交流电机的过载保护，具有断相保护、温度补偿、脱扣指示功能，并能自动与手动复位，可与接触器接插安装，也可独立安装。功能齐全，性能稳定，使用可靠 安装方式代号：Z—组合式；F—分立式

表 1-17　LR1-D、3UA5 系列热继电器技术数据

型　　号	电流调整范围/A	AC3 下可控制电动机功率/kW					可接插的接触器
		220V	380V	415V	440V	660V	
LR1-D09301	0.1～0.16	—	—	—	—	—	LC1-D09～D32
LR1-D09302	0.16～0.25	—	—	—	—	—	
LR1-D09303	0.25～0.4	—	—	—	—	—	
LR1-D09304	0.4～0.63	—	—	—	—	0.37	
LR1-D09305	0.63～1	—	—	—	—	0.55	
LR1-D09306	1～1.6	—	0.37	—	0.55	0.75～1.1	
LR1-D09307	1.6～2.5	0.37	0.55～0.75	1.1	0.75～1.1	1.5	
LR1-D09308	2.5～4	0.55～0.75	1.1～1.5	1.5	1.5	2.2～3	
LR1-D093010	4～6	1.1	2.2	2.2	2.2	4	
LR1-D093012	5.5～8	1.5	3	3～3.7	3～3.7	5.5	
LR1-D093014	7～10	2.2	4	4	4	7.5	
LR1-D12316	10～13	3	5.5	5.5	5.5	10	
LR1-D16321	13～18	4	7.5	9	9	15	
LR1-D25322	18～25	5.5	11	11	11	18.5	
LR1-D32353	23～32	7.5	15	15	15	—	
LR1-D32355	28～40	—	15	15	15	—	
LR1-D40353	23～32	7.5	15	15	15	22	LC1-D40、D50、D63
LR1-D40355	30～40	10	18.5	22	22	30	
LR1-D63357	38～50	11	22	25	25	37	
LR1-D63359	48～57	15	25	30	30	45	
LR1-D63361	57～66	18.5	30	37	37	55	
LR1-D80363	63～80	22	33～37	40～45	40～45	59～63	LCD-D80
3UA5000-0A～K	0.1～1.25	—	—	—	—	—	
3UA5000-1A～K	1～12.5	—	—	—	—	—	
3UA5200-0A～K	0.1～1.25	—	—	—	—	—	3TB42、43
3UA5200-1A～K	1～12.5	—	—	—	—	—	
3UA5200-2A～C	10～25	—	—	—	—	—	
3UA5900-2A～P	10～63	—	—	—	—	—	3TB42～48

表 1-18 热继电器常见故障及处理方法

故障现象	产生故障的原因	处 理 方 法
热继电器误动作	1. 整定值偏小 2. 电动机起动时间过长 3. 可逆运转及密集通断 4. 强烈的冲击震动 5. 连接导线太细 6. 环境温度变化太大	1. 合理调整整定值，如额定电流不符合要求，应予更换 2. 按起动时间要求，选择具有合适的可返回时间（t）级数的热继电器或在起动过程中将热元件短接 3. 不宜用双金属片式热继电器，可改用其他保护方式 4. 采用防震措施或改用防冲击专用热继电器 5. 按要求换连接导线 6. 改善使用环境，使符合周围介质温度不高于+40℃及不低于-30℃
电机烧坏热继电器不动作	1. 整定值偏大 2. 双金属片变形 3. 热元件烧断或脱焊 4. 动作机构卡住 5. 导板脱出	1. 按上述方法 1 处理 2. 更换元件 3. 更换已坏的热继电器 4. 进行维修整理，但应注意修正后，不使特性发生变化 5. 重新放入，并试验动作是否灵活
热元件烧断	1. 负载侧短路或电流过大 2. 反复短时工作，操作频率过高	1. 排除电路故障，更换热继电器 2. 按要求合理选用过载保护或限制操作频率
动作不稳定时快时慢	1. 内部机构松动 2. 在检修中折弯了双金属片 3. 电源电压波动过大或接线螺钉未拧紧，各次试验冷却时间不等	1. 将松动部件加固 2. 用大电流预试几次，或将双金属片拆下进行热处理 3. 检查电源电压或拧紧接线螺钉，各次试验后冷却时间要大于 20min

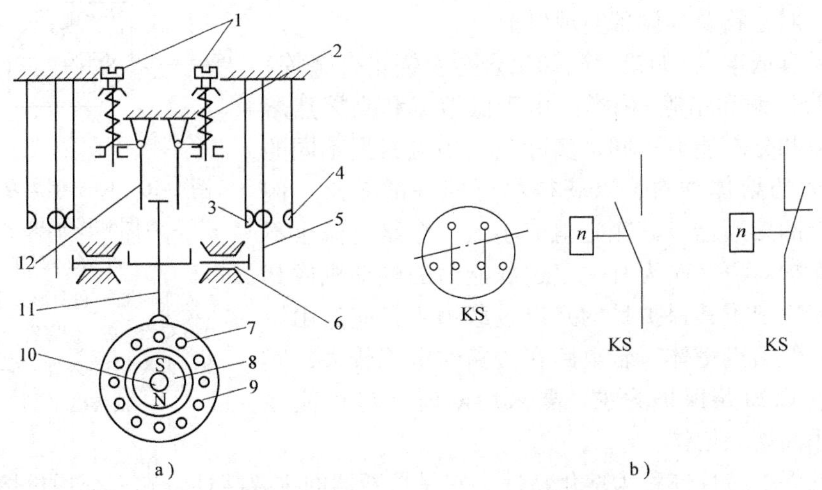

图 1-15 速度继电器结构原理示意图和图形文字符号

1—调节螺钉 2—反力弹簧 3—常闭触点 4—常开触点 5—动触点 6—推杆 7—笼型导条 8—转子 9—圆环 10—转轴 11—摆杆 12—返回杠杆

第三节 熔 断 器

熔断器是一种具有结构简单、体积小、重量轻、使用维护方便和价格低廉的保护电器。广泛应用于各种电气电路中作为短路和严重过载保护。

熔断器的种类繁多，按其结构型式分为半封闭插入式、无填料密闭管式、有填料封闭式。按其用途分为一般工业用、半导体器件保护用的快速熔断器和特殊熔断器，如具有两极保护特性的快慢动作熔断器，自复熔断器等。1985 年以后，IEC 中又把熔断器按其使用对象分为：专职人员使用的、非熟练人员使用的、半导体器件保护用的熔断器等。

一、熔断器的结构和工作原理

1. 熔断器的结构　熔断器由熔断体、载熔件、底座三部分组成。图 1-16 为 RL1 型熔断器结构示意图和符号。熔断体是装有熔体的部件，由熔体、熔断体连接点和指示器等组成。

载熔件是用以装载熔断体的可动部件。

熔断器底座是具有触点、接线端子和盖子的熔断器固定部件。

2. 熔断器的工作原理　熔断器是与保护电路串联连接，当该电路中发生短路或严重过载故障时，通过熔体的电流达到或超过某一定值时，熔体上产生的热量使熔体温度上升到熔体金属的熔点，于是熔体自行熔断，切断故障电路的电流，对电路及其设备实现保护。

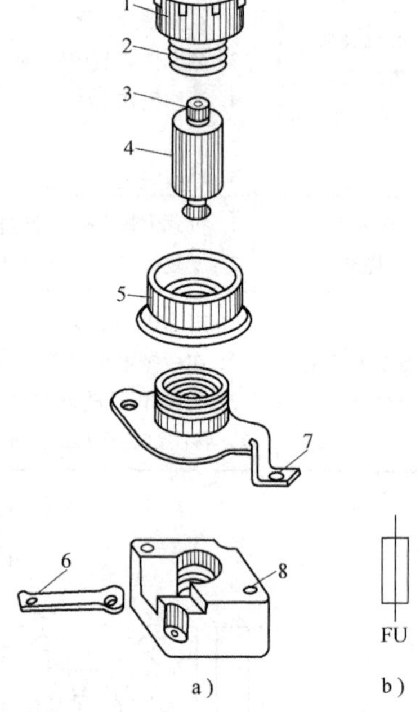

图 1-16　RL1 型熔断器结构示意图和图形文字符号
a）结构原理图
b）图号和图形文字符号
1—瓷帽　2—金属管　3—指示器
4—熔管　5—瓷套　6—下接线端
7—上接线端　8—瓷座

熔体材料有低熔点（如铅、锌、锑铅合金及锡铅合金等）和高熔点（如银、铜和铅等）两类。由于低熔点和高熔点熔体的熔化系数和分断能力不同，实际应用中应根据不同的要求选用合适的熔体材料，以获得尽可能好的效果。例如：某支路上的熔断器，其额定电流不大，短路电流也不怎么大，而保护对象又多为有一定过载能力的电动机或其它电器，这就决定了其保护目的是以过载为主，应选用熔化时间稍长的低熔点熔体。若电路在短路时电流较大，其保护的目的应以短路保护为主，要求熔断时间尽可能地短，就应选用高熔点熔体。

熔断器的保护特性亦称为熔化特性。它是熔断器的主要特性，它表征通过熔体的电流与熔体熔化时间的关系，见图 1-17。它和热继电器的保护特性一样，都是反时限的。

图中 I_R 为通过熔体，并使其达到稳定温度和熔断的最小熔化电流。若通过熔体的电流小于 I_R 值时，熔体不会熔断，为此，熔体的额定电流 $I_N<I_R$。

最小熔化电流与熔体的额定电流之比称为熔化系数 β，当 β 值较小时（$\beta=1.2\sim1.4$）对电动机的过载保护有利。

二、熔断器的主要参数和型号

额定电压：熔断器长期工作时和分断后能够承受的电压，其量值一般等于或大于电气设备的额定电压。

额定电流：熔断器长期通过的、不超过允许温升的最大工作电流。

极限分断能力：熔断器在故障条件下能可靠地分断的最大短路电流。

熔体的额定电流：长期通过熔体不熔断的最大电流。

熔断电流：通过熔体并使其熔化的最小电流。

目前常见的熔断器型号有如下几种：

RC1A 系列瓷插式熔断器，多用于工矿企业和民用照明电路中。

RM7、RM10 系列无填料密闭管式熔断器，用于容量不大的电网电路中。

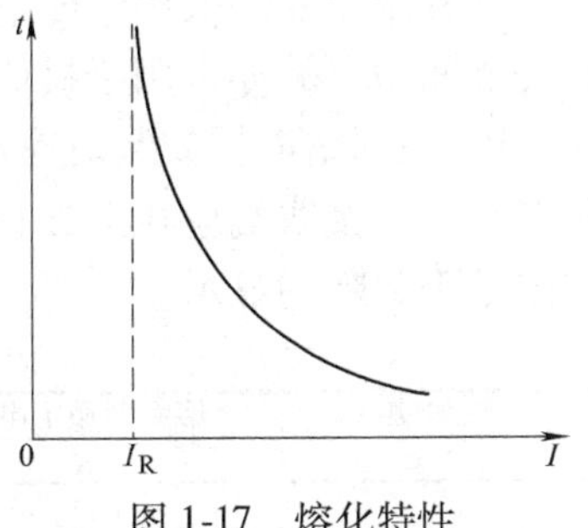

图 1-17　熔化特性

RL 系列为螺旋管式熔断器有 RL1、RL6、RL7、RL93、RL96、RLS1、RLS2、RL1B 等型号多用于机床控制电路中。RL1B 型是带断相保护，除具有过载、短路保护外，它还装有微动开关，在出现断相故障时，即切断控制电路电源实现保护。

RT 系列为有填料封闭管式熔断器，有 RT10、RT11、RT12、RT14、RT15、RT18、RT20 等型号，用于大容量电网电路中。RT18-X 系列熔断器，具有断相显示报警功能，可替代 RL、RC 系列熔断器。

RS 系列快速熔断器有 RS0、RS3、RLS2、RSF8、RSF10 等型号，用于保护晶闸管、硅整流电路。

NT、NGT 系列为有填料封闭管式刀型触点熔断器有 NT0、NT1-NT4、NGT0-NGT4 等型号，具有体积小，质量轻，功耗小，低压多分断能力等特点，多用于半导体器件回路。

RZ1 系列自复熔断器等。

RL1B 系列螺旋式熔断器技术数据和熔断特性见表 1-19、表 1-20。

RLS1、RLS2、RS0、RS3 系列快速熔断器技术数据见表 1-21。

三、熔断器的选用

选择熔断器应注意以下几点：

1）熔断器的保护特性要同保护对象的过载能力相匹配，使保护对象在全范围内得到可靠的保护。

2）各级熔断器之间应协调配合，使下一级熔断器比上一级熔断器先熔断。

3）用于电动机过电流保护用的熔断器应选用熔化系数小的低熔点熔体的熔断器。

4）选择熔断器的种类、额定电压、额定电流及熔体的额定电流值。熔体的额定电流与负载性质有关。

熔断器的具体选用，请参看第五章第四节有关内容。

四、RL 系列熔断器及其安装使用

RL 系列螺旋管式熔断器是有填料封闭管式熔断器中的一种，它主要由瓷帽、熔管、瓷套和瓷座组成，见图1-16。熔管为一瓷管，内装石英砂和熔体。熔体两端焊在熔管两端的导电金属盖上，其上端盖中央有一熔断指示器(有色金属小圆片)，当熔断器分断时，指示器便弹出，透过瓷帽上的玻璃可以看见。在熔断器熔断后，只要旋开瓷帽，取出已熔断的熔管，装上新熔管，再旋入瓷座内就可以。出线端均安装在瓷座上。

这种熔断器一般用于配电线路中作为过载和短路保护。由于它具有较大的热惯性和较小的安装面积，故亦常用于机床控制电路中以保护电动机。

RL系列熔断器安装时应注意熔断器的上、下接线端应呈上下方向安装，不应作水平方向安装。下接线端应在上方，熔管上的熔断指示器应朝外放置，透过瓷帽上的玻璃应能看到熔体是否熔断的显示。

表 1-19　RL1B 系列熔断器技术数据

额定电压 V	熔断器额定电流 A	熔断体额定电流 A	额定分断电流 kA	cosφ
	15	2、4、5、6、10、15		
380	60	20、25、30、35、40、50、60	25	0. 35
	100	60、80、100	50	0. 25

表 1-20　RL1B 系列熔断器熔断特性

额定电流 I_N A	约定时间 h	约定熔断电流	约定不熔断电流
$I_N \leqslant 10$		2. $1I_N$	1. $5I_N$
$10 < I_N \leqslant 30$	1	1. $75I_N$	1. $4I_N$
$I_N > 30$		1. $6I_N$	1. $3I_N$

表 1-21　RLS1、RLS2、RS0、RS3 系列快速熔断器技术数据

型　号	额定电压值 /V	额定电流值 /A	可选熔体额定电流值 /A	额定分断电流值/kA		功率因数 cosφ
				110%额定电压下	380V 或 500V	
RLS1-10		10	3、5、10			
RLS1-50	380 及以下	50	15、20、25、30、40、50	—		小于或等于 0. 25
RLS1-100		100	60、80、100		50	
RLS2-30		30	15、20、25、30			
RLS2-63	500	63	35、45、50、63	—		0. 1~0. 2
RLS2-100		100	75、80、90、100			
RS0-50/2. 5		50	30、50			
RS0-100/2. 5		100	50、80			
RS0-200/2. 5	250	200	150、200	50	—	
RS0-350/2. 5		350	250、350			
RS0-500/2. 5		500	400、500			
RS0-50/5		50	30、50			小于或等于 0. 25
RS0-100/5		100	50、80			
RS0-200/5	500	200	150、200	40	—	
RS0-350/5		350	250、320			
RS0-500/5		500	400、480			
RS0-350/7. 5	750	350	320、350	30	—	

快速熔断器熔断特性	熔体额定电流倍数	熔断时间
	1. 1 倍	4 小时不熔断
	6 倍	小于或等于 0. 02s

第四节　开关与主令电器

开关是一种配电电器，用于隔离电源或在规定条件下接通、分断电路，以及转换正常或非正常的电路。

主令电器是用来闭合和分断控制电路以发出命令的电器。它也可以用于生产过程的程序控制。属于主令电器一类的主要有控制按钮、行程开关、万能转换开关和主令控制器等。

一、刀开关

刀开关又称闸刀开关，其结构最简单，是应用最广泛的一种手控电器。它由操作手柄、刀片、触点座和底板等组成。

刀开关的主要类型有大电流刀开关、负荷开关、熔断器式刀开关。常用的产品有 HD11-HD14 和 HS11-HS13 系列刀开关；HK1、HK2 系列开启式负荷开关；HH3、HH4 系列封闭式负荷开关；HR3 系列熔断器刀开关等。

刀开关在安装时，手柄要向上，不得倒装或平装。只有安装正确，作用在电弧上的电动力和热空气的上升方向一致，才能促使电弧迅速拉长而熄灭，反之，两者方向相反电弧就不易熄灭，严重时会使触点及刀片烧伤，甚至造成极间短路。此外，如果倒装，手柄可能因自动下落而引起误动作合闸，将可能造成人身和设备的安全事故。

刀开关在接线时，应将电源进线接在刀开关上端，负载接在下端，这样拉闸后刀片与电源隔离，可防止意外事故发生。

在安装使用铁壳开关时应注意安全，既不允许随意放在地上操作，也不允许面对着开关操作，以免万一发生故障，而开关又分断不下时铁壳爆炸飞出伤人。应按规定把开关垂直安装在一定高度处。开关的外壳应妥善地接地，并严格禁止在开关上方搁置金属零件，以防它们掉入开关内部酿成相间短路事故。

刀开关的图形符号及文字代号见图 1-18。

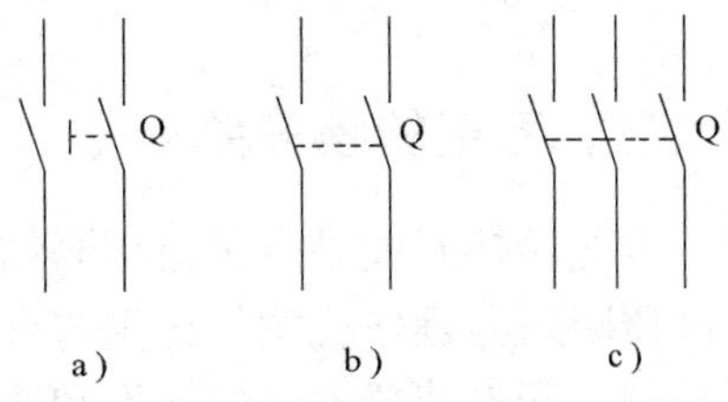

图 1-18　刀开关图形符号及文字符号
a）单极　b）双极　c）三极

二、转换开关

转换开关又称为组合开关，常用作机床电路的引入开关，也可用来直接控制小容量异步电动机非频繁起动和停止的控制开关，以及控制电路的换接开关等。

转换开关有单极、双极、多极之分。它由动触点、静触点、方形转轴、手柄、定位机构及外壳等主要部件组成。它的动、静触点分别叠装于数层绝缘壳内，当转动手柄时，每层的动触点随方形转轴一起转动，并使动触片插入或转出相应的静触片，使电路接通或断开。转换开关结构示意图和图形文字符号见图 1-19。

转换开关常用的产品有 HZ5、HZ10 和新产品 HZ15、HZ910、HZ5810、BHZ51 等。HZ10 系列组合开关基本技术数据见表 1-22。

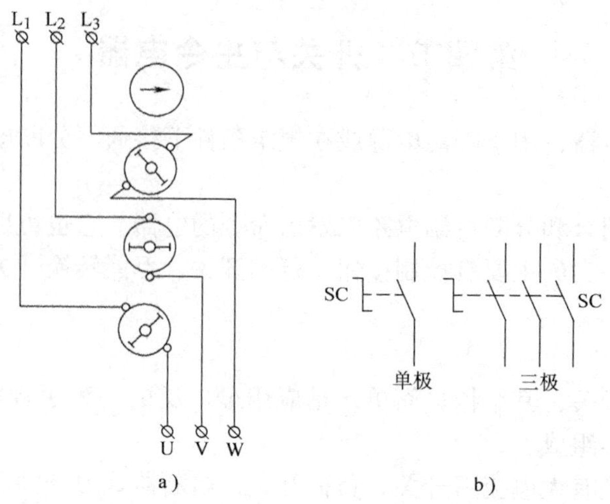

图 1-19 转换开关结构示意图和图形文字符号
a）结构示意图 b）图形文字符号

表 1-22 HZ10 系列组合开关基本技术数据

<table>
<tr><th rowspan="3">型 号</th><th rowspan="3">额定电压/V</th><th rowspan="3">额定电流/A</th><th rowspan="3">极数</th><th colspan="2" rowspan="2">极限操作电流（三极产品）/A</th><th colspan="2" rowspan="2">可控制电动机的最大功率和额定电流</th><th colspan="4">额定电压和额定电流下的电寿命次数</th></tr>
<tr><th colspan="2">交流 cosφ</th><th colspan="2">直流时间常数/s</th></tr>
<tr><th>接通</th><th>分断</th><th>功率/kW</th><th>电流/A</th><th>≥0.8</th><th>≥0.3</th><th>≤0.0025</th><th>≤0.01</th></tr>
<tr><td rowspan="2">HZ10-10</td><td rowspan="2">直流</td><td>6</td><td>1</td><td rowspan="2">94</td><td rowspan="2">62</td><td rowspan="2">3</td><td rowspan="2">7</td><td rowspan="4">20000</td><td rowspan="4">10000</td><td rowspan="4">20000</td><td rowspan="4">10000</td></tr>
<tr><td>10</td><td rowspan="4">2.3</td></tr>
<tr><td>HZ10-25</td><td>220,</td><td>25</td><td>155</td><td>108</td><td>5.5</td><td>12</td></tr>
<tr><td>HZ10-60</td><td>交流</td><td>60</td><td colspan="4" rowspan="2"></td></tr>
<tr><td>HZ10-100</td><td>380</td><td>100</td><td>10000</td><td>5000</td><td>10000</td><td>5000</td></tr>
</table>

三、万能转换开关

万能转换开关是由多组相同结构触点组件叠装而成的多挡式多回路控制电器。它主要用于高压断路器操作机构的合闸与分闸控制、各种控制电路的转换、电流表和电压表的换相测量控制、配电装置电路的转换和遥控、还可作为小容量笼型异步电动机的起动、换向、调速的控制。由于它能转换多种和多数量的电路，用途广泛，故被称为万能转换开关。

目前常用的万能转换开关有 LW5、LW6 等系列。LW6 系列开关由操作机构、面板、手柄和数个触点座等主要部件组成，并用螺栓组装成为整体结构，其操作位置有 2~12 个，触点底座有 1~10 层，其中每层均可装三对触点，并由底座中间的凸轮进行控制，由于每层凸轮可做成不同形状，因此，当手柄转到不同位置时，通过凸轮的作用，可使各对触点按所需要的规律接通和分断。

LW6 系列开关还可装成双列形式，列与列之间通过齿轮啮合传动，由公共手柄进行操作，因此，这种万能转换开关装入的触头数量最多可达到 60 对。图 1-20 为 LW6 系列万能转换开关某一层的结构原理图。现在还有 LW39 系列和 LW39B 系列万能转换开关，具有原有产品的优点外，还具有小型化特点。

四、主令控制器与凸轮控制器

1. 主令控制器　主令控制器亦称主令开关。它主要用于电力拖动装置的控制系统中，按照预定的程序来分合触点，以发出命令或实现与其他控制电路的联锁与转换。

主令控制器的结构见图1-21。它主要由转轴、凸轮块、动触点和静触点、定位机构及手柄等组成。它的触点较小，并采用桥式结构，其触点由银质材料制成，所以操作轻便，每小时允许接电次数较多。

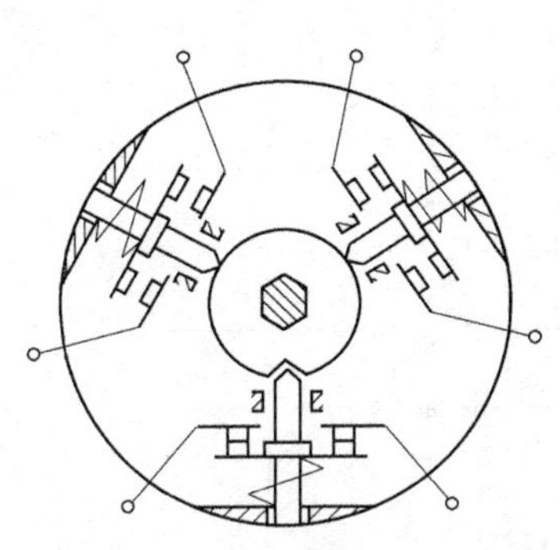

图1-20　LW6系列万能转换开关某一层的结构原理图

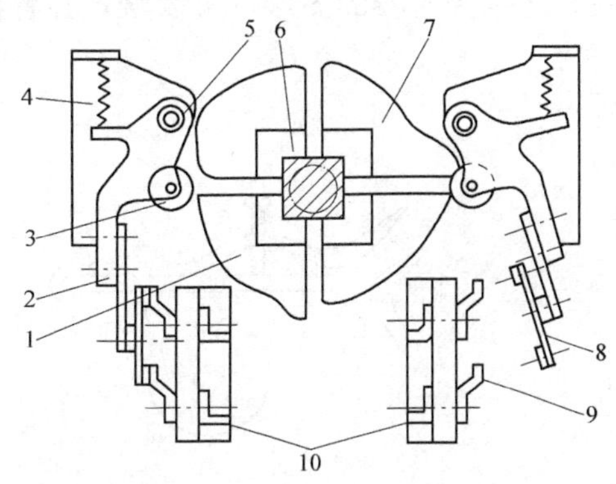

图1-21　主令控制器结构示意图

1、7—凸轮块　2—支杆　3—小轮　4—复位弹簧　5—转动轴　6—方轴　8—动触点　9—静触点　10—接线柱

主令控制器工作原理：图1-21中凸轮块1与7固定在方轴6上，9是固定的静触点，动触点8则固定于能绕轴5转动的支杆2上。当操作手柄转动方轴时，凸轮块随方轴转动。当凸轮块的凸起部分转到与小轮3接触时，推动支杆2向外张开，使动触点8离开静触点9将被控电路断开(图中右边)。当凸轮的凹陷部分与小轮3接触时，支杆2在反力弹簧作用下而复位，使动、静触点闭合，从而接通被控电路(图中左边)。这样安装一串不同形状的凸轮就可使触点按预定要求的顺序闭合与断开，以获得按一定顺序进行控制的电路。

目前常用的主令控制器产品有LK5、LK6、LK14、LK15、LK16等系列。

LS7型十字形主令开关，它主要用于交流电压380V，电流至5A的机床控制电路，以控制多个接触器、继电器线圈，使被控机床能分别工作于四种状态，开关有四对常开触点。当手柄处于中间位置时，四对触点全部都断开；当手柄搬向四个互成90°方向的任一位置时，与此位置相对应的一对触点接通，其它三对触点则断开。在定位器上以数字1~4表示四个工作位置。操作手柄有长短两种，长的附有止动件，只有拉开止动件后才能扳动，故可防止发生误操作。

2. 凸轮控制器　凸轮控制器是一种较大型的手动控制器。它主要用于起重设备和其他电力拖动装置，其工作是通过变换电路的接法或改变电路中的电阻以控制这些设备和装置中所用拖动电动机的起动、制动、调速和换向、停止和保护。

凸轮控制器主要由触点、转轴、凸轮、杠杆、手柄、灭弧罩及定位机构等组成。图1-22a为凸轮控制器的结构原理图。其工作原理与主令控制器基本相同，在此不重述。由于用凸轮控制器直接控制电动机工作，要求其触点容量要大，且具有灭弧装置，因此，其体积也较大，操作时比较费力。

凸轮控制器的图形符号及触点通断表示方法见图 1-22b。图中“0”表示手柄(或手轮)的中间位置，两侧的数字表示手柄操作位置，在数字上方用文字表示操作状态(如向前、向后)，短划线表示手柄操作触点开闭的位置线。数字 1~4 表示触点号(或线路号)。各触点在手柄转到不同位置时的通断状态用“·”表示，有“·”者表示触点闭合，无“·”者表示触点断开。例如，手柄在中间“0”位置时，触点 1 和 4 是闭合的，其余触点均为断开状态。控制器的操作手柄位置和触点，根据凸轮控制器的具体型号不同其数目也不同。万能转换开关、主令控制器的图形符号及触点在各挡位通断状态的表示方法与凸轮控制器类似。

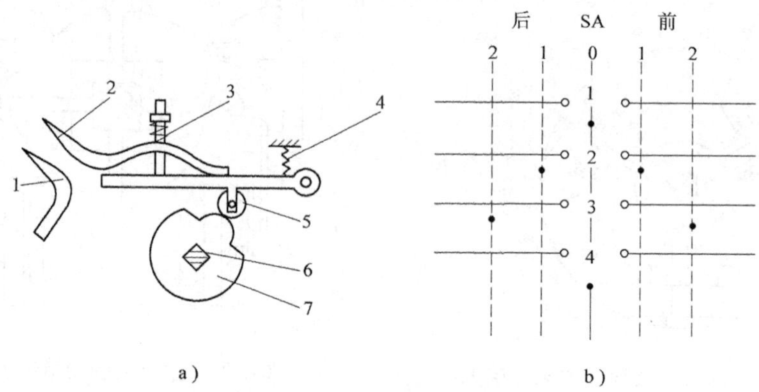

图 1-22 凸轮控制器结构原理和图形文字符号

a) 结构原理 b) 图形文字符号

1—静触点 2—动触点 3—触点弹簧 4—弹簧 5—滚子 6—绝缘方轴 7—凸轮

凸轮控制器的型号如下：

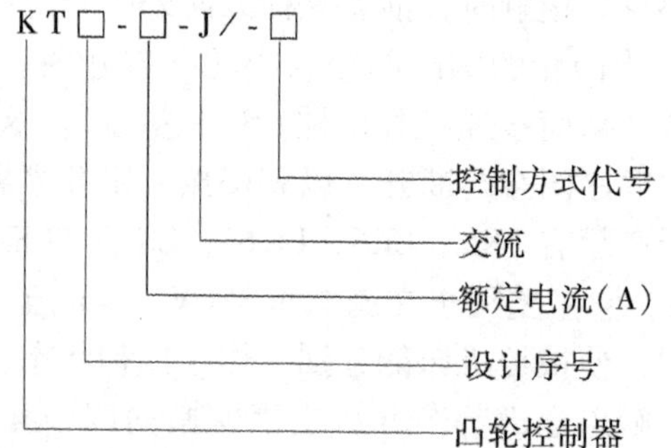

目前国内常用的凸轮控制器主要有 KT10、KT12、KT14 及 KT16、KTJ1、KTJ5、KTJ6、KTK、KTZ2、KTZ93、KTZ94、BKT30 等系列。KT 系列凸轮控制器的主要技术数据，见表 1-23。

KT14-25J/1、KT14-60J/1 型凸轮控制器用于控制一台三相绕线转子异步电动机；KT14-25J/2、KT14-60J/2 型凸轮控制器用于同时控制两台三相绕线转子异步电动机，并带有定子电路的触点；KT14-25J/3 用于控制一台三相笼型异步电动机；KT14-60J/4 用于同时控制两台绕线转子异步电动机，定子回路由接触器控制。

表 1-23 KT14 系列凸轮控制器的技术数据

型号	额定电流/A	位置数		TD25 时的电动机参数		额定操作频率/(次/h)	最大工作周期/min
		左	右	转子最大电流/A	最大功率/kW		
KT14-25J/1	25	5	5	32	11	600	10
KT14-25J/2		5	5	2×32	2×5.5		
KT14-25J/3		1	1	32	5.5		
KT14-60J/1	60	5	5	80	30	600	10
KT14-60J/2		5	5	2×32	2×11		
KT14-60J/4		5	5	2×80	2×30		

五、断路器

断路器又称自动开关。从 1985 年公布低电压断路器标准后，统一用断路器这一名称。断路器可用于不频繁地接通、分断正常电路和控制电动机，还可作为在规定的非正常电路条件(如短路、过载、欠电压等)下接通，承载一定时间和分断事故电路的一种保护开关电器。

1. 断路器的结构　断路器主要由触点、灭弧装置、各种脱扣器(过电流脱扣器、失电压或欠电压脱扣器、热脱扣器和分励脱扣器等)、操作机构和自由脱扣机构等部分组成。图 1-23 为断路器结构和工作原理示意图及图形符号。

2. 断路器的工作原理　从图1-23看出，在正常情况下，断路器的主触点是通过操作机构手动或电动合闸的。主触点闭合后，自由脱扣器机构将主触点锁在合闸位置上，电路接通正常工作。若要正常切断电路时，应操作分励脱扣器，使自由脱扣机构动作，并自动脱扣，主触点断开，分断电路。

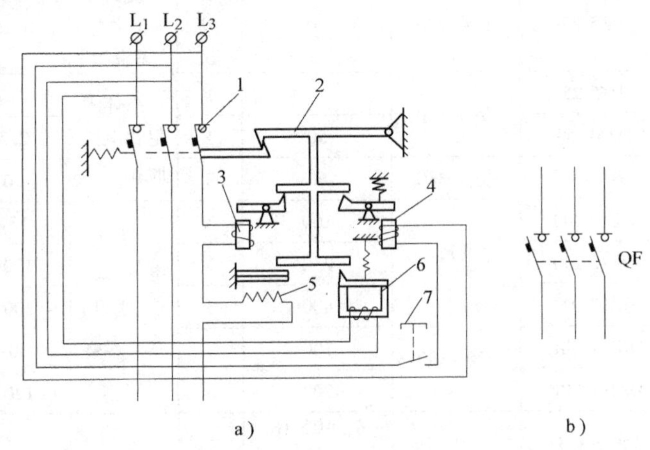

图 1-23 断路器结构工作原理示意图和图形文字符号

a) 工作原理图 b) 图形文字符号

1—主触点 2—自由脱扣机构 3—过电流脱扣器 4—分励脱扣器 5—热脱扣器 6—失电压脱扣器 7—按钮

断路器的过电流脱扣器的线圈和热脱扣器的热元件与主电路串联，失电压脱扣器的线圈与电路并联。当电路发生短路或严重过载时，过电流脱扣器的衔铁被吸合，使自由脱扣机构动作，当电路发生过载时，热脱扣器的热元件产生的热量增加，温度上升，使双金属片向上弯曲变形，从而推动自由脱扣机构动作。当电路出现失电压时，失电压脱扣器的衔铁释放，也使自由脱扣机构动作。自由脱扣机构动作时，断路器自由脱扣，使开关自动跳闸，主触点断开，分断电路，达到非正常工作情况下保护电路和电气设备的目的。

断路器的主要技术参数：

1）额定工作电压 U_N。

2）壳架等级额定电流 I_{mN} 和额定工作电流 I_N。

3）额定短路通断能力和一次极限分断能力。

4）保护特性和动作时间。

5）电寿命和机械寿命。

6）热稳定性和电动稳定性。

目前我国生产的断路器有 DZ5、DZ10、DZ12、DZ13、DZ15、DZ20、DZ23、DZX10、DW15、DS3、DS7、DS8、DS10-DS12、DM2、DM3、C45N、C45AD、NC100、JCM2-63D 等产品。其中 DZ23、C45N、C45AD、NC100 为较优质的新产品。国外引进的有 C45、S060、3WE、ME、TC、AE、AH、H 等系列断路器。

DS3、DS7、DS8、DS10-DS12 为快速断路器，DM2、DM3 为灭磁断路器。

ME、AE、AH、3WE 等系列均为万能式断路器。

DZ5、DZ10、DZ23 系列断路器技术数据见表 1-24。

C45N、C45AD、NC100 系列断路器技术数据见表 1-25。

表 1-24　DZ5、DZ10、DZ23 系列熔断器技术数据

型　号	额定电压/V	主触头额定电流/A	极数	脱扣器型式	热脱扣器额定电流/A	电磁脱扣器瞬时动作整定值/A	最大分断电流/A
DZ5-10 DZ5-10F	交流 380	10	2	复式 电磁式		为电磁脱扣器额定电流的 8～12 倍，一般出厂时整定于 10 倍	1000
DZ5-20	直流 220	20	2 或 3	复式 电磁式 无脱扣	0. 15～20		1200
DZ5-25	交流 220	25	1	液体阻尼式电磁脱扣	0. 5～25		2000
DZ5B-50		50	1		2. 5～50		2500
DZ5-50	交流 380	50	3		10～50		2500
DZ10-100	交流	100	3	复式、电磁式、热脱扣式、无脱扣式	15～100		12000
DZ10-250		250	3		100～250		30000
DZ10-600		600	3		200～600		50000
DZ10-100R	220～380	100	3		60～100		100000
DZ10-200R		200	3		120～200		100000
DZ23-40B	单极：220/380 多极：380	6，10，16 25，32	1 2 3 4	—	—		6000
DZ23-40C		0. 5，1，2，3，4，6，10，16，25，32，40					
DZ23B-63		6，10，16，20，25，32，40，50，63					10000

表 1-25　C45N、C45AD、NC100 系列断路器技术数据

型　号	额定电压/V	额定电流 I_{IV}/A	极数	电流分断能力/A	脱扣器型式	瞬时分断电流/A
C45N	240	1，3，6，10，16，20，25，32，40，50，63(在 30℃时)	1、2、3、4	I_{IV}=1~40A 时为 6000 I_{IV}=50~63A 时为 4500	电磁式热脱扣式	5~10I_{IV}
C45AD	415	1，3，6，10，16，20，25，32，40(在 30℃时)		4500		10~14I_{IV}
NC100	380/415	63，80，100(在 40℃时)		10000		C 型：7~10I_{IV} D 型：10~14I_{IV}

六、控制按钮和行程开关

1. 控制按钮　控制按钮简称为按钮，是应用极为广泛的一种主令电器。它主要用于远距离操作具有电磁线圈的电器，如继电器、接触器等，也用在控制电路中以发布指令和执行电气联锁。因此，按钮是操作人员与控制装置之间的中间环节。

按钮的一般结构见图 1-24。它主要由按钮帽 1、复位弹簧 2、动触点 3、常闭静触点 4 和常开静触点 5 所组成。

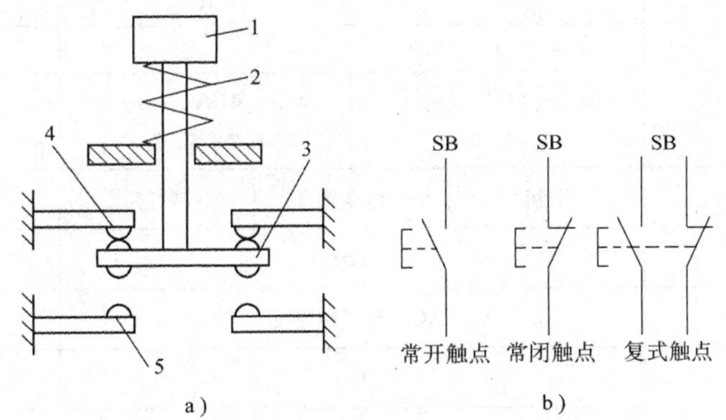

图 1-24　按钮结构示意图和图形文字符号

a) 结构示意图　b) 图形文字符号

1—按钮帽　2—复位弹簧　3—动触点　4—常闭静触点　5—常开静触点

操作时，将按钮帽按下，动触点就向下移动，先断开常闭静触点，后同常开静触点接触。当操作人员将手指放开后，在复位弹簧的作用下，动触点又向上运动，常开触点分断，常闭触点闭合，按钮恢复原来的位置。

为了标明各个按钮的作用，避免误动作，通常将按钮帽做成不同的颜色，以示区别。其颜色有红、绿、黑、黄、蓝、白等。一般以红色表示停止按钮，绿色表示起动按钮。

目前常用的按钮有 LA10、LA18、LA19、LA20、LA25、LA30、LA100、LA101Z、LA522、LA926、LA5821、LAY3、A3C 等，引进产品有 LAZ、GHG42、GHGZ 等。A3C 系列按钮由三部分组成：钮帽、发光体和通断单元。三部分无需工具，即可拆卸、更换、安装。

LA25 系列按钮型号含义：

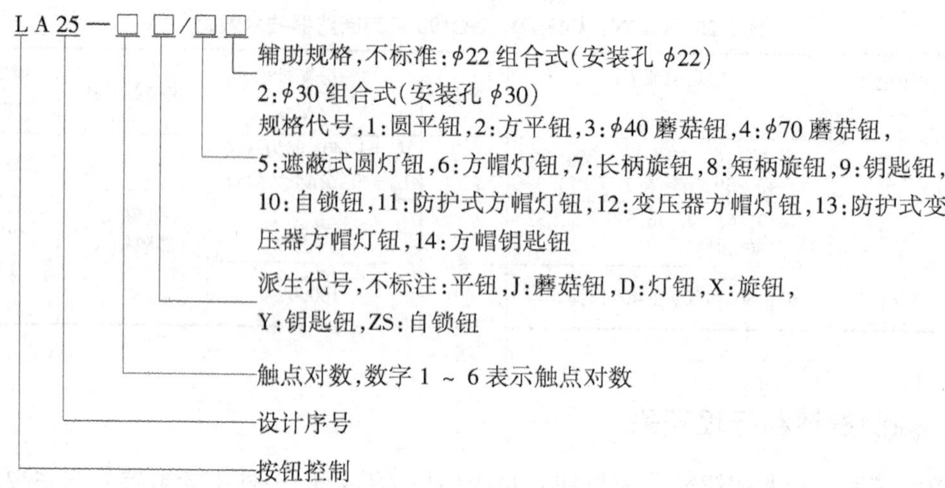

LA25 系列按钮技术数据见表 1-26。

表 1-26 LA25 系列控制按钮技术数据

<table>
<tr><td>额定绝缘电压 U_i/V</td><td colspan="4">AC 380</td><td colspan="2">DC 220</td></tr>
<tr><td>额定工作电压 U_N/V</td><td>220</td><td>380</td><td>220</td><td>380</td><td>110</td><td>220</td></tr>
<tr><td>约定发热电流 I_{th}/A</td><td colspan="2">5</td><td colspan="2">10</td><td colspan="2">5、10</td></tr>
<tr><td>额定工作电流 I_N/A</td><td>1.4</td><td>0.8</td><td>4.5</td><td>2.6</td><td>0.6</td><td>0.3</td></tr>
<tr><td>通断能力</td><td colspan="2">8.7A(418V, $\cos\varphi$ = 0.7)50 次</td><td colspan="2">46A (418V, $\cos\varphi$ = 0.7) 50 次</td><td colspan="2">0.8A(242V, $T_{0.95}$ = 300ms)20 次</td></tr>
<tr><td>按钮形式</td><td colspan="4">平钮 | 蘑菇钮 | 带灯钮</td><td>旋钮</td><td>钥匙钮</td></tr>
<tr><td>操作频率/(次/h)</td><td colspan="4">120</td><td colspan="2">12</td></tr>
<tr><td>电寿命/万次</td><td colspan="4">AC: 50, DC: 25</td><td colspan="2">AC: 10; DC: 10</td></tr>
<tr><td>机械寿命/万次</td><td colspan="4">100</td><td colspan="2">10</td></tr>
<tr><td>工作制</td><td colspan="6">断续周期工作制, TD=40%</td></tr>
<tr><td>额定极限短路电流</td><td colspan="6">1.1U_N、$\cos\varphi$=0.5~0.7、1000A、3 次</td></tr>
<tr><td>触点对数</td><td colspan="6">1~6(根据需要可以加接)</td></tr>
</table>

A3C 系列按钮技术数据见表 1-27。

带发光体按钮其发光体的额定电压、电流参数见表 1-28。

表 1-27 A3C 系列按钮主要技术数据

<table>
<tr><td rowspan="2">场合</td><td colspan="2">额定电压/V</td><td colspan="2">额定电流/A</td><td rowspan="2">最高操作频率/万次</td><td rowspan="2">电寿命/万次</td><td rowspan="2">机械寿命/万次</td></tr>
<tr><td>AC</td><td>DC</td><td>AC</td><td>DC</td></tr>
<tr><td rowspan="2">普通</td><td>250</td><td rowspan="2">30</td><td>0.5</td><td rowspan="2">1</td><td rowspan="3">按钮型:
7200
开关转换型:
3600</td><td rowspan="3">按钮型:
100
开关转换型
10</td><td rowspan="3">10</td></tr>
<tr><td>150</td><td>1</td></tr>
<tr><td>小电流/电压轻载</td><td>125</td><td>30</td><td>0.1</td><td>0.1</td></tr>
</table>

表 1-28　带发光体按钮其发光体的额定电压和额定电流参数

发光二极管(LED)			灯	
额定电压/V	额定电流/mA	工作电压/V	额定电压/V	额定电流/mA
5	30	4.75～5.25	6	60
6	30	5.7～6.3	14	40
12	15	11.4～12.6	18	26
24	10	22.8～25.2	28	24

2. 行程开关　行程开关是用来反映工作机械的行程位置而发出命令以控制其运动方向和行程大小的主令电器。行程开关按其安装在机械上的位置不同，又称为限位开关或终端开关。它被广泛地应用于各类机床和起重机械设备上，通过机械可动部件的动作，将机械信号变换为电信号，实现对机械运动的电气控制，以限制其动作或位置，借此对机械提供必要的保护。

行程开关的主要结构由操作机构、触点系统和外壳等部分组成。图 1-25 是 LX19 型行程开关元件的结构原理示意图。

以 LX19K 型行程开关元件为基础，增设不同的滚轮和传动杆，即得不同类型的产品(见表 1-29)。这时，元件是装在由金属件或塑料件组成的盒内。

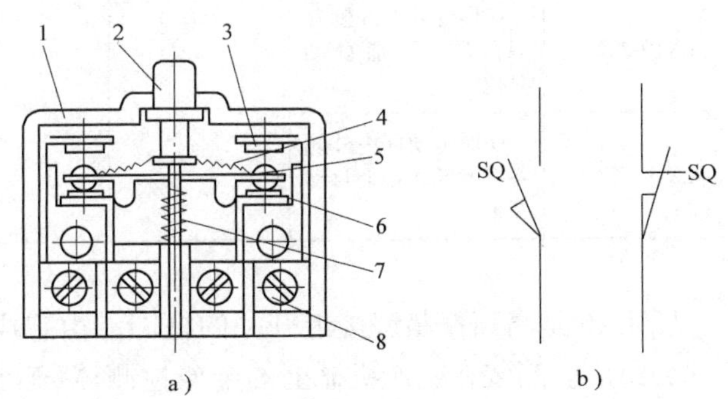

图 1-25　LX19 型行程开关元件结构示意图和图形文字符号
a) 结构示意图　b) 图形文字符号
1—外壳　2—按钮　3—常开静触点　4—触点弹簧　5—动触点
6—常闭静触点　7—恢复弹簧　8—螺钉

当外界机械碰压行程开关按钮时，按钮向内运动，压迫弹簧，并通过它使动触点与常闭静触点接触转而与常开静触点接触。在瞬间内达到由机械运动转换为电的断开与接通，达到控制电路的目的。当外界机械作用去除后，在反力弹簧的作用下，动触点瞬时地自动恢复到原来的位置。

目前常见的各类行程开关有：LX10、LX11、LX18、LX19-LX33、LX101、LX206、LX917、BLX1-2、LXH5、LXZ1 等。其中 LX31 系列微动开关，LX33 系列起重设备用行程开关，LXZ1 精密组合行程开关。

LX19 系列行程开关技术数据见表 1-29。

3. 接近开关　接近开关是一种非接触式的检测装置。用于机床或其他设备时，它能像行程开关一样起着限制行程的作用，此外，还能起计数作用。因此，接近开关不等于行程开关。

接近开关的工作原理是当运动的物体接近它到一定距离范围之内时，它能发出信号，以控制运动物体的位置(或计数)。根据其工作原理，接近开关有高频振荡型、感应电桥型、霍尔效应型、光电型、永磁及磁敏元件型、电容型及超声波型等。其中以高频振荡型最常用，占全部接近开关产量的 80% 以上，我国生产的接近开关也是高频振荡型的。

表 1-29 LX19 系列行程开关技术数据

型号	结构形式	触点对数	额定电压/V	额定电流/A	行程/超程	转换时间/s
LX19K	元件、直动				3/1mm	
LX19-001	直动、能自动复位				4/3mm	
LX19-111	传动杆内侧有单滚轮，能自动复位					
LX19-121	传动杆外侧有单滚轮，能自动复位				-30°/-20°	
LX19-131	传动杆凹槽内有单滚轮，能自动复位					
LX19-212	U形传动杆内侧有双滚轮，不能自动复位	1常开与1常闭	380	5		≤0.04
LX19-222	U形传动杆外侧有双滚轮，不能自动复位				~30°/~15°	
LX19-232	U形传动杆内外侧各一滚轮，不能自动复位					

图 1-26 是高频振荡型接近开关的框图，由感应头、振荡器、开关器、输出器、稳压器等部分组成。当装在生产机械上的金属检测体(通常为铁磁件)接近感应头时，由于感应作用，使处于高频振荡器线圈磁场中的物体内部产生涡流(及磁滞)损耗，以致振荡回路因电阻增大，能耗增加而使振荡减弱，直至停止振荡。这时，晶体管开关器就导通，并通过输出器输出信号，起控制作用。

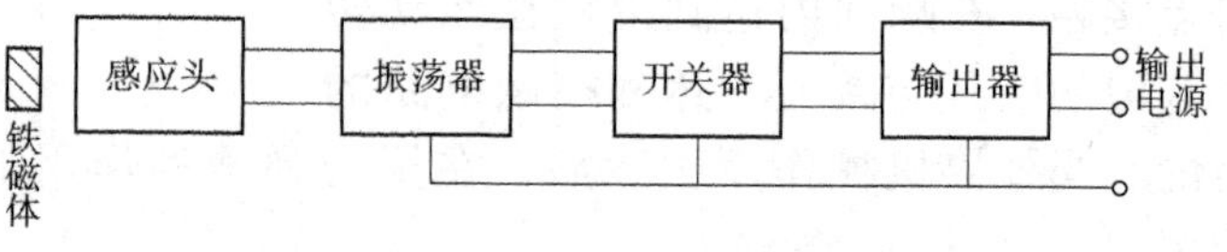

图 1-26 高频振荡型接近开关框图

接近开关与行程开关比较具有下列优点：

1）定位精度高(可达数十微米)。

2）操作频率高(可达每秒数十次乃至数百次)。

3）使用寿命长(半永久性,无接触磨损)。

4）功率消耗低。

5）耐冲击振动，耐潮湿，能适应恶劣工作环境。

6）使用面广，可以做成插接式、螺纹式、感应头外接式等，以适应不同的使用场合和安装方式。

接近开关需要有触点继电器作为输出器。接近开关已在工业生产上逐渐得到广泛应用。目前有 LJ1、LJ2、LJ5、LT201、LT202、LXJ8(3SG)等产品。LXJ8(3SG)系列接近开关是引进产品，GDK8 系列光电开关(采用集成电路)实现无接触式操纵、控制、检测、限位、信号输出等作用。

LJ5 接近开关技术数据见表 1-30。

表 1-30 LJ5 高频振荡型接近开关的技术数据

<table>
<tr><td>额定电压 U_N/V</td><td colspan="3">6~30(直流三、四线)、10~30(直流二线)、30~220(交流)</td></tr>
<tr><td>额定电流/mA</td><td colspan="3">5~50(直流二线)、≤50(直流四线)、≤300(直流三线)</td></tr>
<tr><td>额定电源频率/Hz</td><td colspan="3">50、60</td></tr>
<tr><td rowspan="3">额定动作距离/mm</td><td>外螺纹直径</td><td>金属外壳</td><td>非金属外壳</td></tr>
<tr><td>M18</td><td>5</td><td>8</td></tr>
<tr><td>M30</td><td>10</td><td>15</td></tr>
<tr><td>基准温度/℃</td><td colspan="3">20</td></tr>
<tr><td>形式分类</td><td colspan="3">a) 直流、交流型；b) 二线、三线、四线、(出线方式)；c) 接通、分断、转换触头型；d) 金属型、非金属型(外壳)；e) 圆柱型、方型、槽型、贯穿型；f) 可埋入式、非埋入式</td></tr>
<tr><td>结构特点</td><td colspan="3">高频振荡型，动作时指示灯亮</td></tr>
<tr><td>重复精度</td><td colspan="3"><5%</td></tr>
<tr><td>工作电压/V</td><td colspan="3">交流：85%~110%U_N；直流：80%~110%U_N</td></tr>
<tr><td>开关压降/V</td><td colspan="3">交流型：<10；直流二线：<8；直流三、四线：<3.5</td></tr>
<tr><td>开关频率/(次/s)</td><td colspan="3">交流：≥16；直流：≥100(M30)，≥200(M18)</td></tr>
<tr><td>寿命/万次</td><td colspan="3">1000</td></tr>
<tr><td>外形尺寸(直径×长度)/mm^2</td><td colspan="3">ϕ28×100；ϕ42×100</td></tr>
</table>

第五节 电磁铁和电磁离合器

一、电磁铁

电磁铁是由电磁线圈、铁心和衔铁组成。它是利用线圈通电后使铁心磁化，产生电磁吸力，吸引衔铁来操动、牵引机械装置完成各种事先拟定的动作。如钢铁零件的吸持、固定、牵移、以及用于起重、搬运等。因此，电磁铁是将电能转变为机械能的一种电器。电磁铁在自动控制的机械传动系统中得到广泛应用。

电磁铁的种类很多。按使用电流种类分为直流电磁铁和交流电磁铁，交流电磁铁又分为单相励磁和三相励磁两种。按用途分为牵引电磁铁、制动电磁铁、起重电磁铁及其他各种专用电磁铁等。

1. 牵引电磁铁 牵引电磁铁是用来牵引、推斥机械装置的电磁铁。在自动控制设备中，如各种形式机床的液压和气动的机构中用来开启或关闭水路、油路、气路等的阀门或用来推斥其他机械装置达到自控、遥控的目的。

MQ 系列交流电磁铁多用于交流 50Hz 或 60Hz，电压至 500V 的控制电路中作为机床自动化、远距离控制、调节和操作各种机械机构等。它分为拉动和推动式两种。

图 1-27 为 MQ 系列单相交流牵引电磁铁结构示意图。

MQ 系列单相交流牵引电磁铁的工作原理：当线圈通电时，衔铁被吸引的同时经过连杆或推杆驱动被操作的机构，达到控制目的。衔铁无复位装置，靠自重或外来机械力在线圈断电后复位。铁心和衔铁由硅钢片叠成，使用时将铁心夹板固定在支架上，对于拉动式的应用销子将衔铁与被拉的牵引杆相连，而推动式则需停档与被推的顶杆接触。

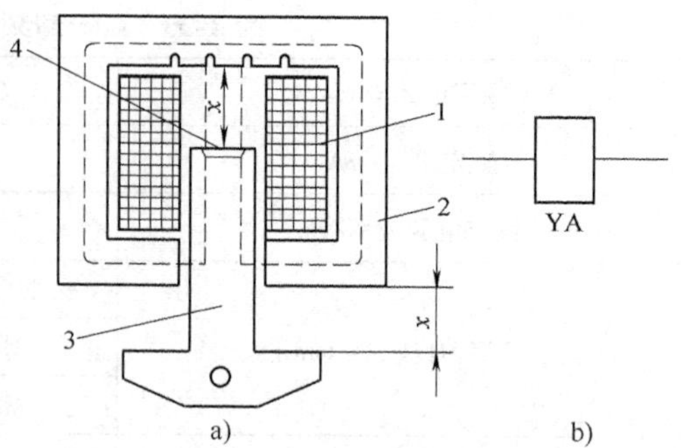

图 1-27　MQ 系列单相交流牵引电磁铁结构示意图和图形文字符号

a）结构示意图　b）图形文字符号

1—线圈　2—铁心　3—衔铁　4—阻尼铜环

2. 制动电磁铁　制动电磁铁是带动制动器作机械制动用的电磁铁。通常与瓦式制动架配合使用，在电气传动装置中用作电动机的机械制动，使停机迅速、准确。

应用电磁铁使电动机制动时，电动机是不会发热的。因此，制动电磁铁广泛用于具有较大飞轮惯量及频繁制动的系统中电动机的制动控制。

制动电磁铁的种类较多，按衔铁行程分为长行程（大于 10mm）和短行程（小于 5mm）。按线圈通电流性质分为直流和交流制动电磁铁两种。为了克服电磁铁制动器动作不平稳、有噪声、使用寿命短和瓦块磨损快的缺点，目前已广泛使用新型制动电磁铁，有液压电磁铁和电动推杆式制动器。

现以短行程电磁瓦块式制动器为例，说明制动电磁铁的工作过程，其结构和工作原理见图 1-28。

该制动器是借助主弹簧，通过框形拉板使左右制动臂上的制动瓦块压在制动轮上，借助制动轮和制动瓦块之间的摩擦力来实现制动的。

制动器松闸是借助电磁铁的作用。当电磁铁线圈通电后，衔铁被吸合，将顶杆向右推动，制动臂带动制动瓦块同时离开制动轮，实现松闸。在松闸时，左制动臂在电磁铁自重作用下自动左倾，制动瓦块也就离开了制动轮。为了防止制动臂倾斜过大，可用调整螺钉来调整制动臂的倾斜量，以保证左、右制动瓦块离开制动轮的间隙相等。副弹簧的作用是把右制动臂推向右倾，防止在松闸时，整个制动器左倾，而造成右制动瓦块离不开制动轮。

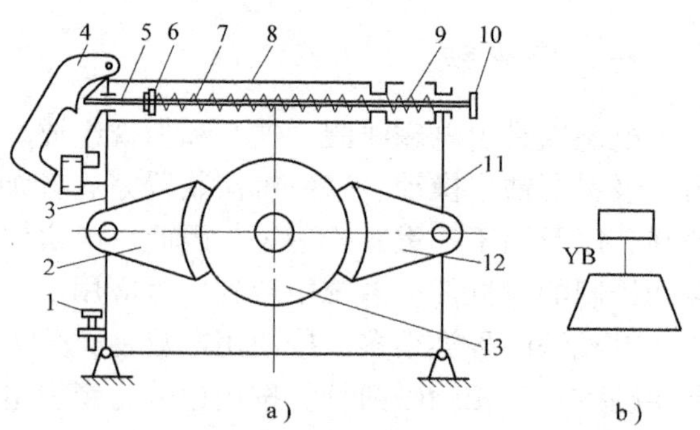

图 1-28　短行程电磁瓦块式制动器结构示意图和图形文字符号

a）结构示意图　b）图形文字符号

1—调整螺栓　2—左制动瓦块　3—左制动臂　4—电磁铁　5—顶杆　6—锁紧螺母　7—主弹簧　8—框形拉板　9—副弹簧　10—调整螺母　11—右制动臂　12—右制动瓦块　13—制动轮

锁紧螺母由三个螺母组成，可调整主弹簧的长度并将其锁紧。

短行程电磁瓦块制动器上闸、松闸动作迅速，结构紧凑，自重小，由于铰链少，其死行程小，制动瓦块与制动臂铰接，制动瓦块与制动轮接触均匀，磨损也均匀。但由于短行程电磁铁松闸力小，故只适用于小型制动器(制动轮直径一般不大于0.3m)。

目前常用的各类的电磁铁及其型号：

制动电磁铁：MZD1、MZDS1、MZZ1、MZZ2、MZZ2-H、MZZ2-S、MZZ3、MZZ5、TJ12。

牵引电磁铁：MQ1、MQ2、MQ3、MQ92。

起重电磁铁：MW1-MW5、MW15、MW22、MW42、MW73、MW84、MW92。

液压电磁铁：MY1、MYT1、MYT3、YT1、YWZ、YWZ2。

阀用电磁铁：MFB1-YC、MFE1、MFJ1、MFJ2-YC、MFZ1、MFZ1-YC。

电磁铁的选用主要根据机械负载的具体要求，其主要技术数据有工作行程、操作频率、工作方式、转矩和通电持续率等。表1-31为MQ1系列交流电磁铁技术数据。

表1-31　MQ1系列交流电磁铁技术数据

型　号	额定吸力/N	额定行程/mm	通电率(%)	操作次数/(次/h)	衔铁重量/kg	总重量/kg	消耗功率/VA	
							起动	吸合
MQ1-5101	15	20	100	600	0.25	1.1	450	50
MQ1-5111	30	25	100	600	0.45	1.5	1000	80
MQ1-5121	50	25	100	200	0.9	3	1700	95
MQ1-5131	80	25	100	200	1.3	4	2200	130
MQ1-5141	150	50	100	200	2.3	9	10000	480
MQ1-5151	250	30	100	200	4	15.6	10000	780
MQ1-6101	15	20	100	600	0.3	1.17	450	50
MQ1-6111	30	25	100	600	0.55	1.7	1000	80
MQ1-6121	50	25	100	200	1.23	3.7	1700	95
MQ1-6131	80	25	100	200	1.65	4.7	2200	130
MQ1-5102	30	20	10	400	0.25	1.1		
MQ1-5112	50	25	10	400	0.45	1.5		
MQ1-5122	80	25	10	400	0.9	3		
MQ1-5132	150	25	10	400	1.3	4		
MQ1-6102	30	20	10	400	0.3	1.17		
MQ1-6112	50	25	10	400	0.55	1.7		
MQ1-6122	80	25	10	400	1.23	3.7		
MQ1-6132	150	25	10	400	1.65	4.7		

注：型号后第一位数字5表示拉动式，6表示推动式。

二、电磁离合器

电磁离合器又称电磁联轴节。它是应用电磁感应原理和内外摩擦片之间的摩擦力，使机械传动系统中两个旋转运动的零件，在主动零件不停止运动的情况下，与从动零件结合或分离的电磁机械联接器，它是一种自动执行的电器。它可以用来控制机械的起动、反向、调速和制动等。它具有结构简单、动作较快、控制能量小、便于远距离控制，虽然体积小，但能传递大扭矩，用作制动控制时，其制动迅速且平稳等优点。因此，电磁离合器广泛应用于各种加工机床和机械传动系统中。

电磁离合器按工作原理分为摩擦片式、铁粉式、感应转差式和牙嵌式等几种。下面介绍摩擦片式电磁离合器的结构及工作原理。

摩擦片式电磁离合器按摩擦片的数量分为单片式和多片式两种。单片式的摩擦面小，用来传递较大的转矩时，离合器的尺寸需要很大，不能满足惯性小、动作快、体积小的要求。所以，机床上普遍采用多片式电磁离合器。

多片式电磁离合器的结构简图见图 1-29。主动轴 1 的花键轴上，装有主动摩擦片 6（内摩擦片），它可沿花键轴自由移动，由于与主动轴 1 是花键联接，主动摩擦片随主动轴一起转动。从动摩擦片 5(外摩擦片)与主动摩擦片交替装叠，其外缘凸起部分卡在与从动齿轮 2 固定在一起的套筒 3 内，因而可以随同从动齿轮一起转动，在内、外摩擦片未压紧之前，主动轴转动时它可以不转动。当电磁线圈 8 通电后产生磁场，将摩擦片吸向铁心 9，衔铁 4 也被吸住并紧紧压住各摩擦片。于是通过主动与从动摩擦片之间的摩擦力，使从动齿轮随主动轴一起转动。如果加在离合器线圈上的电压达到额定值的 85%~105%，就能可靠地工作。线圈断电时，装在内、外摩擦片之间的圈状弹簧使衔铁与摩擦片复位。从动齿轮停转，离合器不再传递工作力矩。电磁线圈一端通过电刷和集电环 7 输入直流电，另一端则接地。

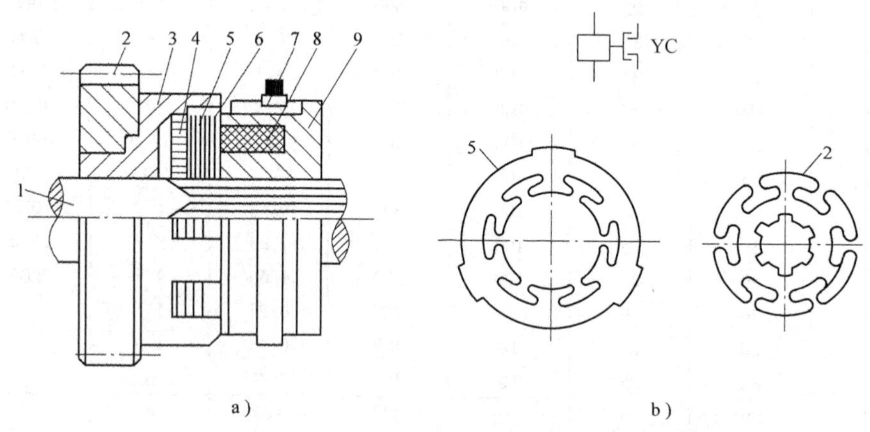

图 1-29 多片式摩擦电磁离合器结构简图和图形文字符号

a）结构示意图 b）图形文字符号

1—主轴 2—从动齿轮 3—套筒 4—衔铁

5—从动摩擦片 6—主动摩擦片 7—集电环 8—线圈 9—铁心

多片式电磁离合器具有传递力矩大、体积小、容易安装在机床内部和能在工作过程中接入和切除等优点。但摩擦片式电磁离合器的制造工艺复杂，动作不够迅速，接合过程中有机械移动等缺点。

多片式电磁离合器的摩擦片数量在 2 到 12 片之间，随着片数的增加，能传递的力矩也随之增大。但摩擦片超过 12 片以后，由于磁路气隙增大等原因，所能传递的力矩反而减小。

常用的摩擦片式电磁离合器有 DLM0、DLM3 系列和新试制的 DLM4 系列干式多片电磁离合器和 DLM5 系列湿式多片式电磁离合器。DLM3 系列电磁离合器技术数据见表 1-32。

电磁铁和电磁离合器的故障和处理见表 1-33。

表 1-32 DLM3 系列电磁离合器技术数据

序 号	名 称		规 格							
			1.2	2.5	5	10	16	25	40	63
1	额定力矩 /N·m	动力矩	12	25	50	100	160	250	400	630
		静力矩	25	50	100	200	320	500	800	1260
2	空转力矩不大于/(N·m)		0.4	0.5	1	2	2.5	4	6.4	10
3	接通时间不大于/s		0.28	0.30	0.32	0.35	0.37	0.40	0.42	0.45
4	断开时间不大于/s		0.10	0.10	0.10	0.15	0.15	0.20	0.20	0.20
5	额定直流电压/V		24	24	24	24	24	24	24	24
6	摩擦片允许相对转速/($r \cdot min^{-1}$)		3500	3500	3000	3000	2500	2000	1500	1500
7	线圈消耗功率/W		13	16	28	31	50	58	68	79
8	线圈在 20℃下电阻/Ω		45.2	36	20.5	18.5	11.6	10	8.5	7.3
9	导线的直径/mm		0.31	0.38	0.44	0.51	0.62	0.69	0.80	0.93
10	线圈的匝数/匝		952	1000	685	645	570	525	510	535
11	润滑油流量/($L \cdot min^{-1}$)		0.25	0.25	0.40	0.65	0.65	1.0	1.0	1.2

表 1-33 电磁铁和电磁离合器的故障和处理

故障现象	故障原因	处理方法
电磁线圈通电后，衔铁不动作或不能完全吸合	1. 电源电压过低，吸力不够 2. 动、静铁心端面有异物，磁路气隙增大，磁阻过大，吸力不够 3. 运动部件受阻或摩擦力过大	1. 检查电源电压调整到额定值 2. 清除铁心端面上的异物 3. 调整并检修运动部件，使其灵活动作
电磁线圈过热	1. 电源电压过高，大于线圈额定值 2. 线圈通断电的频率太高 3. 线圈匝间短路 4. 衔铁不能吸合或不能完全吸合	1. 检查电源电压，调整到额定值 2. 减少操作频率 3. 更换线圈 4. 清除动、静铁心端面异物修整运动部件，使其完全吸合
噪声大	1. 动、静铁心端面接触不良或有油垢等异物 2. 交流电磁铁心上的短路环断裂 3. 电源电压过低 4. 铁心卡住，不能完全吸合	1. 清除端面异物，增大端面接触面在80%以上 2. 更换短路环 3. 调整电源电压 4. 修整铁心等运动部件，使其灵活动作

思考题与习题

1-1 接触器主要结构由哪几部分组成？从结构上如何区别是交流还是直流励磁的接触器？

1-2 接触器是如何分类的？它在电路中起什么作用？

1-3 简述接触器的工作原理。分析交流励磁的接触器，其铁心上的短路环起什么作用？

1-4 灭弧的方法有几种？简述磁吹灭弧方法的工作原理。

1-5 交流接触器在使用中应注意哪些问题？

1-6 接触器的主触点在使用中产生触点过热的主要原因是什么？应如何排除？

1-7 交流接触器在使用中产生线圈过热的原因是什么？

1-8 试分析交流接触器在使用中发现有振动声是什么原因？应如何处理？

1-9 电磁式继电器有哪几种？

1-10 如何从结构特点上区别是电压继电器还是电流继电器？

1-11 过电压(或过电流)继电器与欠电压(或欠电流)继电器，它们的吸合值与释放值和电路的额定值成什么关系？如何调整过电压(或过电流)继电器的吸合值与欠电压(或欠电流)继电器的释放值？

1-12 中间继电器与电压继电器在结构上有哪些异同点？在电路中各起什么作用？

1-13 简述电磁式时间继电器获得延时的工作原理。如何调整其延时时间？

1-14 画出时间继电器的线圈及触点的图型符号，并标注其含意？

1-15 叙述热继电器有哪些部分组成？各组成部分有何作用？

1-16 有一机械设备在正常起动时无法正常投入工作其热继电器一直跳闸，试分析其原因？

1-17 分别叙述热继电器与熔断器的工作原理和在电路中的作用。它们之间能否替代？为什么？

1-18 熔断器的额定电流、熔体的额定电流和熔断器的极限分断电流，三者之间有什么区别？

1-19 刀开关和转换开关的结构主要由哪些部分组成？胶盖刀开关在安装使用时应注意哪些问题？

1-20 断路器主要由哪些部分组成？简述各脱扣机构的工作原理。

1-21 简述控制按钮与行程开关的结构，它们在电路中各起什么作用？

1-22 万能转换开关、主令控制器和凸轮控制器三者有哪些异同点？

1-23 电磁铁有哪几种形式？各有什么作用？

1-24 简述摩擦片式电磁离合器的工作原理。

第二章　继电器-接触器基本控制电路

第一节　电气控制系统图图形、文字符号和绘图原则

一、图形、文字符号

电力拖动控制系统由拖动机器的电动机和电气控制电路等组成。为了表达电气控制系统的设计意图，便于分析其工作原理、安装、调试和检修控制系统，必须采用统一的图形符号和文字符号来表达。目前，我国已发布实施了电气图形和文字符号的有关国家标准，例如：

GB/T 4728 1~8—1996~2000 电气简图用图形符号

GB/T 6988 1~4—2002 电气技术文件的编制

GB/T 5226 机床电气设备通用技术条件

GB/T 7159 电气技术中的文字符号制定通则

GB/T 6988 电气制图

GB/T 5094 电气技术中的项目代号

电气图示符号有图形符号、文字符号及回路标号等。

1. 图形符号　图形符号通常用于图样或其他文件以表示一个设备或概念的图形、标记或字符。

电气控制系统图中的图形符号必须按国家标准绘制，附录绘出了电气控制系统的部分图形符号。图形符号含有符号要素、一般符号和限定符号。

（1）符号要素　一种具有确定意义的简单图形，必须同其他图形组合才构成一个设备或概念的完整符号。如接触器常开主触点的符号就由接触器触点功能和常开触点符号组合而成。

（2）一般符号　用以表示一类产品和此类产品特征的一种简单的符号。如电动机可用一个圆圈表示。

（3）限定符号　用于提供附加信息的一种加在其他符号上的符号。

运用图形符号绘制电气系统图时应注意：

1）符号尺寸大小、线条粗细依国家标准可放大与缩小，但在同一张图样中，同一符号的尺寸应保持一致，各符号间及符号本身比例应保持不变。

2）标准中示出的符号方位，在不改变符号含义的前提下，可根据图面布置的需要旋转，或成镜像位置，但文字和指示方向不得倒置。

3）大多数符号都可以加上补充说明标记。

4）有些具体器件的符号由设计者根据国家标准的符号要素、一般符号和限定符号组合而成。

5）国家标准未规定的图形符号，可根据实际需要，按突出特征、结构简单、便于识别的原则进行设计，但需要报国家标准局备案。当采用其他来源的符号或代号时，必须在图解

和文件上说明其含义。

2. 文字符号　文字符号分为基本文字符号和辅助文字符号。文字符号适用于电气技术领域中技术文件的编制，也可表示在电气设备、装置和元件上或其近旁以标明它们的名称、功能、状态和特征。常用文字符号见附录。

（1）基本文字符号　基本文字符号有单字母与双字母两种。单字母符号按拉丁字母顺序将各元件电气设备、装置和元器件划分成为23大类，每一大类用一个专用单字母符号表示，如“C”表示电容器类，“R”表示电阻器类等。双字母符号由一个表示种类的单字母符号与另一个字母组成，且以单字母符号在前，另一字母在后的次序列出，如“F”表示保护器类，“FU”则表示为熔断器，“FR”表示具有延时动作的限流保护器等。

（2）辅助文字符号　辅助文字符号是用以表示电气设备、装置和元器件以及电路的功能、状态和特征的。如“RD”表示红色，“SYN”表示限制等。辅助文字符号也可以放在表示种类的单字母后边组成双字母符号，如“SP”表示压力传感器，“YB”表示电磁制动器等。为简化文字符号起见，若辅助文字符号由两个以上字母组成时，允许只采用其第一位字母进行组合，如“MS”表示同步电动机。辅助文字符号还可以单独使用，如“ON”表示接通，“PE”表示接地，“N”表示中间线等。

（3）补充文字符号的原则　当规定的基本文字符号和辅助文字符号如不敷使用，可按国家标准中文字符号组成规律和下述原则予以补充。

1）在不违背国家标准文字符号编制的条件下，可采用国际标准中规定的电气技术文字符号。

2）在优先采用基本和辅助文字符号的前提下，可补充未列出的双字母文字符号和辅助文字符号。

3）文字符号应按电气名词术语国家标准或专业技术标准中规定的英文术语缩写而成。基本文字符号不得超过两位字母，辅助文字符号一般不超过三位字母。

4）文字符号采用拉丁字母大写正体字。

5）因拉丁字母中大写正体字“I”和“O”易同阿拉伯数字“1”和“0”混淆，因此不允许单独作为文字符号使用。

3. 电路各接点标记

1）三相交流电源引入线采用L_1、L_2、L_3标记。

2）电源开关之后的三相交流电源主电路分别按U、V、W顺序标记。

3）分级三相交流电源主电路采用三相文字代号U、V、W的前边加上阿拉伯数字1、2、3等来标记，如1U、1V、1W；2U、2V、2W等。

4）各电动机分支电路各接点标记采用三相文字代号后面加数字来表示，数字中的个位数表示电动机代号，十位数字表示该支路各接点的代号，U_{21}为第一相的第二个接点代号，以此类推。

5）电动机绕组首端分别用U、V、W标记，尾端分别用U′、V′、W′标记，双绕组的中点则用U″、V″、W″标记。

6）控制电路采用阿拉伯数字编号，一般由三位或三位以下的数字组成。标注方法按“等电位”原则进行，在垂直绘制的电路中，标号顺序一般由上而下编号，凡是被线圈、绕组、触点或电阻、电容等元件所间隔的线段，都应标以不同的电路标号。

二、绘图原则

电气控制系统图包括电气原理图、电器安装图、电气互联图等。

1. 原理图　原理图是根据电路工作原理绘制的。在绘制原理图时，一般应遵循下列规则：

1）电气控制电路原理图按所规定的图形符号、文字符号和回路标号进行绘制。

2）动力电路的电源电路一般绘成水平线；受电的动力装置电动机主电路用垂直线绘制在图面的左侧，控制电路用垂直线绘制在图面的右侧，主电路与控制电路一般应分开绘制。各电路元件采用平行展开画法，但同一电器的各元件采用同一文字符号标明。

3）所有电路元件的图形符号，均按电器未接通电源和没有受外力作用时的状态绘制。促使触点动作的外力方向必须是：当图形垂直放置时为从左向右，即在垂线左侧的触点为常开触点，在垂线右侧的触点为常闭触点；当图形水平放置时为从上向下，即在水平线下方的触点为常开的触点，在上方的触点为常闭触点。

4）具有循环运动的机械设备，应在电气控制电路原理图上绘出工作循环图。

5）转换开关、行程开关等应绘出动作程序及动作位置示意图表。

6）由若干元件组成的具有特定功能的环节，可用虚线框括起来，并标注出环节的主要作用，如速度调节器、电流继电器等。

对于电路和元件完全相同并重复出现的环节，可以只绘出其中一个环节的完整电路，其余相同环节可用虚线方框表示，并标明该环节的文字符号或环节的名称。该环节与其他环节之间的连线可在虚线方框外面绘出。

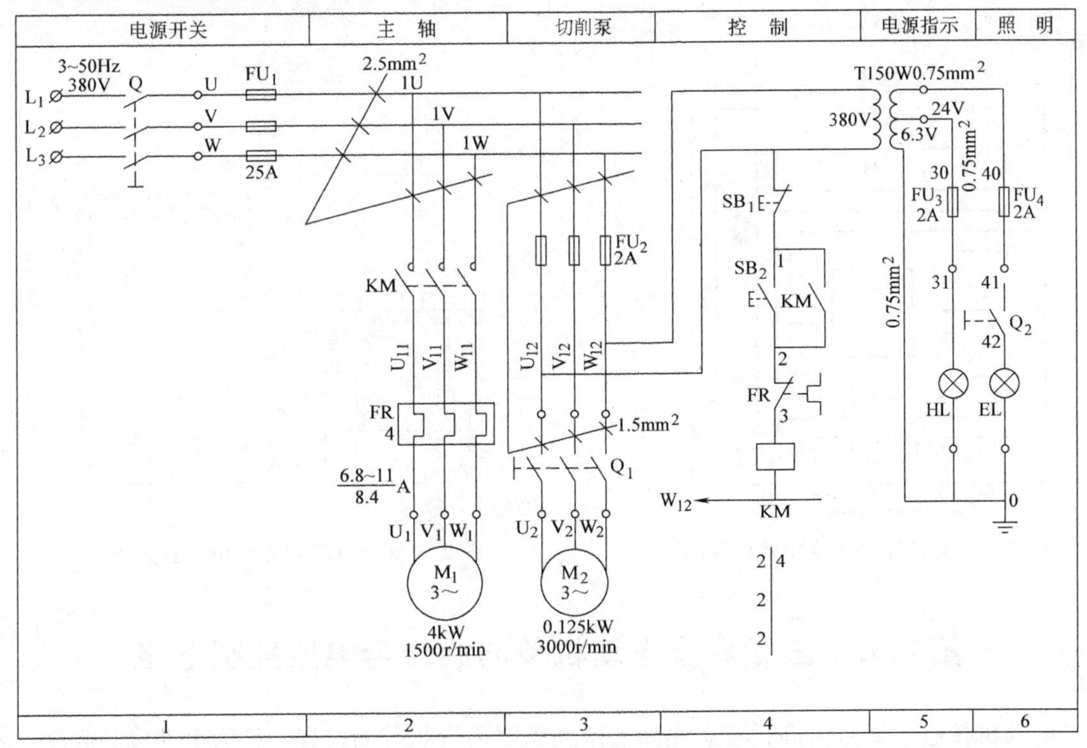

图 2-1　CW6132 型车床电气原理图

7）对于外购的成套电气装置，如稳压电源、电子放大器、晶体管时间继电器等，应将其详细电路与参数绘在电气原理图上。

8）电气控制电路原理图的全部电机、电器元件的型号、文字符号、用途、数量、额定技术数据，均应填写在元件明细表内。

图 2-1 为 CW6132 型车床电气原理图

2. 电气设备安装图　表示各种电气设备在机床机械设备和电气控制柜的实际安装位置。各电气元件的安装位置是由机床的结构和工作要求决定，如电动机要和被拖动的机械部件在一起，行程开关应放在要取得信号的地方，操作元件放在操作方便的地方，一般电气元件应放在控制柜内。

图 2-2 为 CW6132 型车床电器安装位置图。

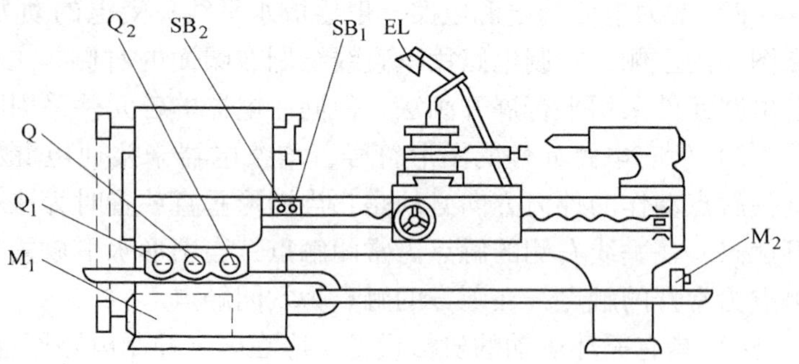

图 2-2　CW6132 型车床电器安装位置图

3. 接线图　电气设备之间实际接线情况，绘制接线图时应把各电气元件的各个部分(如触点与线圈)画在一起，文字符号、元件连接顺序、电路号码编制都必须与电气原理图一致。电气设备安装图和接线图是用于安装接线、检查维修和施工的。

图 2-3 为 CW6132 型车床电器位置图。

图 2-4 为 CW6132 型车床电气互连图。

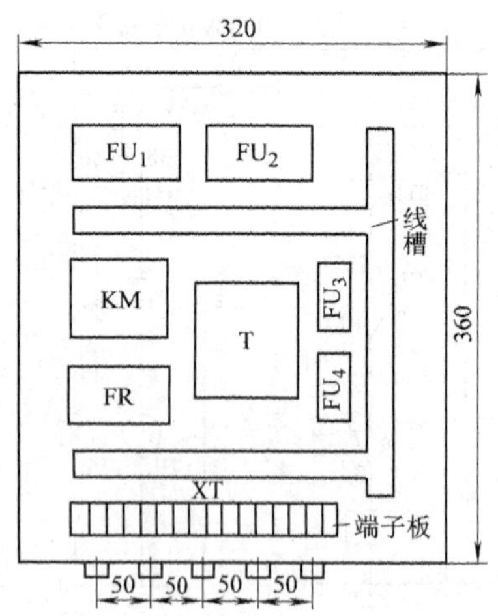

图 2-3　CW6132 型车床电器位置图

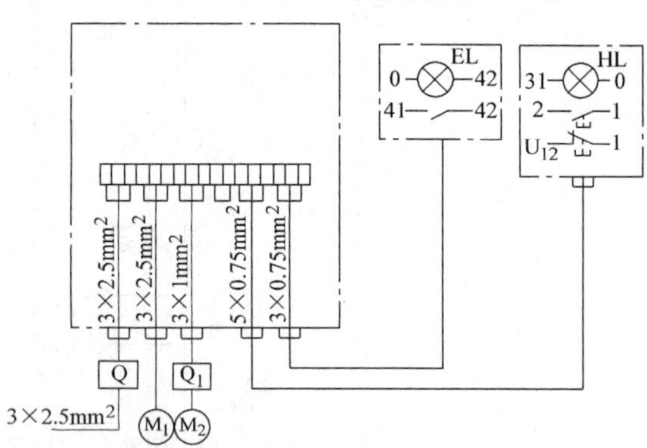

图 2-4　CW6132 型车床电气互连图

第二节　三相异步电动机单向旋转全电压控制电路

电动机接通电源后由静止状态逐渐加速到稳定运行状态的过程，称为电动机的起动。若将额定电压直接加到电动机的定子绕组上，使电动机起动旋转，称为直接起动或全压起动。

这种方法的优点是所用电器设备少，电路简单；缺点是起动电流大，会使电网电压降低而影响其他电气设备的稳定运行。

判断一台交流电动机能否采用直接起动可按下面条件来确定：

$$\frac{\text{起动电流}}{\text{额定电流}} \leqslant \frac{3}{4} + \frac{\text{电源变压器容量(kVA)}}{4 \times \text{电动机容量(kW)}} \tag{2-1}$$

满足此条件可直接起动，否则应降压起动。通常电动机容量不超过电源变压器容量的15%~20%时，或电动机容量较小时，都允许直接起动。

一、单向旋转控制电路

图 2-1CW6132 型车床无论主电机或切削泵电动机都是采用了直接起动的电路。一般小型台钻和砂轮机等直接用开关起动，见图 2-5。

图 2-6 是电动机采用接触器直接起动电路，许多中小型普通车床的主电机都是采用这种起动方式。工作原理：

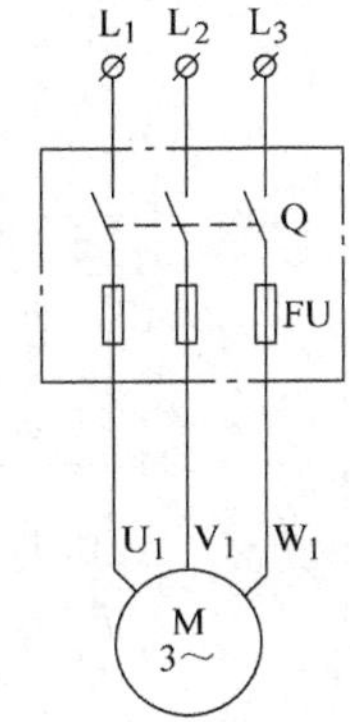

图 2-5　铁壳开关起动控制电路

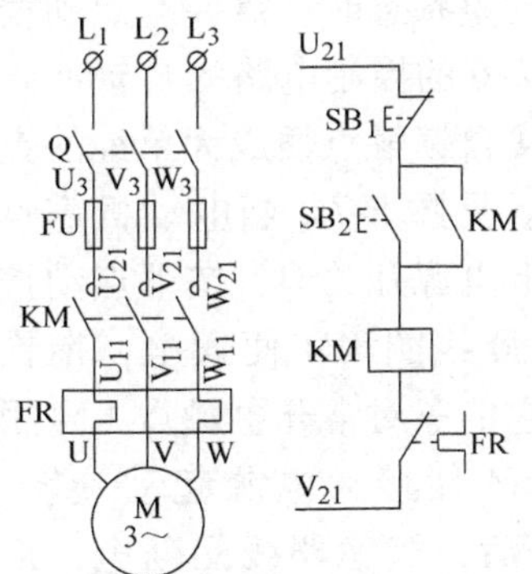

图 2-6　具有过载保护的控制电路

合上电源开关 Q，起动时，按下起动按钮 SB_2，接触器 KM 因线圈通电吸合，其主触点闭合，电动机 M 旋转，同时 KM 常开辅助触点闭合，当放开起动按钮后，仍可保证 KM 线圈通电，电动机运行。通常将这种用接触器本身的触点来使其线圈保持通电的环节叫“自锁”环节。与起动按钮 SB_2 并联的这种 KM 的常开辅助触点叫做自锁触点。停止时，按下停止按钮 SB_1，接触器 KM 因线圈断电而释放，其主触点、常开辅助触点断开，电动机 M 停转。

具有按钮和接触器并能自锁的控制电路，还具有欠电压保护和失电压(零电压)保护的工能。

欠电压保护：电机运行时当电源电压下降，电动机的电流就会上升，电压下降严重，可能烧坏电动机，在具有自锁的控制电路中，当电动机旋转时，电源电压降低到较低(一般在工作电压的 85%以下)，接触器线圈的磁通则变得很弱，电磁吸力不足，动铁心在反作用弹簧的作用下释放，自锁触点断开，失去自锁，同时主触点也断开，电动机停转，得到了保护。

失电压保护：电动机运行时，遇到电源临时停电，在恢复供电时，如果未加防范措施而让电动机自行起动，很容易造成设备或人身事故。采用自锁控制的电路，由于自锁触点和主触点在停电时已一起断开，所以在恢复供电时，控制电路和主电路都不会自行接通，如果没有按下按钮，电动机就不会自行起动。这种在突然断电时能自动切断电动机电源的保护作用称为失电压(或零电压)保护。

此外，本电路具有过载保护和短路保护环节。

过载保护：电动机在运行过程中，如果由于过载或其他原因使电流超过额定值时，这将引起电动机过热。如果温度超过允许温升，就会使绝缘材料变脆，寿命减少，严重时电机损坏。因此，必须对电动机进行过载保护。常用的过载保护元件是热继电器。当电动机为额定电流时，电机为额定温升，热继电器不动作。过载时，经过一定时间，串接在主电路中的热继电器 FR 的热元件因受热弯曲，能使串接在控制电路中的 FR 常闭触点断开，切断控制电路，接触器 KM 的线圈断电，主触点断开，电动机 M 便停转。

短路保护：由于热继电器的发热元件有热惯性，热继电器不会因电动机短时过载冲击电流和短路电流的影响而瞬时动作，所以在使用热继电器作过载保护的同时，还必须设有短路保护，并且选作短路保护的熔断器熔体的额定电流不应超过 4 倍热继电器发热元件的额定电流。

二、点动控制电路

机床在调整状态时，需要有点动控制。如把图 2-6 的控制电路的自锁回路断开，即不接自锁触点便成为单纯的点动控制电路。见图 2-7。当电动机需点动时，先合上电源开关 Q，按下点动按钮 SB，接触器线圈 KM 便通电，衔铁吸合，带动它的三对常开主触点 KM 闭合，电动机 M 便接通电源起动旋转。SB 按钮放开后，接触器线圈断电，衔铁受弹簧力的作用而复位，带动它的三对常开主触点断开，电动机便断电停转。这种只有按下按钮 SB 时，电动机才旋转，放开按钮 SB 时就停转的电路，称为点动或瞬动控制电路。

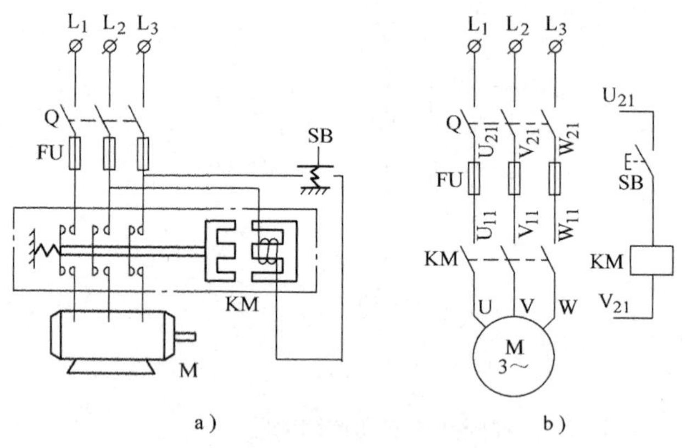

图 2-7 点动正转控制电路

a）实物示意图 b）原理图

但实际工作中，机床既要点动调整，也需要长期工作(又称长动控制)。图 2-8a 为既能点动也能长动的控制电路。图 2-8a 中的起动控制原理与前相同，故不多述，点动控制原理如下：需点动时，只要按下按钮 SB_3，其常闭触点首先断开自锁电路，常开触点使接触器线圈通电，主触点闭合，电动机便开始旋转。当手松开时，按钮常开触点首先断开，电动机就停止转动。而后常闭触点恢复闭合，这时接触器的常开辅助触点已断开。

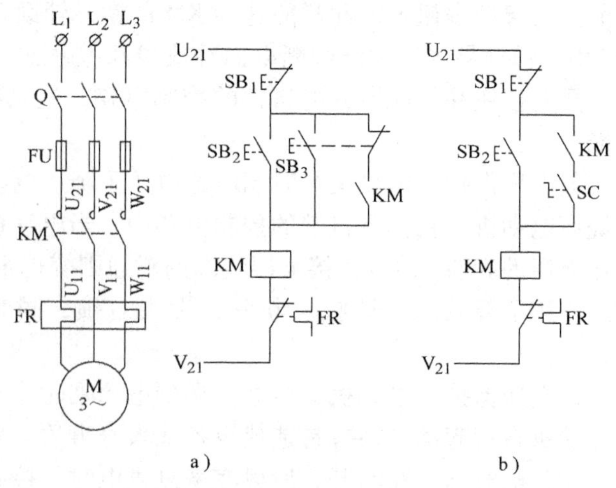

图 2-8 点动与长动控制电路图

需长动时，按下按钮 SB_2，接触器

KM 吸合并自锁，电动机连续旋转。SB_1 为停止按钮。

必需指出，这种电路中，要求点动按钮的常闭触点恢复闭合的时间应大于接触器的释放时间，否则将使自锁回路接通而不能实现点动控制。通常接触器的释放时间很短，约几十毫秒左右，故上述电路一般是可以用的。但是在接触器遇到故障而使其释放时间大于点动按钮的恢复时间，这时将产生误动作。图 2-8b 为一种改进的既可点动又可长动的控制电路。这种电路的自锁触点支路串有开关 SC。当开关 SC 断开时，切断了自锁电路，便成了点动电路，可进行机床的调整。当机床调整完毕后，应闭合手动开关 SC，自锁触点就可以起作用，起动后电动机便可连续旋转。

三、多地点控制电路

在大型机床设备中，为了操作方便，常要求能在多个地点进行控制。见图 2-9，把起动按钮并联起来，停止按钮串联起来，分别装在两个地方，就可两地操作。

在大型机床上，为了保证操作安全，要求压下时，几个操作者都发出主令信号(按起动按钮)，设备才能工作，见图 2-10。

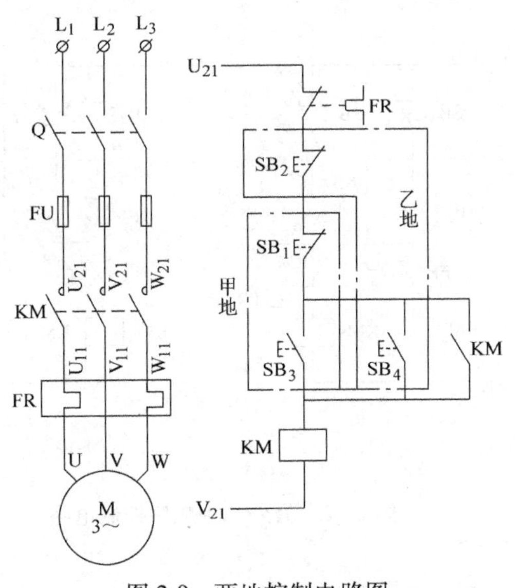

图 2-9　两地控制电路图

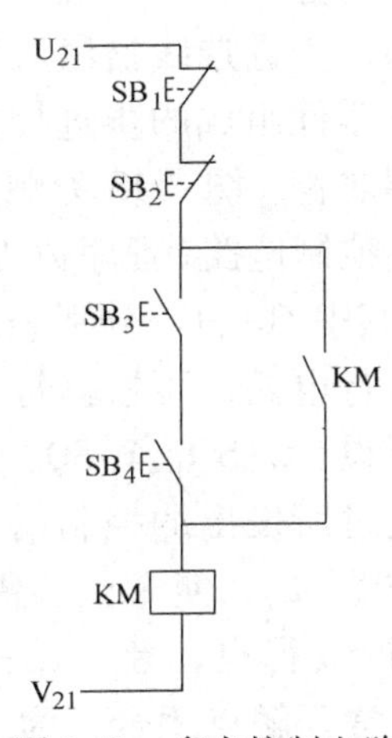

图 2-10　多点控制电路

四、多台电动机顺序起、停控制电路

在装有多台电动机的生产机械上，各电动机所起的作用不同，有时需要按一定的顺序起动才能保证操作过程的合理和工作的安全可靠。例如，在铣床上就要求先起动主轴电动机，然后才能起动进给电动机。又如，带有液压系统的机床，一般都要先起动液压泵电动机，以后才能起动其他电动机。这些顺序关系反映在控制电路上，称为顺序控制。

图 2-11 所示是两台电动机 M_1 和 M_2 的顺序控制电路。该电路的特点是，电动机 M_2 的控制电路是接在接触器 KM_1 的常开辅助触点之后。这就保证了只有当 KM_1 接通，M_1 起动后，M_2 才能起动。而且，如果由于某种原因(如过载或失电压等)使 KM_1 失电，M_1 停转，那么 M_2 也立即停止，即 M_1 和 M_2 同时停止。

图 2-12 所示是另外两种顺序控制电路（主电路未画出）。

图 2-12a 的特点是，将接触器 KM_1 的另一常开触点串联在接触器 KM_2 线圈的控制电路中，同样保持了图 2-10 的顺序控制作用；该电路还可实现单独停止 M_2。

图 2-12b 的特点是，由于在 SB_1 停止按钮两端并联着一个 KM_2 的常开触点，所以只有先使接触器 KM_2 线圈断电，即电动机 M_2 停止，然后才能按动 SB_1，断开接触器 KM_1 线圈电路，使电动机 M_1 停止。

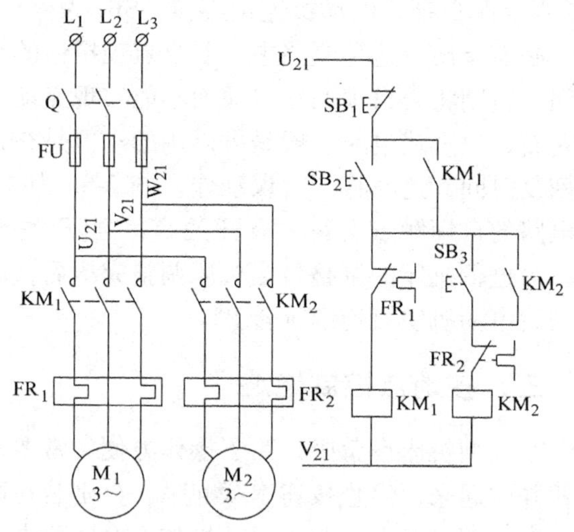

图 2-11　顺序控制电路

五、步进控制电路

在程序预选自动机床以及简易顺序装置中，工步（或程序）依次自动转换主要是利用步进控制电路（亦称步进器）完成的，常用的控制电路有中间继电器组成的步进控制电路、步进选线器组成的步进控制电路、电子器件组成的步进控制电路等。这里仅介绍前者。图 2-13 为顺序控制四个程序的步进控制电路（程序数再多时，可进行扩展）。其中 G_1—G_4 分别表示第一至第四程序的执行电路，可根据每一程序的具体要求另行设计，SQ_1 至 SQ_4 分别表示程序执行完成时所发出的控制信号。由图 2-13 可知，按动 SB_2，使 KA_1 线圈得电并自锁，G_1 也将持续得电，建立第一程序，同时 KA_1 另一常开触点闭合，为 KA_2 线圈得电作好准备，待第一程序结束信号 SQ_1 闭合，于是 KA_2 线圈得电并自锁 KA_2 常闭触点切断 KA_1 和 G_1，即切断第一程序。G_2 持续得电，建立第二程序，而 KA_2 的另一常开触点闭合，为 KA_3 线圈得电作好准备，直到第四程序终了信号 SQ_4 闭合，使 KA_5 线圈得电并自锁，使 KA_4 释放，切断第四程序，这时全部程序执行完毕，按 SB_1 按钮，为下一次起动作好准备。

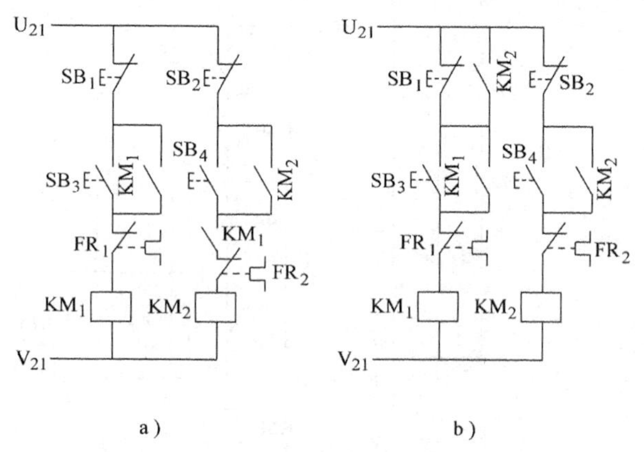

图 2-12　另外两种顺序控制电路

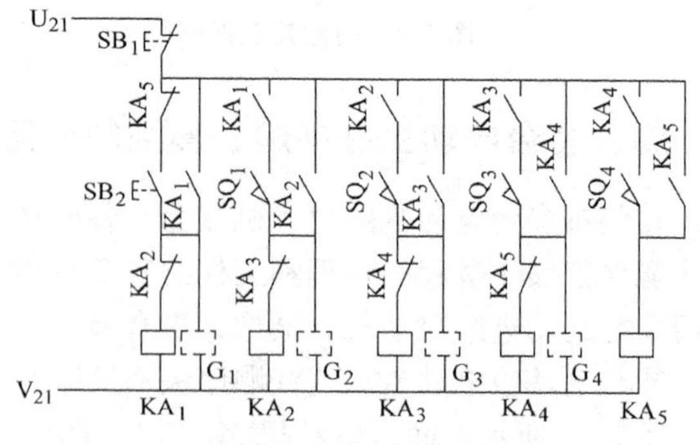

图 2-13　步进控制电路

此电路的特点是以一个继电器的得电和失电表征某一程序的开始和结束，它采用顺序控制电路，并保证只有一个程序在工作。

第三节　三相异步电动机可逆旋转控制电路

有的生产机械往往要求实现正反两个方向的运动，例如主轴的正反转和起重机的升降等，这就要求电动机可以正反转。由电工学可知，若将接至交流电动机的三相电源进线中任意两相接线对调，即可进行反转。常见的正反转控制电路有以下几种。

一、手动控制电路

从图 2-14 可知，按下 SB_2，正向接触器 KM_1 得电动作，主触点闭合，三相电源 L_1、L_2、L_3 按 U-V-W 相序输入电动机，使电动机正转。按停止按钮 SB_1，电动机停止。按下 SB_3，反向接触器 KM_2 得电动作，其主触点闭合，三相电源 L_1、L_2、L_3 按 W-V-U 相序输入电动机、使电动机定子绕组与正转时相比相序反了，则电动机反转。

从主电路看，如果 KM_1，KM_2 同时通电动作，就会造成主电路短路。因此控制电路中把接触器的常闭辅助触点互相串联在对方的控制电路中进行互锁控制。这样当 KM_1 得电时，由于 KM_1 的常闭触点打开，使 KM_2 不能通电。此时即使按下 SB_3 按钮，也不会造成短路。反之也是一样。接触器辅助触点这种互相制约关系称为“互锁”。

在机床控制电路中，这种互锁关系应用极为广泛。凡是有相反动作，如工作台上下、左右移动等等，都需要有类似这种互锁控制。

如果现在电动机正在正转，想要反转，则图 2-14 中的控制电路必须先按停止按钮 SB_1 后，再按反向按钮 SB_3 才能实现，显然操作不方便。图 2-15 中的电路利用复合按钮 SB_3、SB_2 就可直接实现由正转变成反转。

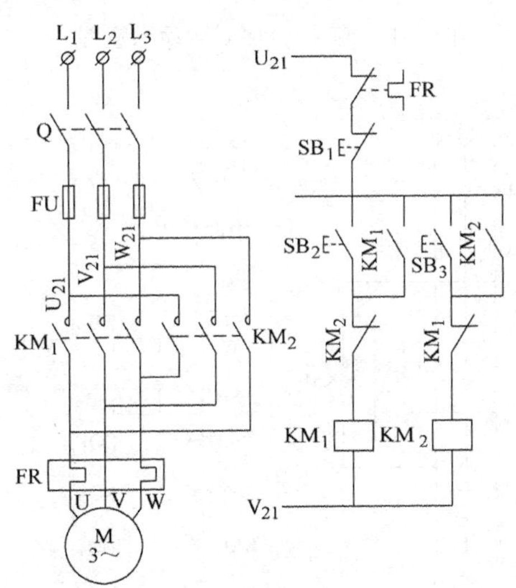

图 2-14　接触器互锁正反转控制电路

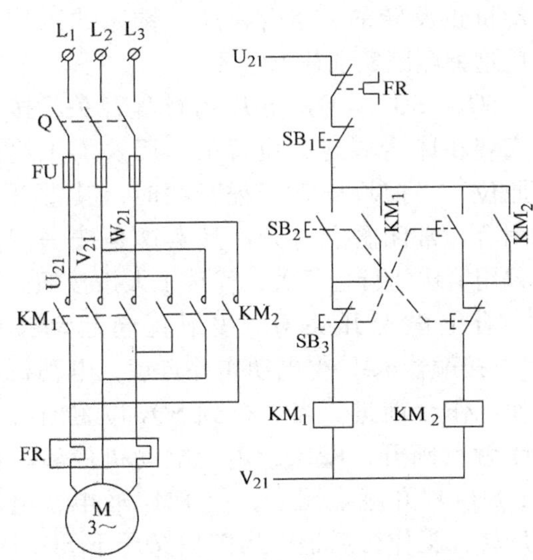

图 2-15　按钮互锁正反转控制电路

很显然，采用复合按钮，还可以起到互锁作用，这是由于按下 SB_2 时，只有 KM_1 得电动作，同时 KM_2 回路被切断。同理按下 SB_3 时，只有 KM_2 得电，KM_1 回路被切断。

但只用按钮进行互锁，而不用接触器常闭触点之间的互锁，是不可靠的。在实际中可能出现这样情况，由于负载短路或大电流的长期作用，接触器的主触点被强烈的电弧“烧焊”在一起，或者接触器的机构失灵，使衔铁总是卡住在吸合状态，这都可能使主触点不能断开，这时如果另一接触器动作，就会造成事故。

如果用的是接触器常闭触点进行互锁，不论什么原因，只要一个接触器是吸合状态，它的互锁常闭触点就必然将另一接触器线圈电路切断，这就能避免事故的发生。

把图 2-14 和图 2-15 电路的优点结合起来就组成了图 2-16 所示的具有双重互锁的正反转控制电路，这种电路操作方便安全可靠，应用非常广泛，其工作原理读者可自行分析。

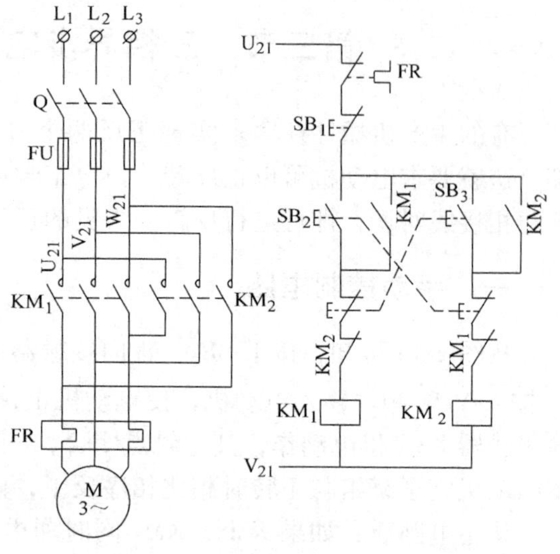

图 2-16 按钮和接触器双重互锁控制电路

二、自动控制电路

机械设备中如机床的工作台、高炉的加料设备等均需在一定的距离内能自动往复不断循环，以使工件能连续加工。图 2-17、图 2-18 是机床工作台往返循环的运动示意图和控制电路。实质上是用行程开关来自动实现电动机正反转的。组合机床、铣床的工作台常用这种电路实现往返循环。

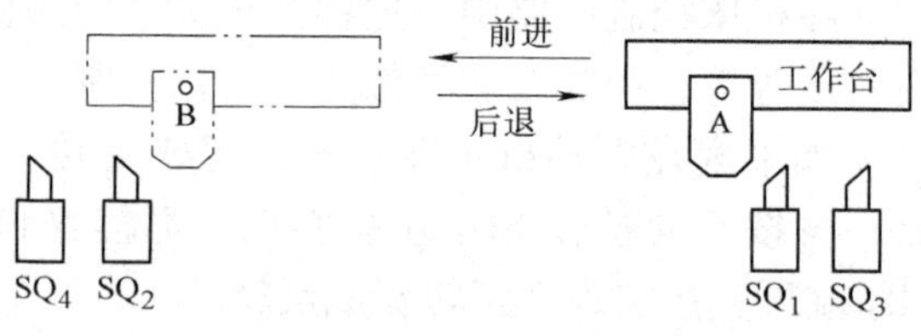

图 2-17 工作台往复运动示意图

SQ_1、SQ_2、SQ_3、SQ_4 为行程开关，按要求安装在床身固定的位置上，反映加工终点与原位，当撞块压下行程开关时，其常开触点闭合，常闭触点打开。其实这是按一定的行程用撞块压行程开关，代替了人按按钮。

合上电源开关 Q，按下正向起动按钮 SB_2，接触器 KM_1 得电动作并自锁，电动机正转使工作台前进。当运行到 SQ_2 位置时，其常闭触点断开，KM_1 断电，电动机停转，同时，SQ_2 常开触点闭合，使 KM_2 通电，电动机反转，工作台后退。当撞块又压下 SQ_1 时，使 KM_2 断电，KM_1 又得电动作，电动机又正转使工作台前进，这样可一直循环下去。

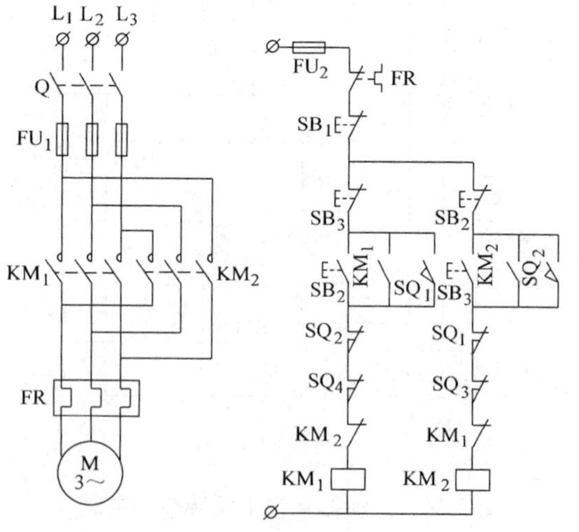

图 2-18 往复自动循环控制电路

SB_1 为停止按钮。SB_3 与 SB_2 为不同方向的复合起动按钮。之所以用复合按钮，是为了满足改变工作台方向时，不按停止按钮可直接操作。限位开关 SQ_3 与 SQ_4 安装在极限位置。当由于某种故障，工作台到达 SQ_1(或 SQ_2)位置时，未能切断 KM_2（或 KM_1）时，工作台继续移动到极限位置，压下 SQ_3（或 SQ_4），此时最终把控制电路断开，使电动机停止，避免工作台由于越出允许位置所导致的事故。因此 SQ_3、SQ_4 起限位保护作用。

上述这种用行程开关按照机床运动部件的位置或机件的位置变化所进行的控制，称作按行程原则的自动控制，或称行程控制。行程控制是机床和机床自动线应用最为广泛的控制方式之一。

第四节　组合机床控制电路的基本环节

一、多台电动机同时起动的控制电路

组合机床通常是多刀、多面同时对工件进行加工，这样就要求多台电动机同时起动，而且要求这些电动机能单独调整。图 2-19 为三台电动机同时起动控制电路。图中 KM_1、KM_2、KM_3 分别为三台电动机的起动接触器，SC_1、SC_2、SC_3 分别为三台电动机单独工作的调整开关。FR_1、FR_2、FR_3 分别为三台电动机的热继电器，以按钮 SB_2、SB_1 控制起停。

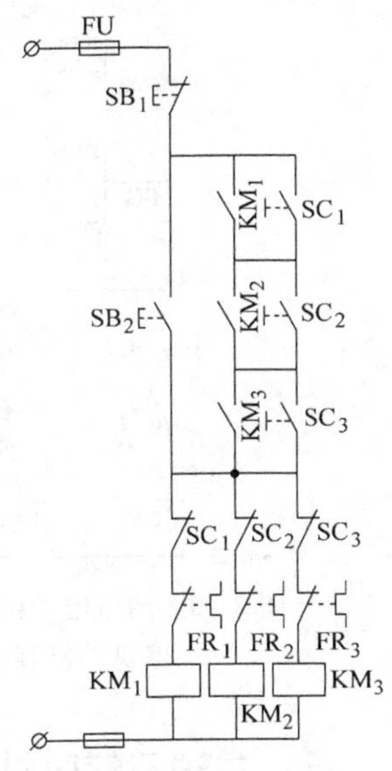

图 2-19　三台电动机同时起动的控制电路

起动时，SC_1 ~ SC_3 处于常开触点断开、常闭触点闭合的状态。按下 SB_2，KM_1、KM_2、KM_3 线圈同时通电并自锁，三台电动机同时起动。

如果要对某台电动机所控制的部件单独调整时，比如，对 KM_1 所控制的部件要作单独调整时。即需 M_1 电动机单独工作，只要扳动 SC_3、SC_2 使其常闭触点断开，常开触点闭合。这时按下 SB_2，则只有 KM_1 通电并自锁，使 M_1 起动运行，达到单独调整的目的。

电路中 KM_1 ~ KM_3 常开辅助触点串联后形成自锁电路，当任一台电动机过载，热继电器动作时，保证其余两台电动机也不能工作，达到同时起动、同时保护的目的。由于多台电动机同时起动，将使电路起动电流过大，对电网有影响，应注意这一点。

二、两台动力头同时起动、退至原位、同时与分别停机的电路

1. 两台动力头同时起动与停机的电路　两台动力头加工时间相差不大、辅助时间较长时，为了装卸工件的安全和操作方便，可使两个动力头电动机同时起动、同时停机。图 2-20 为两台电动机同时起动与停机的控制电路。

图中 SQ_1、SQ_3 为甲动力头在原位压动的行程开关，SQ_2、SQ_4 为乙动力头在原位压动的行程开关，KA 为中间继电器，SC_1、SC_2 为单调整开关。

起动时，按下 SB_2、KM_1、KM_2 通电并自锁，甲、乙两动力头电动机同时起动。当两个动力头离开原位后，SQ_1 ~ SQ_4 全部复位，KA 通电并自锁，其常闭触点断开，KM_1、KM_2 依靠 SQ_1、SQ_2 保持通电，动力头电动机继续工作。

当两个动力头加工结束，退回原位并同时压下 $SQ_1 \sim SQ_4$，使 KM_1、KM_2 线圈断电，达到两台电动机同时停机的目的。此时 KA 也断电，其常闭触点复原，为下次起动作好准备。操作 SC_1 或 SC_2 可实现单台动力头调整工作。

2. 两台动力头电动机同时起动、分别停机的控制电路　两台动力头的加工循环周期相差悬殊、辅助时间也较长，为了节省电能，可使动力头电动机分别停机。图 2-21 为两台动力头电动机同时起动、分别停机的控制电路。图中各电气元件作用、意义与图 2-20 大体相同，电路基本原理基本相同，所不同的是采用复合按钮 SB_2 来实现两台电动机同时起动，当动力头加工结束，退回原位分别压下 $SQ_1 \sim SQ_4$ 行程开关，使 KM_1、KM_2 在不同时间断电，即两动力头可分别在不同时间停车。

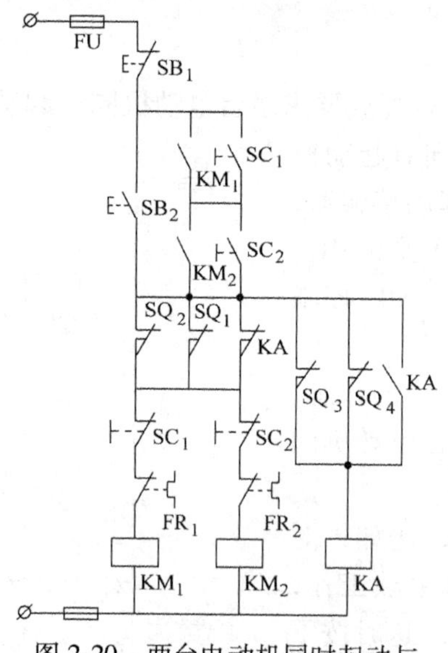

图 2-20　两台电动机同时起动与停机的控制电路

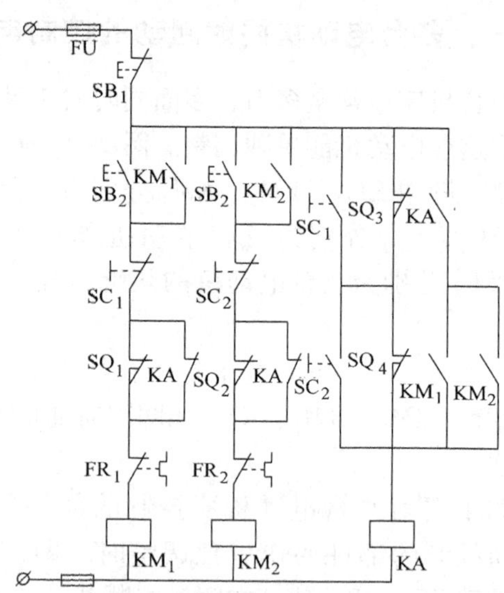

图 2-21　两台电动机同时起动、分别停机的控制电路

三、主轴不转时引入和退出的控制电路

组合机床在加工中有时要求进给电动机拖动的动力部件，在主轴不旋转的状态下向前移动，当移动到接近工件加工部位时，主轴才开始起动。加工完毕，动力头退离工件时，主轴立即停转，而进给电动机在动力部件退回到位后才停止。并且在加工过程中，主轴电动机与进给电动机两者之间要互锁，以达到保护刀具、工件和设备安全的目的。

图 2-22 为主轴不转时引入和退出的控制电路。图中 KM_1、KM_2 分别为主轴电动机和进给电动机接触器。SC_1、SC_2 为单独调整开关，SQ_1、SQ_2 为限位开关，进给时，先压下 SQ_1 后压下 SQ_2，退回时先松开 SQ_2 再松开 SQ_1。起动时，按下 SB_2，KM_2 经 SQ_2 常闭触点通电并自锁，进给电动机起动，拖动部件开始进给，当进给到主轴接近工件加工部位时，挡铁压下 SQ_1，KM_1 通电，主轴电动机起动旋转，开始加工。此时 KM_1、KM_2 辅助触点分别接入对方线圈电路中。当运动部件继续前进一定位置(很小距离)后，SQ_2 被压下，使 KM_1、KM_2 线圈通过对方已闭合的常开辅助触点继续通电，构成互锁电路。在整个加工过程中，SQ_1、SQ_2 由挡铁一直压着。加工结束，动力头退回，主轴退至一定位置时，挡铁先松开 SQ_2、

KM_2 由 KM_1、KM_2 常开辅助触点并联供电，动力头继续后退。然后松开 SQ_1，KM_1 断电，主轴电动机停转，但 KM_2 仍自锁，进给系统继续退回，实现了主轴不转时的退出，直至动力头退至原位，按下 SB_1，进给电动机停转，加工过程结束。

通过操作调整开关 SC_1、SC_2，可以实现进给电动机和主轴电动机单独工作。

四、危险区自动切断电动机的控制电路

组合机床加工工件时，往往对工件的不同表面以多把刀具同时进行加工，这就有可能出现刀具在工件内部发生相撞的危险，通常把刀具可能相碰的区域称为“危险区”。图2-23所示的电路就能使一个动力头在危险区之前停止，而让另一个动力头继续加工。待另一个动力头加工完毕后再起动预停的那个动力头，以完成全部加工。

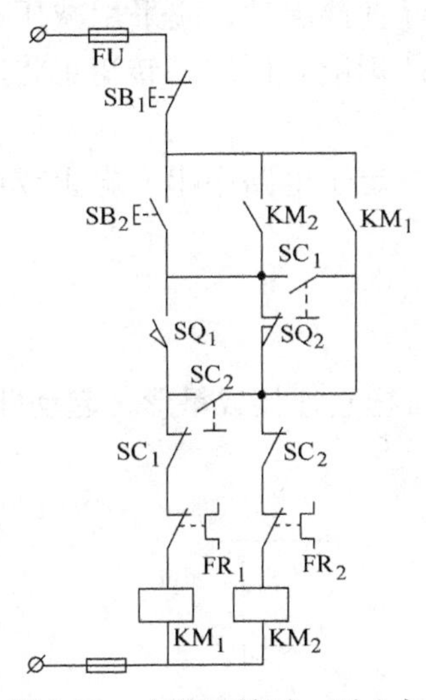

图2-22　主轴不转时，引入与退出的控制电路

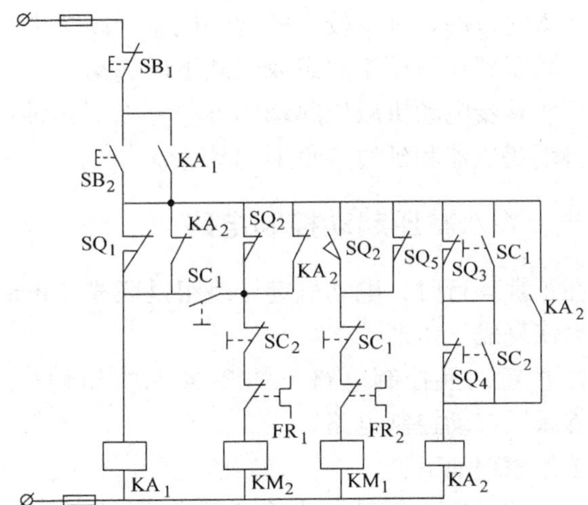

图2-23　危险区自动切断电动机的控制电路

图中 KM_1、KM_2 为甲、乙动力头接触器，KA_1、KA_2 为中间继电器，SQ_1、SQ_3 为甲动力头原位行程开关，SQ_2、SQ_4 为乙动力头原位行程开关，SQ_5 为甲动力头进入危险区时压动的限位开关。电路工作过程如下：按下 SB_2，中间继电器 KA_1 通电并自锁，同时 KM_1、KM_2 通电，甲、乙两动力头同时起动运行，当动力头离开原位后，SQ_1 ~ SQ_4 全部复位，分别为 KA_1 和 KM_2 提供一条供电回路，同时使 KA_2 通电并自锁，其常闭触点断开，为加工结束停机作准备。当甲动力头加工进入危险区时，甲动力头压下行程开关 SQ_5，使 KM_1 断电，甲动力头停止，但乙动力头仍继续进给加工，直至加工结束，立即退回原位并压下 SQ_2、SQ_4，KM_2 断电，使乙动力头停止在原位，并使 KM_1 又再次通电，甲动力头重新起动向前进给，加工结束，快速退回原位并压下 SQ_1、SQ_3，使 KA_1、KA_2、KM_1 相继断电，整个加工循环结束。

单独调整动力头时，可分别操作 SC_1、SC_2 开关。当需甲动力头单独工作，则操作开关 SC_2，使其常闭触点断开，使 KM_2 无法通电，乙动力头不工作，SQ_2、SQ_4 始终被压下，SC_2 常开触点闭合，将 SQ_4 短接，为 KA_2 提供供电电路。此时按下 SB_2，KA_1 通电并自锁，同时 KM_1 通电，甲动力头进给，当进给到危险区，压下行程开关 SQ_5，但由于 SQ_2 始终受压，

KM_1 经 SQ_2 触点继续通电，直到加工结束，退到原位压下 SQ_1、SQ_3，使 KA_1、KA_2、KM_1 相继断电，甲动力头单独工作结束。

当乙动力头单独工作时，操作开关 SC_1，其常闭触点断开，常开触点闭合，电路工作情况与自动循环和甲动力头单独工作时基本相同，不再重述。此时在 KA_1 和 KM_2 线圈电路之间设置的 SC_1 常开触点的作用是：当单独调整乙动力头时，为了防止乙动力头离开原位而使 KA_1 线圈断电，而另开辟的一条供电支路。这样，可保证乙动力头完成调整加工，直至乙动力头退回原位，压下 SQ_2，使 KA_1、KM_2 断电，调整工作结束。

第五节　三相异步电动机减压起动控制电路

当电动机容量较大，或不满足式(2-1)条件时，不能进行直接起动，应采用减压起动。减压起动的目的是减少较大的起动电流，以减少对电网电压的影响。但起动转矩也将降低，因此，减压起动适用于空载或轻载下的起动。

三相异步电动机减压起动的方法有以下几种：Y-△减压、定子电路中串入电阻或电抗、使用自耦变压器和延边三角形起动等。

一、Y-△减压起动控制电路

在正常运行时，电动机定子绕组是联成三角形的，起动时把它连接成星形，起动即将完毕时再恢复成三角形。

1. 按钮切换控制电路　图 2-24 为按钮切换Y-△减压起动控制电路。

工作原理如下：

电动机Y接法起动：先合上电源开关 Q，按下 SB_2，KM 线圈通电，KM 自锁触点闭合，KM 主触点闭合，同时 KM_Y线圈通电，KM_Y主触点闭合，电动机Y接法起动，此时，KM_Y常闭联锁触点断开，使得 $KM_\triangle$ 线圈不能得电，实现电气互锁。

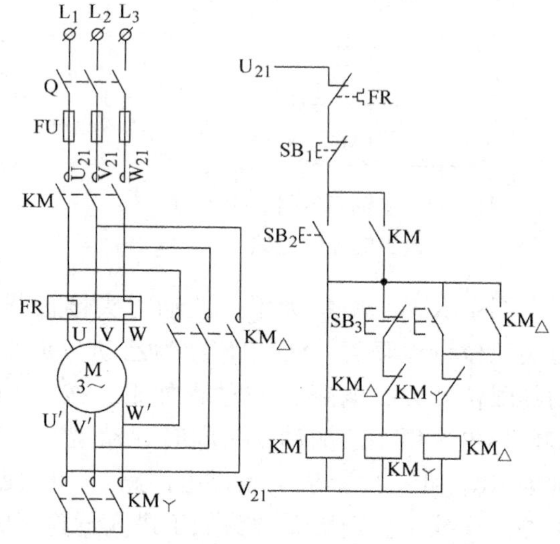

图 2-24　按钮切换Y-△减压起动控制电路

电动机△接法运行：当电动机转速升高到一定值时，按下 SB_3，KM_Y线圈断电，KM_Y主触点断开，电动机暂时失电，KM_Y常闭联锁触点恢复闭合，使得 $KM_\triangle$ 线圈通电，$KM_\triangle$ 自锁触点闭合，同时，$KM_\triangle$ 主触点闭合，电动机△接法运行；$KM_\triangle$ 常闭联锁触点断开，使得 KM_Y线圈不能得电，实现电气互锁。

这种起动电路由起动到全压运行，需要两次按动按钮不太方便，并且，切换时间也不易准确掌握。为了克服上述缺点，也可采用时间继电器自动切换控制电路。

2. 时间继电器自动切换控制电路　图 2-25 是采用时间控制环节，合上 Q，按下 SB_2，接触器 KM 线圈通电，常开主触点和辅助触点闭合并自锁。同时Y形接触器 KM_Y 和时间继电器 KT 的线圈都通电，KM_Y主触点闭合，电动机作Y形连接起动。KM_Y的常闭互锁触点断开，使△形接触器 $KM_{\triangle}$ 线圈不能得电，实行电气互锁。

经过一定时间后，时间继电器的常闭延时触点打开，常开延时触点闭合，使 KM_{Y} 线圈断电，其常开主触点断开，常闭互锁触点闭合，使 $KM_{\triangle}$ 线圈通电，$KM_{\triangle}$ 常开触点闭合并自锁，电动机恢复△形连接全压运行。$KM_{\triangle}$ 的常闭互锁触点分断，切断 KT 线圈电路，并使 KM_{Y} 不能得电。实行电气互锁。

SB_1 为停止按钮，必须指出，KM_{Y} 和 $KM_{\triangle}$ 实行电气互锁的目的是为避免 KM_{Y} 和 $KM_{\triangle}$ 同时通电吸合而造成的严重的短路事故。另外在△形连接的电动机中，过载保护热继电器热元件最好与相绕组串联使用较为可靠。目前有 GC4 系列星-三角减压起动器等专用产品。

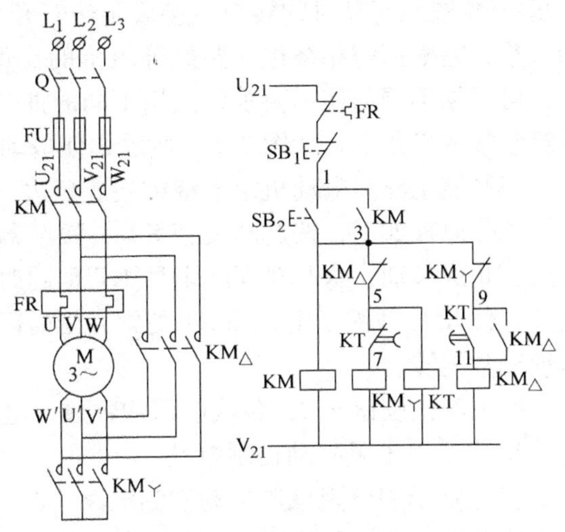

图 2-25　时间继电器自动切换 Y-△减压起动控制电路

二、其他减压起动控制电路

1. 延边三角形减压起动控制电路　Y-△减压起动方法虽然简单方便，但由于起动转矩较小，应用受到一定的限制。为了克服星-三角减压起动时转矩小的缺点，可采用延边三角形起动方法。这种起动方法适用于定子绕组为特殊设计的异步电动机，例如 JO_3 系列，它的定子绕组有九个接线头(通常的电动机定子绕组为六个接线头)，见图 2-26a。

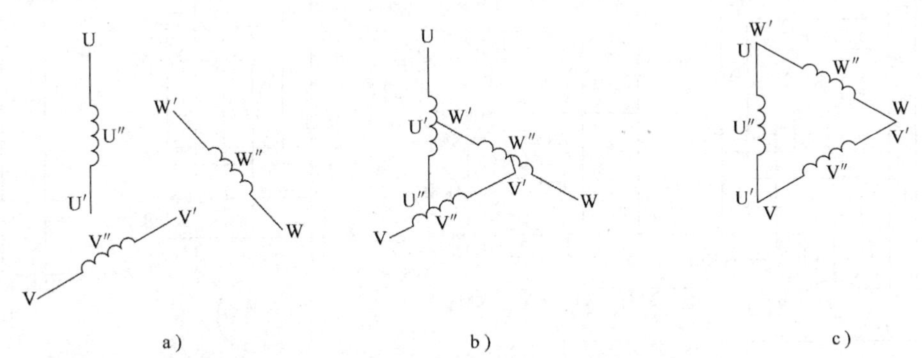

图 2-26　延边三角形接法的电动机定子绕组的连接方法

a) 原始状态　b) 起动时　c) 正常运转时

起动时，把定子三相绕组的一部分接成三角形，另一部分接成星形，使整个绕组接成见图 2-26b 电路。由于该电路像一个三角形的三边延长以后的图形，所以称为延边三角形起动电路。从图 2-26b 中可以看出，星形接法部分的绕组，既是各相定子绕组的一部分，同时又兼作另一相定子绕组的减压绕组。其优点是在 U、V、W 三相接入 380V 电源时，每相绕组上所承受的电压比三角形接法时的相电压要低，比星形接法时的相电压要高，起动转矩也大于星-三角减压起动时的转矩。接成延边三角形时每相绕组的相电压、起动电流和起动转矩的大小，是根据每相绕组的两部分阻抗的比例（称为抽头比）的改变而变化的。在实际应用中，可根据不同的使用要求，选用不同的抽头比进行减压起动，待电动机起动旋转以后，再将绕组接成三角形，如图 2-26c 所示，使电动机在额定电压下正常运行。

三相笼型异步电动机定子绕组接成延边三角形减压起动的控制电路见图 2-27。

工作原理如下：按起动按钮 SB_2，接触器 KM_1 和 KM_3 通电吸合，电动机定子绕组接成延边三角形起动，这时时间继电器 KT 也同时通电。经过一定时间后，KT 的常闭延时触点断开，使 KM_3 线圈断电，而 KT 的常开延时闭合触点闭合，KM_2 通电吸合，定子绕组接成三角形正常旋转。

按下停止按钮 SB_1，各接触器均释放，电动机停转。

2. 定子串电阻起动控制电路

（1）定子串电阻减压自动控制电路　图 2-28 为电动机定子串电阻减压自动起动控制电路。电动机起动时在三相定子电路中串接电阻，使电动机定子绕组电压降低，起动后再将电阻短接，电动机仍然在正常电压下运行。这种起动方式不受电动机接线形式的限制，设备简单，因而在中小型机床中也有应用。图中 KM_1 为接通电源接触器，KM_2 为短接电阻接触器，KT 为起动时间继电器，R 为减压起动电阻。

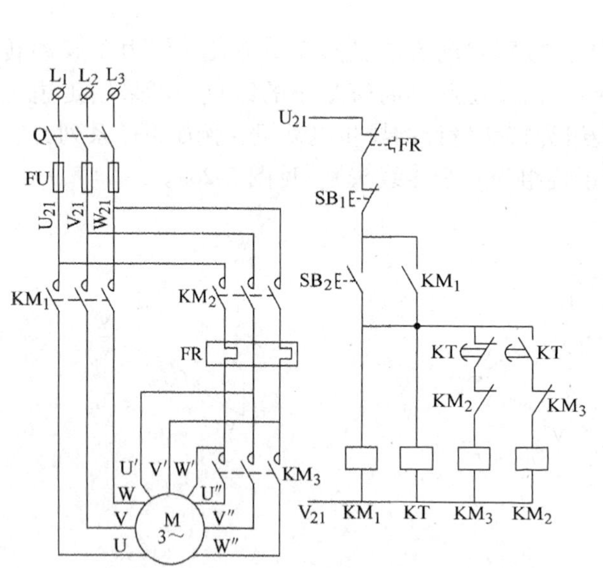

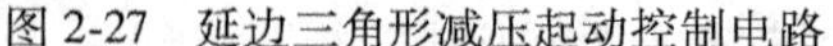
图 2-27　延边三角形减压起动控制电路

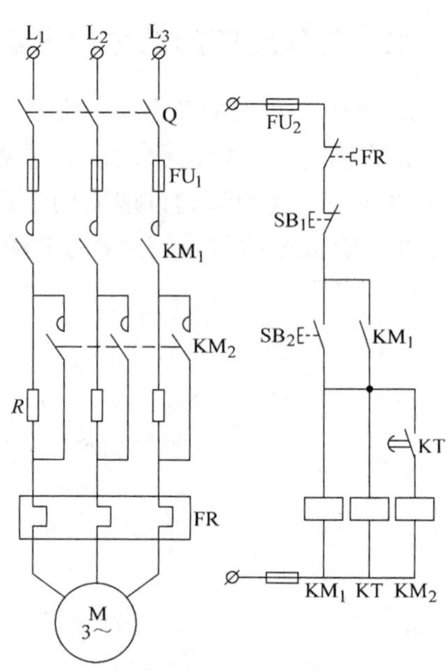

图 2-28　定子串电阻减压起动控制电路

工作原理如下：合上电源开关 Q，按下起动按钮 SB_2，KM_1 通电并自锁，电动机定子串入电阻 R 进行减压起动，同时，时间继电器 KT 通电，经延时后，其常开延时闭合触点闭合，KM_2 通电，将起动电阻短接，电动机进入全电压正常运行。KT 的延时长短根据电动机起动过程时间长短来确定。

电动机进入正常运行后，KM_1、KT 始终通电工作，不但消耗了电能，而且增加了出现故障的几率。若发生时间继电器触点不动作故障，将使电动机长期在降压下运行，造成电动机无法正常工作，甚至烧毁电动机。

（2）具有手动与自动控制的定子串电阻控制电路　图 2-29 为具有手动与自动控制的串电阻减压起动电路。它是在图 2-28 的电路基础上增设了一个选择开关 SC 和升压按钮 SB_3。SC 手柄有两个位置，当 SC 手柄置于 M 位时为手动控制；当手柄置于 A 位时为自动控制。另外，在主电路中 KM_2 主触点跨接在 KM_1 与电阻 R 两端，在控制回路中设置了 KM_2 自锁触点与联锁触点，这就提高了电路的可靠性，电动机起动结束后在正常运行时，KM_1、KT 处于断电状态，不仅减少了能耗，而且减少了故障率。一旦发生 KT 触点闭合不上，可将 SC 扳在 M 位置，按下升压按钮 SB_3，KM_2 通电，电动机便可进入全压工作，所以该电路克服了图 2-28 控制电路之缺点，使电路更加安全可靠。

3. 自耦变压器起动控制电路　自耦变压器减压起动（又名补偿器减压起动）是利用自耦变压器来降低起动时加在电动机定子绕组上的电压，达到限制起动电流的目的。电动机起动时，定子绕组得到的电压是自耦变压器的二次电压、一旦起动完毕，自耦变压器便被切除，额定电压或者说自耦变压器的一次电压直接加于定子绕组，这时电动机直接进入全电压正常运行。

自耦变压器减压起动常用一种叫做起动补偿器的控制设备来实现，可分手动控制与自动控制两种。

（1）手动控制起动补偿器减压起动　起动原理图见图 2-30。起动时，合上电源开关 Q_1，将开关 Q_2 扳向“起动”位置，使电源加到自耦变压器 T 上，而电动机定子绕组与自耦变压器的抽头连接，电动机进入减压起动阶段。待电动机转速上升至一定值时，再将 Q_2 迅速扳向“运行”位置，使电动机直接与电源相接，在额定电压下正常运行。工厂中常用的手动控制起动补偿器的成品有 QJ_3 和 QJ_5 等。图 2-31 为 QJ_3 型手动控制补偿器控制电路原理图。

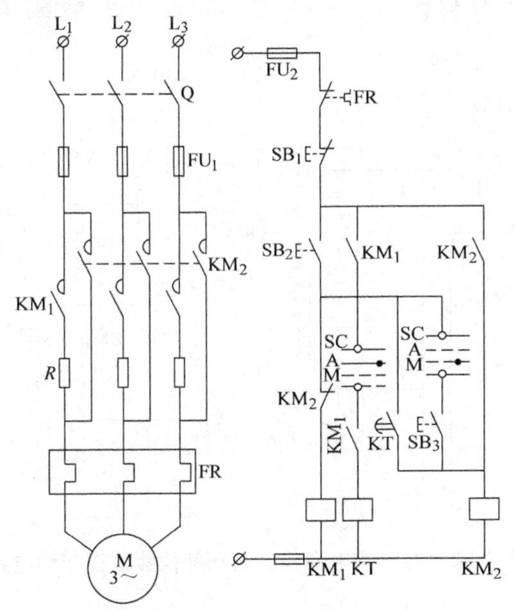

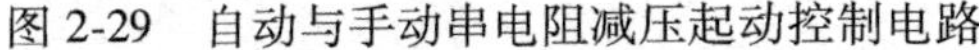

图 2-29　自动与手动串电阻减压起动控制电路

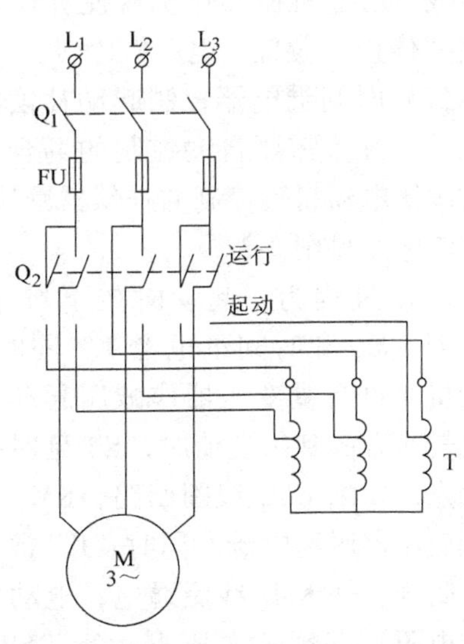

图 2-30　自耦变压器减压起动原理图

这种补偿器中，自耦变压器采用Y接法。各相绕组有原边电压的 65%和 80%两组抽头，可以根据起动时负载大小来选择。出厂时接在 65%的抽头上。起动器的 U、V、W 的接线柱

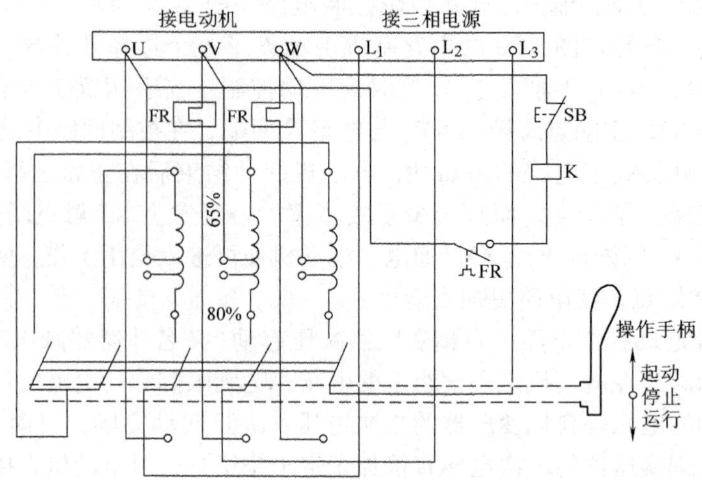

图 2-31　QJ_3 型自耦减压起动器控制电路

和电动机的定子绕组相连接，L_1、L_2、L_3 的接线柱和三相电源相连接。

操作机构中，当手柄处在“停止”位置时，装在主轴上的动触点与两排触点都不接触，电动机不通电，处于停止状态；当手柄向前推到“起动”位置时，动触点与上面一排起动触点接触，电源通过动触点→起动静触点→自耦变压器→65%(或其他)抽头→电动机减压起动；当电动机转速升高到一定值时，将手柄扳到“运行”位置，此时动触点与下面一排运行静触点接触，电源通过动触点→运行静触点→热继电器→电动机，在额定电压下正常运行。若要停止，只要按下停止按钮，跨接在两相电源间的失电压脱扣线圈断电，衔铁释放，通过机械操作机构使补偿器手柄回到“停止”位置，电动机停转。

（2）时间继电器控制起动补偿器减压起动　在许多需要自动控制的场合，常采用时间继电器自动控制的补偿器减压起动。其控制电路见图 2-32。

动作过程为：起动时按下按钮 SB_2，接触器 KM_1 和时间继电器 KT 同时通电，电动机通过自耦变压器作减压起动。当电动机转速升高到一定值时，KT 延时打开常闭触点，切断 KM_1 线圈回路，KM_1 释放使自耦变压器脱离电源。同时，KT 常开延时触点闭合，使 KM_2 线圈通电，电动机直接接到电源，在额定电压下运行。SB_1 为停止按钮。该控制电路一般只能用于 30kW 以下电动机。

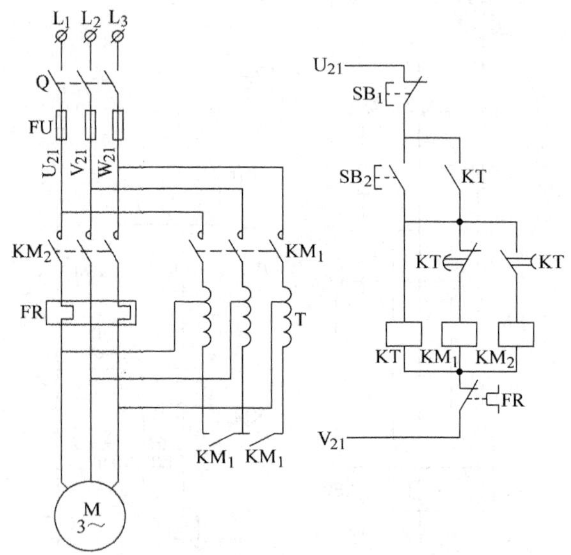

图 2-32　时间继电器控制起动补偿器减压起动电路

时间继电器控制的补偿器也有现成产品，如 XJ_{01} 型等。

第六节　三相异步电动机变速控制电路

一、变级数调速原理

电网频率固定以后，电动机的同步转速与它的极对数成反比。若改变定子绕组的接法来改变定子的极对数，其同步转速也会随之变化。若变更一次电动机绕组的极数，可以获得两个同步转速等级的电动机，称之为双速电动机，若变更二次电动机绕组的极数，获得三个速度等级，称为三速电动机。同理可有四速、五速等多速电动机，但要受定子结构及绕组接线的限制。

当电动机定子绕组极对数改变以后，它的转子绕组必须相应的重新组合。而绕线转子异步电动机往往无法满足这一要求。由于笼型异步电动机转子绕组本身没有固定的极数。所以变更绕组极对数的调速方法一般仅适用于这种类型的异步电动机。变更笼型异步电动机定子绕组极对数可采用下列两种方法：

1）改变定子绕组的接法，或者变更定子绕组每相电流方向。

2）在定子上设置具有不同极对数的两套互相独立的绕组。

有时为了使同一台电动机获得更多的速度等级，常将上述两种方法同时采用，这样，既在定子上设置了两套互相独立的绕组，又使每套绕组具有变更电流方向的能力。下面以双速异步电动机为例，说明用变更绕组接法来实现变极对数的原理。

图 2-33 是 4 极/2 极定子绕组接线示意图。其中图 a 表示出了三相定子绕组接成三角形（U、V、W 接电源，U″、V″、W″接线端悬空）。此时每相绕组中 1、2 线圈相互串联，其电流方向见图中虚箭头。应用右手螺旋定则就可判断它的磁场方向，磁场具有 S、N、S、N 四个极（即两对磁极），见图 2-34a。同理，三相定子绕组接成双星形接线（U″、V″、W″接电源，U、V、W 接线短接），接线图见图 2-33b。此时每组绕组中 1 和 2 线圈互相并联，电流方向如图 2-33a 中实线箭头所示，磁场具有 S、N 两个极（即一对磁极），见图 2-34b。

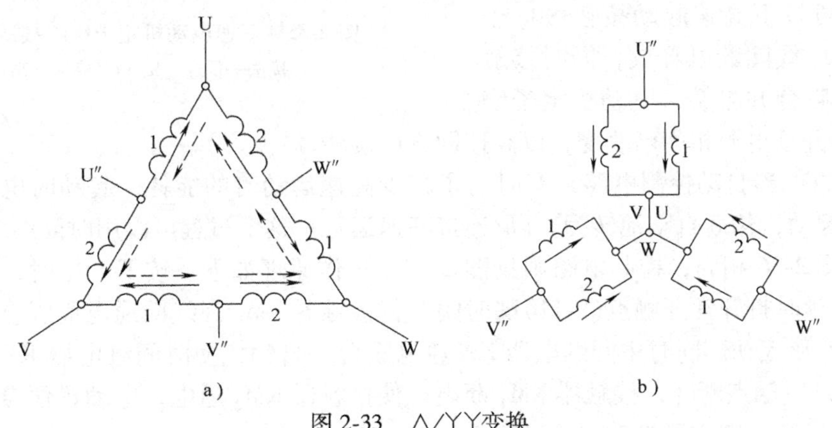

图 2-33　△/YY变换

由上述可知，变更电动机定子绕组的接线，就改变了极对数，也改变了速度等级，其中△接线对应低速，而YY接线对应高速。

二、双速电动机控制电路

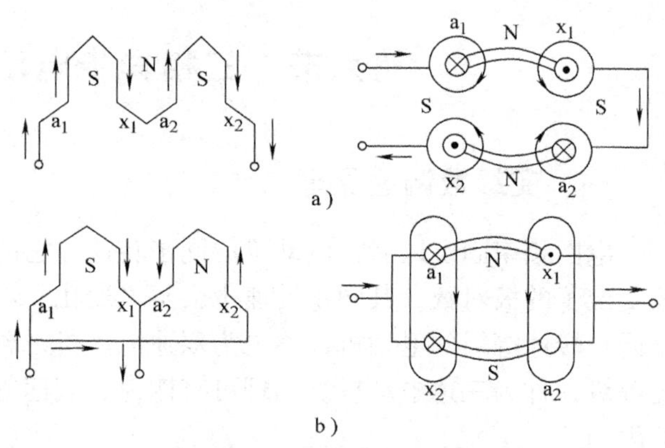

图 2-34　△/YY的磁场

双速异步电动机是变极调速中最常用的一种形式。

1. 双速异步电动机定子绕组的连接　定子绕组的连接方法见图 2-35。其中图 2-35a 为电动机的三相绕组接成三角形连接，3 个电源线连接在接线端 U、V、W，每根绕组的中点接出的接线端 U″、V″、W″空着不接，此时电动机磁极为 4 极，同步转速为 1500r/min。

要使电动机以高速工作时，只需把电动机绕组接组端 U、V、W 短接 U″、V″、W″的三个接线端接上电源，见图 2-35b。此时电动机定子绕组为YY连接，磁极为 2 极，同步转速为 3000r/min。必须注意，从一种接法改为另一种接法时，为了保证旋转方向不变，应把电源相序反过来，如图 2-35b 所示。双速电动机旋转时的转速接近低速时的两倍。

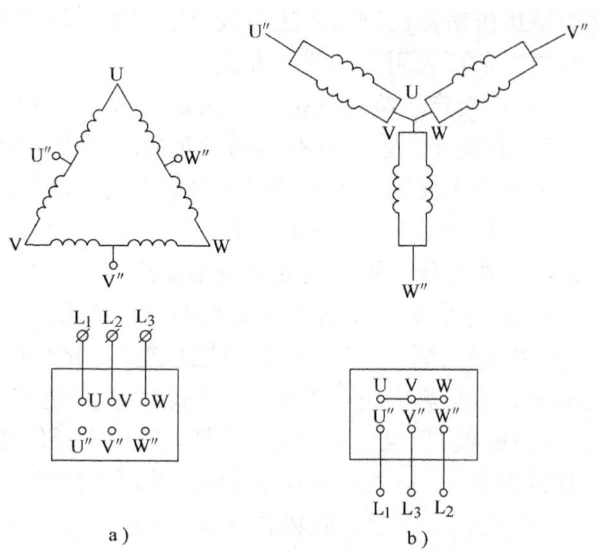

图 2-35　双速电动机定子绕组接线图
a）△接法—低速　b）YY接法—高速

2. 按钮控制电路　双速电动机的控制电路如图 2-36 所示。工作原理如下：先合上电源开关 Q，按下低速起动按钮 SB_2，接触器 KM_1 通电吸合并自锁，电动机作△形连接，以低速运转，如需换为高速旋转，可按下高速起动按钮 SB_3 于是接触器 KM_1 线圈断电释放，同时接触器 KM_2 通电吸合并自锁，电动机定子绕组作YY连接并且电源相序已改变，以高速同方向旋转。

3. 时间继电器自动控制电路　有时为了减少高速运动时的能耗，起动时电动机先按△形连接低速起动，然后自动地转为YY形连接高速运行。这个过程可以用时间继电器来控制，其主电路和图 2-36 相同，控制电路则见图 2-37。工作原理如下：按下 SB_2 时，时间继电器 KT 通电，其延时打开常开触点(9-11)瞬时闭合，接触器 KM_1 因线圈通电而吸合，电动机定子绕组接成△形起动。同时中间继电器 KA 通电吸合并自锁，使时间继电器 KT 断电，经过延时，KT(9-11)触点断开，接触器 KM_1 断电，使接触器 KM_2 通电，电动机便自动地从△形改变成YY形运行，完成了自动加速过程。

这里应注意，图 2-36 中的 KM_2 要选用 CJ12B 系列的带五个主触点的接触器，或将电路作适当的变动，选用两只 CJX1 系列的接触器代之。

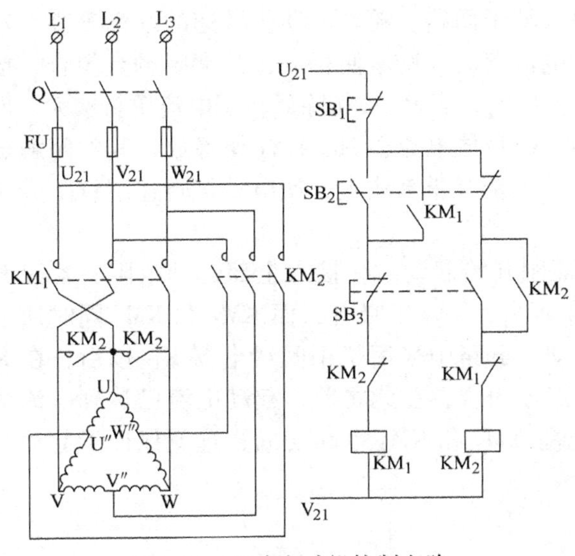

图 2-36　双速电动机控制电路

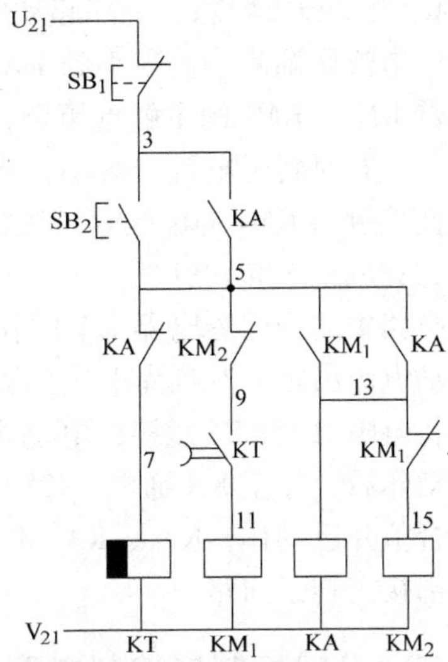

图 2-37　时间继电器控制双速电动机自动加速控制电路

*第七节　绕线转子异步电动机控制电路

三相绕线转子异步电动机可以通过滑环在转子绕组中串接外加电阻，来减少起动电流，提高转子电路的功率因数，增加起动转矩，并通过改变所串电阻大小进行调速，因此，在一般要求起动转矩较高和需要调速的场合，绕线转子异步电动机得到了广泛的应用。

一、绕线转子异步电动机转子串电阻起动的控制电路

图 2-38 为用电流继电器控制的绕线转子异步电动机转子回路串电阻的起动控制电路，它是根据电动机在起动过程中转子回路里电流的大小来逐步切除电阻的。图中，KM_2、KM_3 为短接电阻接触器，R_1、R_2 为转子电阻，KA_1 和 KA_2 是电流继电器，它们的线圈串接在电动机转子回路中，KA_1 和 KA_2 的选择原则是：它们的吸合电流可以相等，但 KA_1 的释放电流应大于 KA_2 的释放电流。

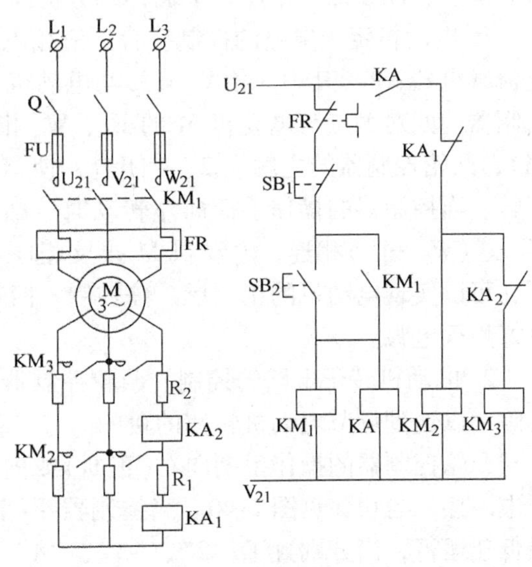

图 2-38　电流继电器控制转子回路串电阻起动的控制电路

工作原理：合上电源开关 Q，按下起动按钮 SB_2，接触器 KM_1 通电吸合并自锁，电动机 M 开始串电阻起动，中间继电器 KA 通电吸合，其常开触点闭合。这时由于起动过程刚开始，故起动电流很大，使 KA_1 和 KA_2 吸合，KA_1 和 KA_2 的常闭触点断开，保证接触器 KM_2

与 KM_3 处于释放状态，全部起动电阻均串入转子回路。随着电动机转速的逐渐升高，转子回路中电流逐渐减小。当小到 KA_1 的释放电流值时，KA_1 便释放，其常闭触点闭合，接通接触器 KM_2，KM_2 的主触点闭合，短接了电阻 R_1，当 R_1 被切除后转子电流重新增大，但当转速又上升时转子电流又减小，当小到 KA_2 的释放电流值时，KA_2 便释放，其常闭触点闭合，使接触器 KM_3 通电吸合，短接电阻 R_2，电流又重新增大，使电动机转速继续上升到额定值，完成整个起动过程。

电路中的中间继电器 KA 的作用是保证刚开始起动时，接入全部起动电阻。若无 KA，当起动电流由零上升到尚未达到吸合值时，KA_1、KA_2 未吸合，而 KM_2 和 KM_3 同时通电吸合，将电阻 R_1 和 R_2 短接，电动机直接起动。电路中采用了中间继电器 KA 以后，在 KM_1 通电动作后，才使 KA 通电，KA 的常开触点才闭合，在此之前，起动电流已达到电流继电器吸合值并已动作，KA_1、KA_2 常闭触点已将 KM_2 和 KM_3 电路切断，这就保证了起动时电阻全部接入转子回路。

二、凸轮控制器控制电路

凸轮控制器主要用于电力拖动控制设备中，用以变换主电路和控制电路的接法以及转子电路中的电阻值，以控制电动机的起动、停止、反向、制动、调速和安全保护等目的。

由于凸轮控制器控制电路简单、维护方便，电路已标准化、系列化和规范化，因而广泛应用于中、小型起重机的平移机构和小型提升机构。

图 2-39 为 KT14-25J/1 凸轮控制电路图，常用于 20/5t 桥式起重机的大车、小车及副钩的控制电路，其电路的特点是电路已标准化、系列化；操作可逆对称。控制绕线转子异步电动机时，每相电阻不相等，并采用不对称切除法，以减少控制器触点数量(中小容量电动机均采用该法)。

从图 2-39 中可以看出，凸轮控制器有 12 对触点，分别控制电动机的主电路、控制电路及其安全、联锁保护电路，下面详细分析。

1. 电动机定子电路的控制　合上三相电源开关 Q_1，三相交流电经接触器 KM 的主触点、电流继电器 KA、其中一相 V_2 直接与电动机 M 的 V_1 相连，另外二相 U_2 和 W_2 分别通过凸轮控制器的四对触点与电动机 M 的 U_1、W_1 相连。当控制器的操作手柄向右转动时(第 1—5 挡)，凸轮控制器的主触点 2、4 闭合，使(U_2—U_1)和(W_2—W_1)相连，电动机 M 接正相序正转。当控制器的操作手柄向左转动时，凸轮控制器的另外二对触点 1、3 闭合，即(U_2—W_1)、(W_2—U_1)相连，电动机 M 接反相序反转。通过凸轮控制器的四对触点的闭合与断开，可以实现电动机的正、反、停控制。四对触点均装有灭弧装置，以便在触点通断时，能更好熄灭电弧。

2. 电动机转子电路的控制　凸轮控制器有五对触点(5—9)控制电动机转子电阻接入或切除，以达到调节电动机转速的目的。

凸轮控制器的操作手柄向右(正向)或向左(反向)转动时，五对触点通断情况对称。转子电阻接入与切除见图 2-40。当控制器手柄置于第一挡时，转子加全部电阻，电动机处于最低速运行，当分别置于“2”、“3”、“4”及“5”位置时，转子电阻被逐级不对称切除，见图 2-40a、b、c 及 d，电动机的转子转速逐步升高，可调节电动机转速和输出转矩，以实现起吊不同的物体。

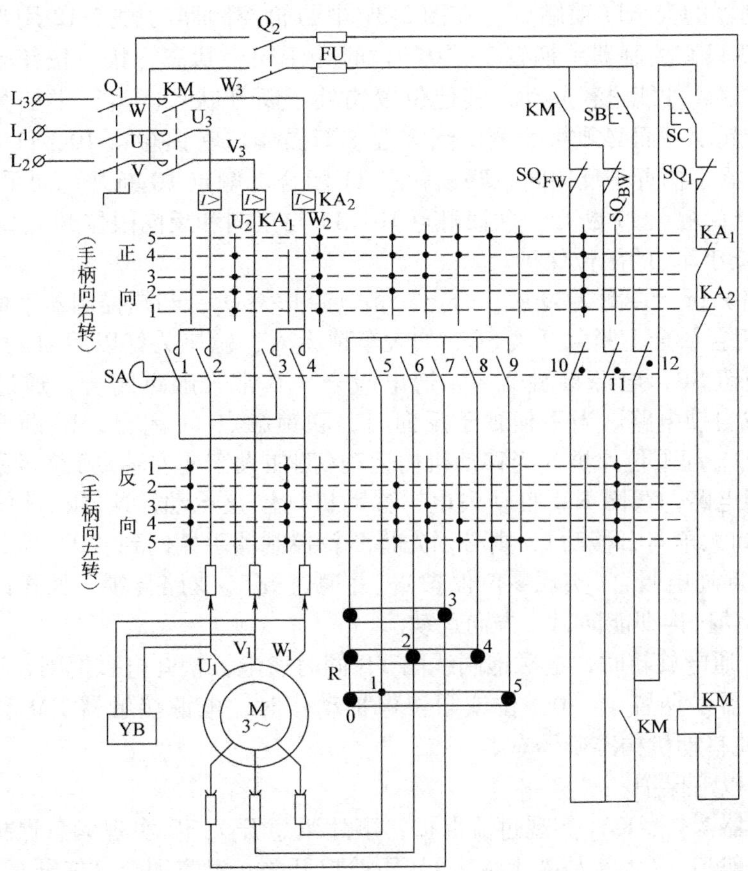

图 2-39 KT14-25J/1 凸轮控制器原理图

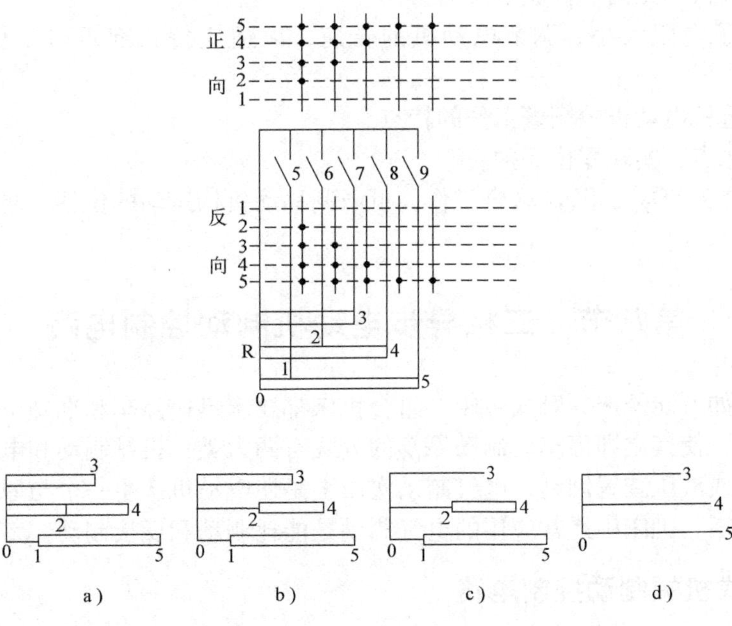

a) b) c) d)

图 2-40 凸轮控制器转子电阻切换情况

3. 凸轮控制器的安全联锁触点　在图 2-39 中凸轮控制器的触点 12 用来作零位起动保护，零位触点 12 只有控制器手柄置于“0”位时处于闭合状态，按下按钮 SB，接触器 KM 才能通电并自锁，M 才能进行起动，其他位置均处于断开状态。运行中如突然断电又恢复时，M 不能自行起动，而必须将手柄回到零位重新操作。联锁触点 10、11 在“0”位均闭合，当凸轮控制器手柄置于反向时，联锁触点 11 闭合、触点 10 断开；而手柄置于正向时，联锁触点 10 闭合，触点 11 断开。联锁触点 10、11 与正向和反向限位开关 SQ_{FW}、SQ_{BW}组成移动机构(大车或小车)的限位保护。

4. 控制电路分析　在图 2-39 中，合上三相电源开关 Q_1，凸轮控制器手柄置于“0”位，触点 10—12 均闭合，合上紧急开关 SC。如大车顶无人，舱口关好以后(即触点 SQ_1 闭合)，这时按下起动按钮 SB，电源接触器 KM 通电吸合，其常开触点闭合，通过限位开关触点 SQ_{FW}、SQ_{BW}构成自锁电路。当手柄置于反向时，联锁触点 11 闭合，10 断开，移动机构运动，限位开关 SQ_{BW}起限位保护。当移动机构运动(例如大车向左移动)至极限位置时，压下 SQ_{BW}，切断自锁电路，线圈 KM 自动失电，移动机构停止运动，这时，欲使移动机构向另一方向运动(例如大车向右移动)，则必须先将凸轮控制器手柄回到“0”位，按下按钮才能使接触器 KM 重新通电吸合(实现零位保护)，并通过 SQ_{FW}支路自锁，操作凸轮控制器手柄到正向位置，移动机构即能向另一方向运动。

当电动机 M 通电旋转时，电磁抱闸线圈 YB 同时通电，松开电磁抱闸，运动机构自由旋转。当凸轮控制器手柄置于“0”位或限位保护动作时，电源接触器 KM 和电磁抱闸线圈 YB 同时失电，使移动机构准确停车。

本电路具有以下保护：

过电流继电器 KA_1、KA_2 实现过流保护；事故紧急开关 SC 实现紧急保护；舱口安全开关 SQ_1 实现关好舱口，(大车桥架上无人)压下舱口开关，触点闭合才能开车的安全保护。

综上所述，凸轮控制器有如下作用：

1）控制电动机的正向、停止或反向。

2）控制转子电阻大小，调节电动机的转速，以适应桥式起重机工作时不同速度的要求。

3）适应起重机电动机较频繁工作的特点。

4）有零位触点，实现零位保护。

5）与限位开关 SQ_{FW}、SQ_{BW}联合工作，可限制移动机构运动的位移，防止越位而发生人身设备事故。

第八节　三相异步电动机制动控制电路

许多机床，如万能铣床、卧式镗床、组合机床都要求迅速停车和准确定位。这就要求对电动机进行强迫，使其立即停车。制动停车的方式有两大类：机械制动和电气制动。机械制动采用机械抱闸或液压装置制动，电气制动实质上是使电动机产生一个与原来转子的转动方向相反的制动转矩，机床中经常应用的电气制动是能耗制动和反接制动。

一、电磁式机械制动控制电路

在切断电源以后，利用机械装置使电动机迅速停转的方法称为机械制动。应用较普遍的机械制动装置有电磁抱闸和电磁离合器两种，这两种的制动原理基本相同，下面以电磁抱闸说明机械制动原理。

1. 电磁抱闸的结构　电磁抱闸主要包括两部分：制动电磁铁和闸瓦制动器。制动电磁铁由铁心、衔铁和线圈三部分组成。闸瓦制动器由闸轮、闸瓦、杠杆和弹簧等部分组成，闸轮与电动机装在同一根轴上。

2. 机械制动控制电路　机械制动控制电路有断电制动和通电制动两种。

（1）断电制动控制电路　在电梯、起重、卷扬机等一类升降机械上，采用的制动闸平时处于“抱住”的制动装置，其控制电路见图 2-41。工作原理：合上电源开关 Q，按起动按钮 SB_2，其接触器 KM 通电吸合，电磁抱闸线圈 YB 通电，使抱闸的闸瓦与闸轮分开，电动机起动，当需要制动时，按停止按钮 SB_1，接触器 KM 断电释放，电动机的电源被切断。与此同时，电磁抱闸线圈 YB 也断电，在弹簧的作用下，使闸瓦与闸轮紧紧抱住，电动机被迅速制动而停转。这种制动方法不会因中途断电或电气故障的影响而造成事故，比较安全可靠。但缺点是电源切断后，电动机轴就被制动刹住不能转动，不便调整，而有些生产机械(如机床等)，有时还需要用人工将电动机的转轴转动，这时应采用通电制动控制电路。

（2）通电制动控制电路　像机床一类经常需要调整加工工件位置的机械设备，采用制动闸平时处于“松开”状态的制动装置。图 2-42 为电磁抱闸通电制动控制电路，该控制电路与断电制动型不同，制动的结构也有所不同。在主电路有电流流过时，电磁抱闸线圈没有电压，这时抱闸与闸轮松开。按下停止按钮 SB_1 时，主电路断电，通过复合按钮 SB_1 常开触点的闭合，使 KM_2 线圈通电，电磁抱闸 YB 的线圈通电，抱闸与闸轮抱紧进行制动。当松开按钮 SB_1 时，电磁抱闸 YB 线圈断电，抱闸又松开。

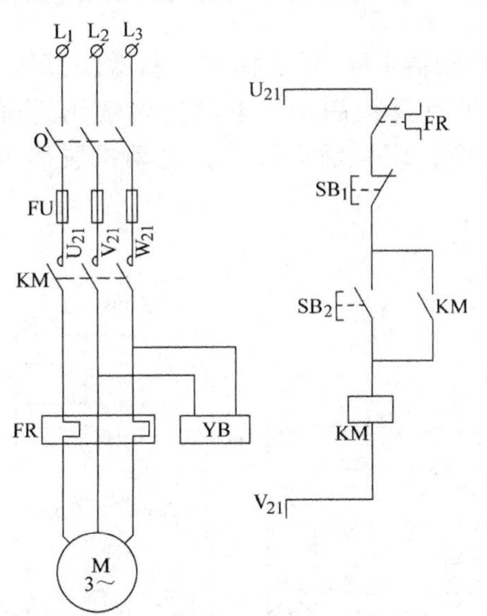

图 2-41　电磁抱闸断电制动控制电路

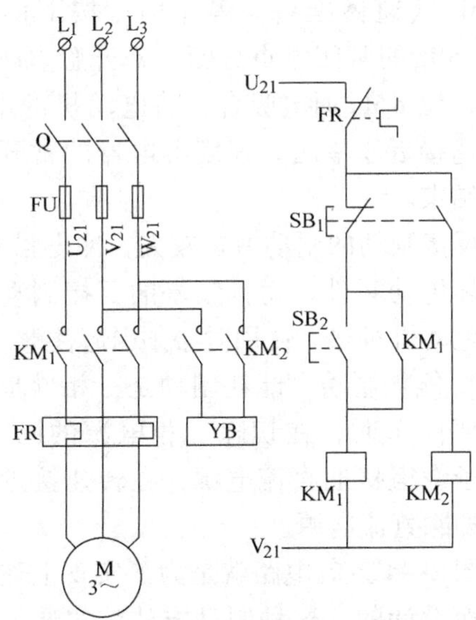

图 2-42　电磁抱闸通电制动控制电路

这种制动方法在电动机不转动的常态下，电磁抱闸线圈无电流，抱闸与闸轮也处于松开状态。这样，如用于机床，在电动机未通电时，可以用手扳动主轴以调整和对刀。

该控制电路的另一个优点是，只有将停止按钮 SB_1 按到底，接通 KM_2 线圈电路时才有制动作用，如只要停车而不需制动时，可按 SB_1 不到底。这样就可以根据实际需要，掌握制动与否，从而延长了电磁抱闸的使用寿命。

二、电气制动控制电路

1. 反接制动

（1）反接制动的基本原理　将电动机的三根电源线的任意两根对调称为反接。若在停车前，把电动机反接，则其定子旋转磁场便反方向旋转，在转子上产生的电磁转矩亦随之反方向，成为制动转矩，在制动转矩作用下电动机的转速便很快降到零，称为反接制动。必须指出，当电动机的转速接近于零时，应立即切断电源，否则电动机将反转。在控制电路中常用速度继电器来实现这个要求。

（2）单方向起动的反接制动控制电路　图 2-43 为该控制电路的原理图。由于反接制动时制动电流比直接起动时的起动电流还要大，故在主电路中需要串入限流电阻 R，控制电路的工作原理如下：

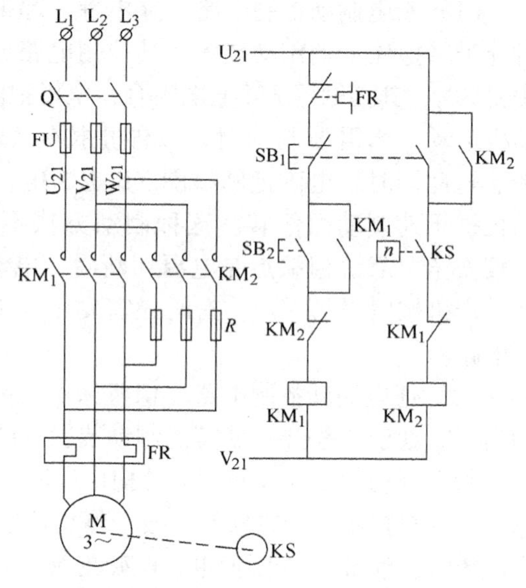

图 2-43　单向起动反接制动控制电路

按下起动按钮 SB_2，正接接触器 KM_1 吸动，电动机直接起动，电动机转速升高以后，速度继电器的常开触点 KS 闭合，为反接制动接触器 KM_2 接通做准备。停车时，按下停止按钮 SB_1，SB_1 的常闭触点分断，常开触点闭合，此时接触器 KM_1 断电释放，其常闭互锁触点闭合，使 KM_2 通电吸合，将电动机的电源反接，进行反接制动。电动机转速迅速降低，当转速接近于零时，速度继电器的常开触点 KS 分断，KM_2 断电释放，电动机脱离电源，制动结束。

反接制动的制动力矩较大，冲击强烈，易损坏传动零件，而且频繁的反接制动可能使电动机过热。使用时必须引起注意。

2. 能耗制动　能耗制动是三相异步电动机要停车时，在切除三相电源的同时，把定子绕组接通直流电源，在转速接近零时再切除直流电源。

图 2-44 控制电路就是为了实现上述的过程而设计的，这种制动方法，实质上是把转子原来“储存”的机械能，转变成电能，又消耗在转子的制动上，所以叫做“能耗制动”。

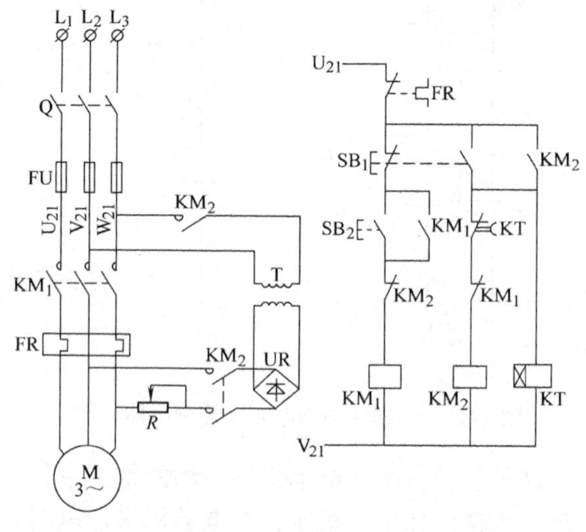

图 2-44　有变压器全波整流的能耗制动控制电路

图 2-44 是用时间继电器实现能耗制动

的控制电路。图中整流装置由变压器和整流元件组成；KM_2 为制动用接触器；KT 为时间继电器。控制电路工作过程如下：

按 SB_2→KM_1 通电（电动机起动）

按 SB_1 →
- KM_1 断电（切断交流电源）┐
- KM_2 通电（接通直流电源）┘ 能耗制动
- KT 通电 $\xrightarrow{\text{延时}}$ KM_2 断电（制动结束）

制动作用的强弱与通入直流电流的大小和电动机转速有关，在同样的转速下电流越大制动作用越强。一般取直流电流为电动机空载电流的 3～4 倍，过大将使定子过热。图 2-44 直流电源中串接的可调电阻 R，可调节制动电流的大小。

思考题与习题

2-1　在电动机主电路中既然装熔断器，为什么还要装热继电器？它们各有什么作用？

2-2　在正反转控制电路中，正反转接触器为什么要进行互锁控制？互锁控制的方法有哪几种？

2-3　三相笼型异步电动机减压起动的方法有哪几种？作△连接的电动机应采用哪种减压起动方法？

2-4　三相笼型异步电动机的制动方法有哪几种，它们的原理和优缺点如何？

2-5　三相交流异步电动机什么情况下可以全压起动？什么情况下必须减压起动？这两种起动方法各有什么优缺点？

2-6　画出三相交流异步电动机既能点动又能起动后连续旋转的控制电路。

2-7　题 2-7 图的一些电路各有什么错误？工作时现象是怎样的？应如何改正？

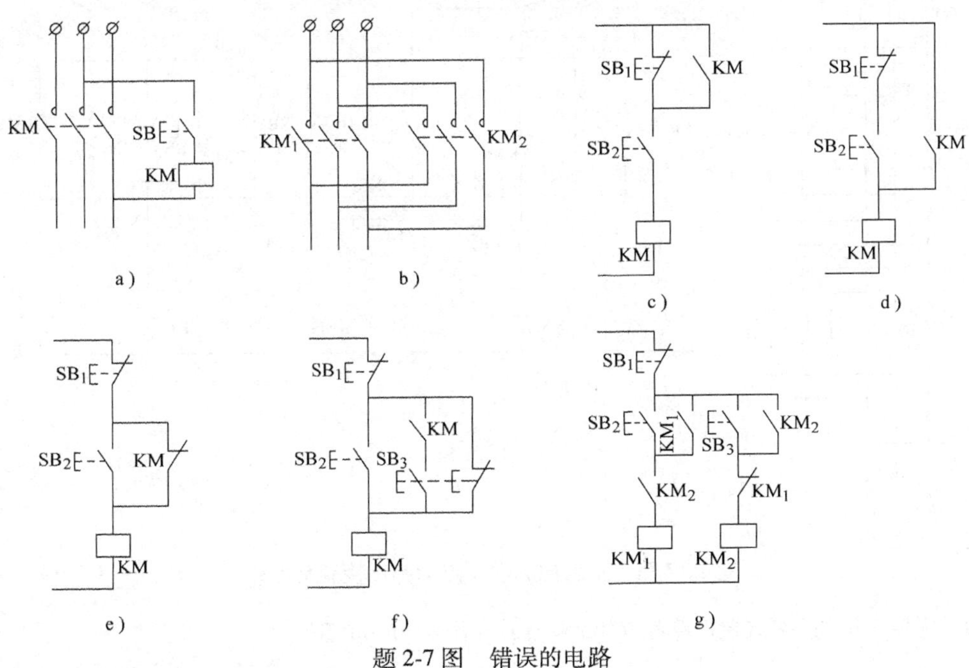

题 2-7 图　错误的电路

2-8　画出按钮和接触器双重互锁的正反转控制电路。

2-9　画出自动往复循环控制电路，要求有限位保护。

2-10　画出两地控制同一台电动机的起停控制电路，要求有短路保护和过载保护。

2-11　画出两台三相交流异步电动机的顺序控制电路，要求其中一台电动机 M_1 起动后另一台电动机 M_2 才能起动，停止时两台电动机同时停止。

2-12　画出两台三相交流异步电动机的顺序控制电路，要求其中一台电动机 M_1 起动后另一台电动机 M_2 才能起动，M_2 停止后 M_1 才能停止。

2-13　画出两台三相交流异步电动机的控制电路，要求电动机 M_1 和 M_2 可以分别起动和停止，也可以同时起动和停止。

2-14　分析题 2-14 图的 QX3-13 型自动星-三角起动器的工作原理。

2-15　三相绕线转子异步电动机起动过程中，起动电流如何变化？

2-16　双速电动机变速时对相序有什么要求？

2-17　题 2-17 图为三相交流异步电动机正反向起动、点动（点动时加限流电阻 *R*）和停止时反接制动的控制电路。试分析各电器在电路中的作用。

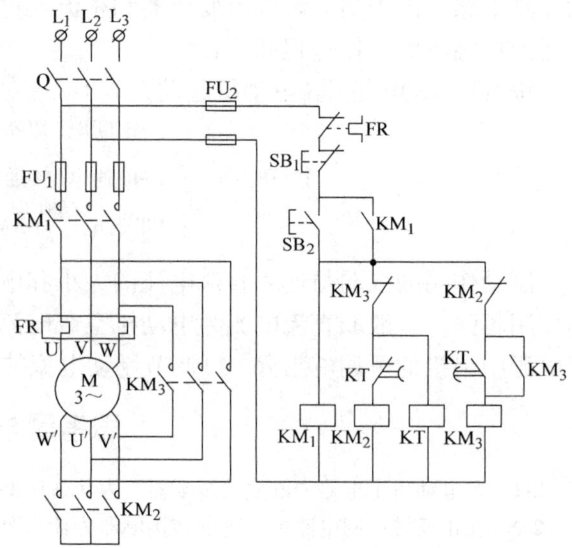

题 2-14 图　QX3-13 型自动星-三角起动器原理图

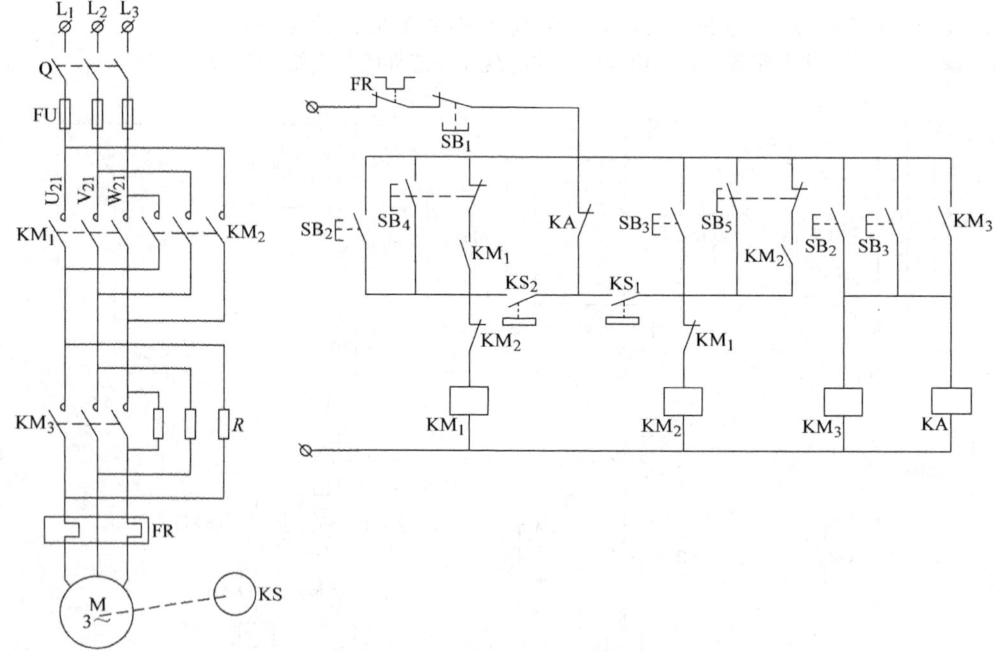

题 2-17 图　正反向起动、点动和反接制动电路

2-18　题 2-18 图的一些控制电路各有什么缺点？为什么？应如何改正？

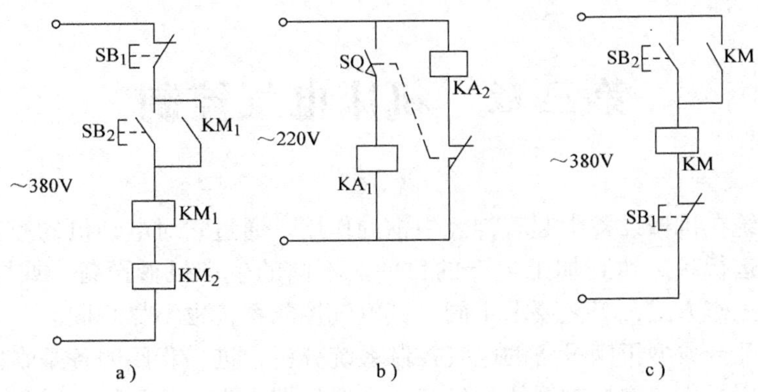

题 2-18 图　有缺点的控制电路

第三章　机床电气控制

电气控制系统在机械设备中起着神经中枢的作用。通过它对电动机的控制，能拖动生产机械，实现各种运行状态达到加工生产的目的。不同的生产机械设备，或同类型的机床设备，由于各自的工作方式，工艺要求不同，其电气控制系统也不尽相同。

本章通过对几台典型机床设备的电气控制系统分析，进一步阐明各基本控制环节在各种控制系统中的应用及各典型控制系统的组成，学会根据生产工艺和机械设备对电气控制的要求，进行电气控制电路分析，提高读图能力，为今后进行机械设备的电气控制电路的设计、安装调整、运行打下一定的基础。

分析机床电气控制电路，首先要了解机床的主要结构、运动方式、主要技术性能，液压气动传动系统的工作原理、机械设备对电气控制系统的要求。第二，分析主电路，了解各电动机的用途、传动方案、采用控制方法及其工作状态。第三，根据电路或执行元件控制电路中所采用的接触器等元器件线圈的控制电路，分析其主令信号所达到的控制要求。第四，了解各主令电器(如操作手柄、开关、按钮等)在电路中的功能和操作方式，以及由那些电路环节实现保护、联锁、信号指示和照明等电路控制。最后按工艺过程、各种工作方式，分析阅读整个控制电路工作过程，并总结出各类机床电气控制的特点、规律，以期达到举一反三的目的。总之任何一个复杂的电气控制系统，按其功能要求都是由一些基本控制环节构成，因此，分析电路时应先将电路分解成基本环节(即化整为零)，然后再一个个对基本环节进行分析，最后再积零为整，达到对整个电气控制系统的理解。

第一节　卧式车床电气控制

在各种金属切削机床中，车床占的比重最大，应用也最广泛。在车床上能完成车削外圆、内孔、端面、钻孔、铰孔、切槽切断、螺纹及成形表面等加工工序。

车床的种类很多，有卧式车床、落地车床、立式车床、六角车床、仿型车床、数控车床等等。生产中以普通车床应用最普遍，数量最多，本节以卧式车床的电气控制进行分析。

一、卧式车床主要结构及运动形式

卧式车床由主轴箱、挂轮箱、进给箱、溜板箱、尾架、拖板与刀架、光杆与丝杆、床身等部件组成，见图 3-1。

车削加工中，工件旋转为主运动，它由主轴通过卡盘或顶尖带动。车削加工时，根据被加工零件的材料性能、车刀材料、零件尺寸精度要求、加工方式及冷却条件等来选择切削速度，这就要求车床主轴能在较大范围内变速，对于普通车床，调速比一般应大于 70。通常车削工作时，一般不要求反转，但在加工螺纹时，为避免乱扣，需反转退刀，再纵向进刀继续加工，因此，要求车床主轴具有正、反向旋转的性能，而主轴的旋转由拖动主轴电动机经转动机构实现。

车床的进给运动是刀架的纵向与横向直线运动，其运动方式有手动与机动控制两种。车削螺纹时，工件的旋转速度与刀具的进给速度应有严格的比例关系。车床纵、横两个方向的进给运动是由主轴箱的输出轴，经挂轮箱、进给箱、光杠传入溜板箱而获得。

车床的辅助运动为溜板箱的快速移动、尾架的移动和工件的夹紧与松开。

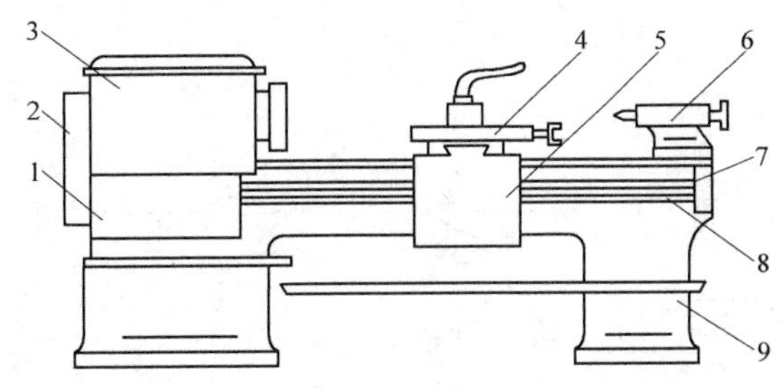

图 3-1　卧式车床的结构示意图
1—进给箱　2—交换齿轮箱　3—主轴箱
4—溜板与刀架　5—溜板箱　6—尾架
7—丝杆　8—光杆　9—床身

二、电力拖动的要求与控制特点

中、小型卧式车床的电力拖动控制要求与特点如下：

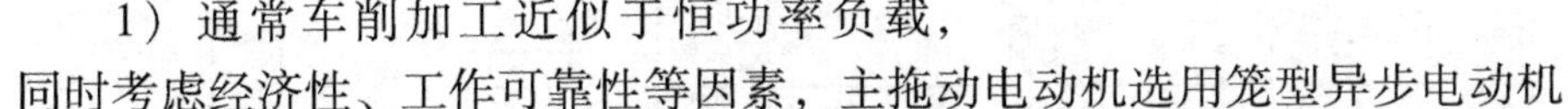

1）通常车削加工近似于恒功率负载，同时考虑经济性、工作可靠性等因素，主拖动电动机选用笼型异步电动机。

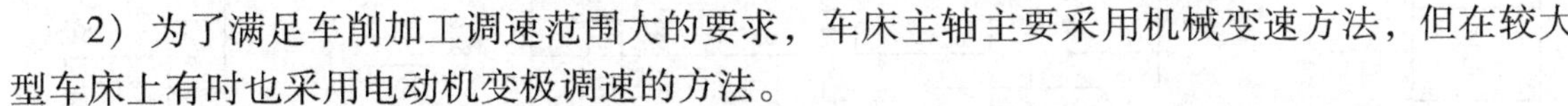

2）为了满足车削加工调速范围大的要求，车床主轴主要采用机械变速方法，但在较大型车床上有时也采用电动机变极调速的方法。

3）车削螺纹时，要求主轴能正、反向旋转。对于小型车床采用控制电动机正、反转来实现，这样既便于操作，又简化了主轴箱结构。对于较大型的车床，直接控制电动机正、反转时，其冲击电流对电网影响大，机械冲击力也大，因此，最好采用机械传动方法来实现主轴正、反转，如摩擦离合器、多片式电磁离合器等。

4）车削螺纹时，刀架移动与主轴旋转运动之间必须保持准确的比例关系，所以刀架移动都是由主轴箱通过一系列齿轮传动来实现。因此，主运动和进给运动只由一台电动机拖动。

5）主电动机的起动与停止，在电网容量满足要求的情况下，可直接起动控制，否则，应采用减电压起动控制方法。

6）为了提高生产效率，减轻工人劳动强度，较大型车床床鞍的快速移动，由一台能实现正、反向旋转的电动机单独拖动。

7）车削加工中，为防止刀具和工件的温度过高，延长刀具使用寿命，提高加工质量，车床都附有一台切削液泵电动机，只需单方向旋转，且只在主轴电动机起动加工时，方可选择起动与否，主轴电动机停止时它也应停止。当加工铸件或高速切削钢件时，不采用切削液，以保护机床与刀具，因此，切削液泵电动机还应设有单独操作的控制开关。

8）必要的保护环节、联锁环节、照明和信号电路。

三、CM6132 型车床电气控制

图 3-2 是 CM6132 型车床电气控制电路。

1. 主轴电动机控制　断路器 QF 合上，机床引入电源。

（1）主轴电动机正、反向旋转控制　M_1 为主轴电动机，功率 3kW，它拖动车床的主运动和进给运动，通过操作转换开关 SC_1 于向上或向下位置，使接触器 KM_1 或 KM_2 线圈得电，

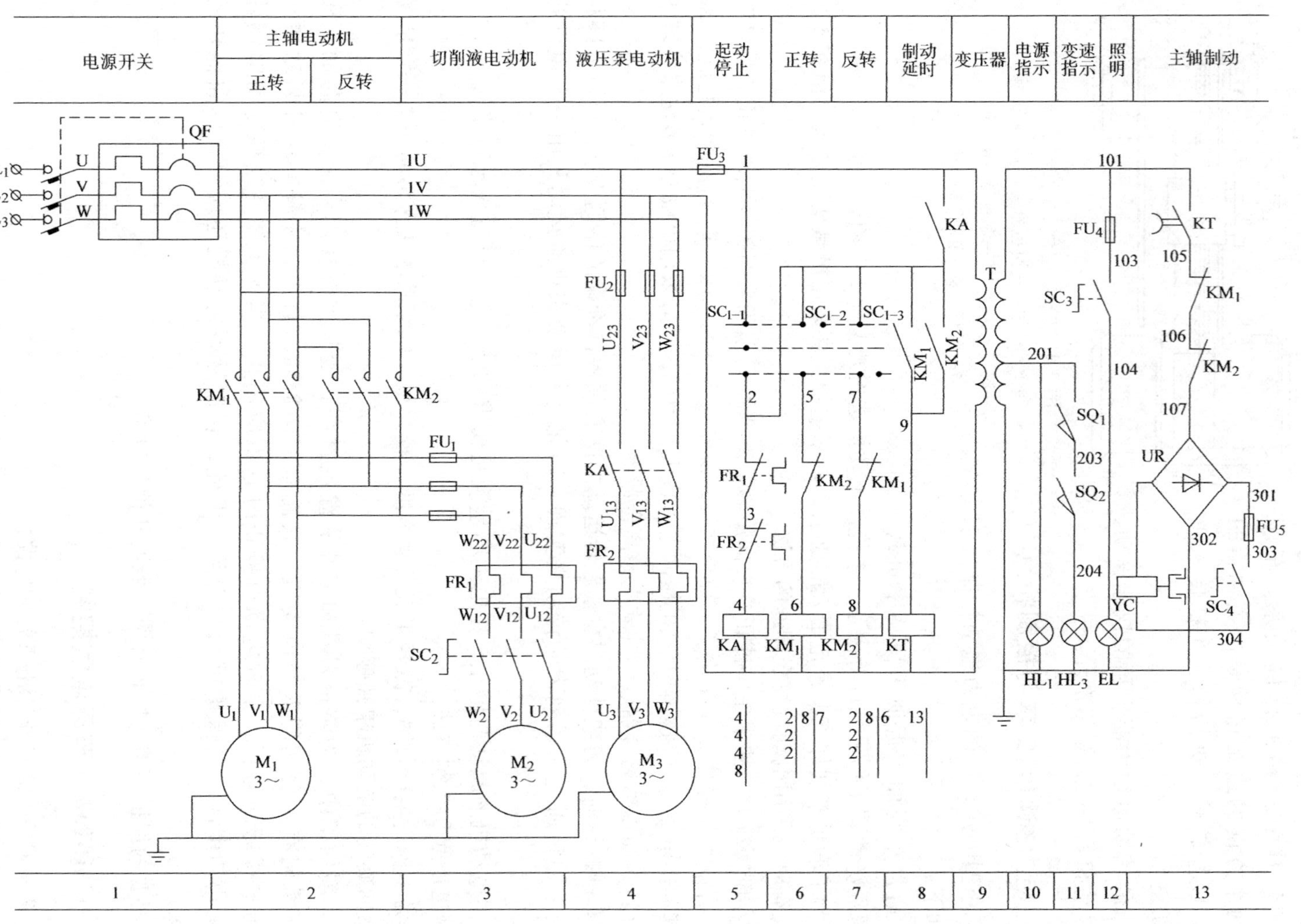

图 3-2 CM6132 型卧式车床电气控制电路

主触点分别接通电动机定子绕组的正或反电源相序而实现正、反向旋转控制。

转换开关 SC_1 触点动作见表 3-1。

表 3-1 转换开关 SC_1 动作表

触 点	操作手柄位置		
	向上	中间	向下
SC_{1-1}(1—2)	-	+	-
SC_{1-2}(2—5)	+	-	-
SC_{1-3}(2—7)	-	-	+

(2) 主轴电动机的停机制动控制　主轴制动控制采用电磁离合器机械制动方法。主轴停机时，将 SC_1 开关扳到中间位置，SC_{1-1}接通、SC_{1-2}、SC_{1-3}断开，同时 SC_4 接通为 YC 得电实现制动作准备，当接触器 KM_1 或 KM_2 线圈失电，它们的常开触点断开，主轴电动机 M_1 停转，同时它们的常闭触点返回，使制动电磁离合器线圈得电，此时时间继电器 KT 线圈虽也断电，但其断电延时打开的常开触点尚未断开，从而整流桥 UR 整流电路接通，对电磁离合器 YC 提供直流电实现制动，在 KT 延时断开触点打开时，切断整流桥电路，则 YC 线圈失电，制动结束。

(3) 主轴的变速控制　主轴的变速是利用液压机构操纵两组拔叉进行改变速度的。变速时只需转动变速手柄，这时液压变速阀即转到相应的位置，使得两组拔叉都移到相应的位置进行位置定位，并压动微动开关 SQ_1 和 SQ_2，HL_2 灯亮，表示变速完成。若滑移齿尚未啮合好，则 HL_2 灯不亮，此时应操作 SC_1 于向上或向下位置，接通 KM_1 或 KM_2，使主轴稍为转动一点，让齿轮正常啮合，HL_2 灯亮，说明变速结束，可进行正常工作起动。

2. 切削液泵电动机控制　M_2 是切削液泵电动机，功率 0.125kW，单向旋转，由转换开关 SC_2 手控操作控制。M_2 电动机的电源接在 KM_1、KM_2 主触点之后，实现了切削液泵电动机应在主轴电动机起动之后的联锁要求。

3. 液压泵电动机控制　M_3 是拖动液压泵的电动机，功率 0.12kW，单向旋转，提供主轴变速装置和润滑的用油。因为电动机容量小，采用转换开关 SC_{1-1}控制中间继电器 KA 实现控制。液压泵电动机的起动、停止通过断路器控制。

4. 联锁、保护环节、信号与照明电路

(1) 联锁环节　接触器 KM_1、KM_2 常闭触点实现正、反向电气互锁，同时实现起动工作与停机制动互锁。利用转换开关 SC_1 机械定位，实现正、反转及工作与停机的机械联锁。

(2) 保护环节　通过断路器 QF，实现主轴电动机的短路、过载保护。熔断器 FU_1 实现对 M_2 电动机的短路保护，熔断器 FU_2 实现对 M_3 电动机的短路保护，熔断器 FU_3 实现对控制电路及变压器的短路保护，熔断器 FU_4 实现照明电路的短路保护，熔断器 FU_5 实现直流电路的短路保护。热继电路 FR_1 实现 M_2 电动机的过载保护，热继电器 FR_2 实现 M_3 电动机的过载保护。转换开关 SC_1 与继电器 KA 实现零位、零电压保护。

(3) 信号显示电路　信号灯 HL_1 为电源显示。HL_2 为主轴变速显示，变速完成 SQ_1、SQ_2 压合，HL_2 灯亮。

(4) 照明电路　通过转换开关 SC_3 控制 EL 照明灯电路。

CW6136A 型卧式车床电气控制原理图见图 3-3。该机床主轴电动机采用了双速(YY/△)

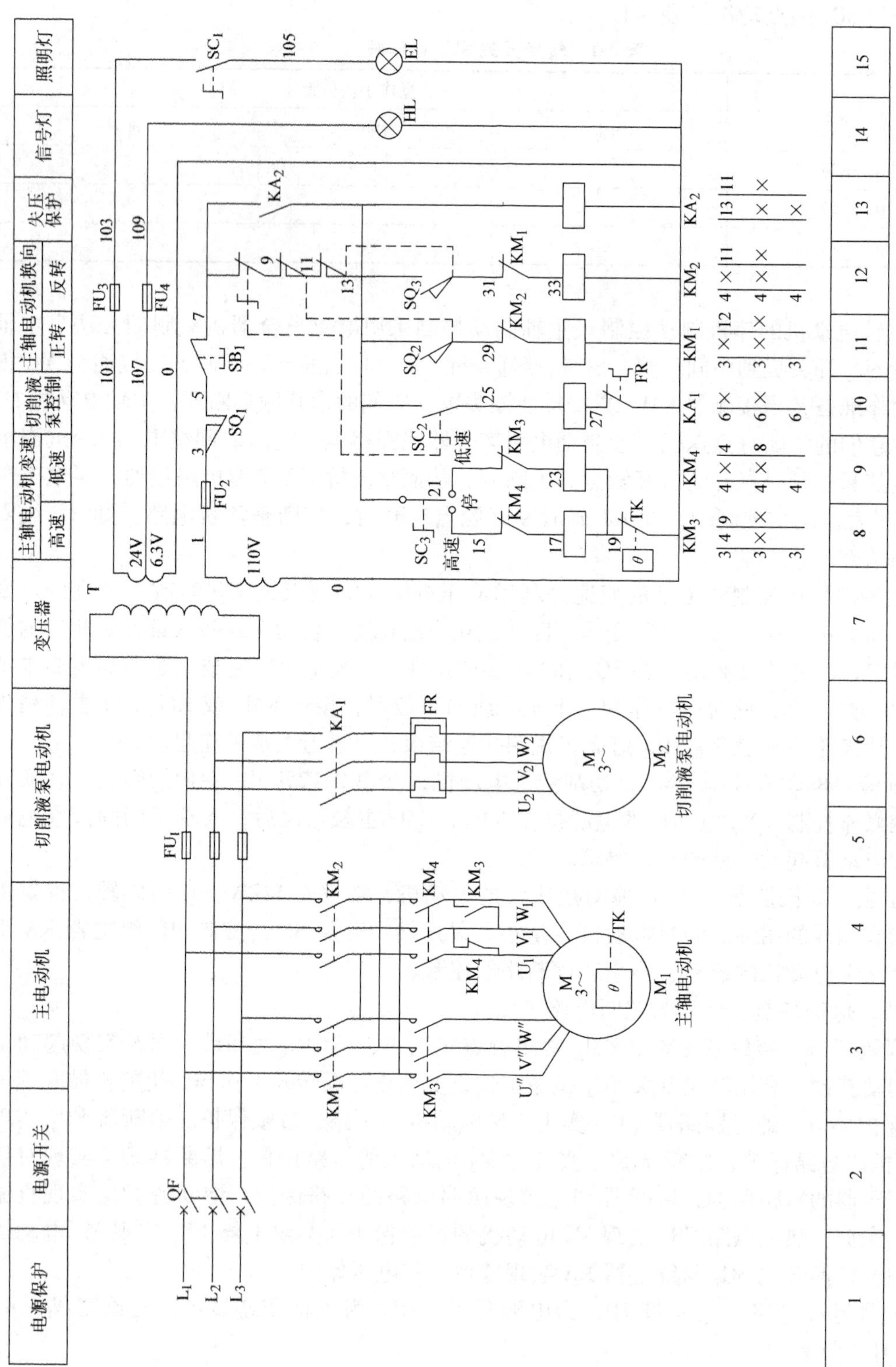

图 3-3 CW6136A 型卧式车床电气控制线路原理图

电动机，扩大了调速范围，同时应用了温度继电器 TK 对其进行过载监控。当主轴电动机 M_1 由于某种原因温度升高超过 95℃时，温度继电器 TK 将动作，其串接在 0、19 处的常闭触头断开，切断 KM_3、KM_4 线圈电路，主轴电动机停转。实现了良好的过载保护性能。电路中其他控制环节由读者自行分析。

*第二节　磨床电气控制

磨床是利用砂轮的周边或端面对工件的外圆、内孔、端面、平面、螺纹及球面等进行磨削加工的一种精密加工机床。

磨床的种类很多，有外圆磨床、内圆磨床、平面磨床、工具磨床、无心磨床、数控磨床及各种专用磨床，如螺纹磨床、齿轮磨床、导轨磨床等等。其中以外圆磨床和平面磨床应用最广，本节以 M7140 型平面磨床为例加以分析。

一、主要结构及运动形式

M7140 型平面磨床结构外形见图 3-4。主要由床身、工作台、电磁吸盘、砂轮架、滑座、立柱等部分组成。

在床身中装有液压传动装置，以便工作台在床身导轨上通过压力油推动活塞作往复直线运动，实现水平方向进给运动。工作台面上有 T 形槽，用以安装电磁吸盘或直接安装大型工件。

床身上固定有立柱，滑座安装在立柱的垂直导轨上，实现垂直方向进给。在滑座的水平导轨上安装砂轮架，砂轮架由装入式电动机直接拖动，通过滑座内部的液压传动机构实现横向进给。

平面磨床砂轮的旋转运动为主运动，工作台完成一次往复运动时，砂轮架作一次间断性的横向进给，直至完成整个平面的磨削，然后砂轮架连同滑座沿垂直导轨作间断性的垂直进给，直至达到工件加工尺寸。

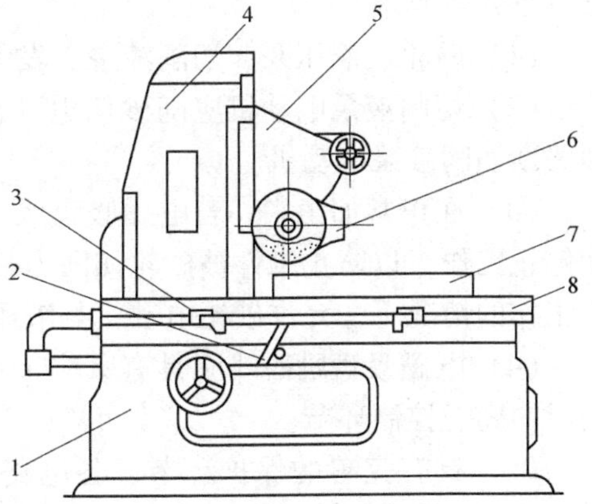

图 3-4　M7140 卧轴矩台平面磨床结构示意图
1—床身　2—工作台往复运动换向手柄
3—工作台换向撞块　4—立柱　5—滑座
6—砂轮架　7—电磁吸盘　8—工作台

平面磨床的辅助运动，如砂轮架在滑座的水平导轨上作快速横向移动，滑座在立柱的垂直导轨上作快速垂直移动，以及工作台往复运动速度的调整等。

二、电力拖动及控制要求

1. 控制方案

基于上述磨床的工作性质和加工精度要求，对电力拖动控制方案提出如下要求：

（1）平面磨床是一种精密加工机床，为了保证其加工精度要求，机床运行时要求平稳，工作台往复运动在换向时要求惯性要小，无冲击力，因此，工作台的往复运动采用液压传动。由电动机拖动液压泵，供应压力油，通过液压传动装置实现工作台的纵向进给运动，并通过工作台上的撞块操纵床身上的液压换向阀(开关)，改变压力油的流向，实现工作台的换向和自动往复运动。

（2）为了简化磨床的机械传动机构，采用多电动机单独拖动。M7140型平面磨床采用五台电动机拖动，砂轮的旋转运动由装入式电动机直接拖动。液压泵由液压泵电动机拖动，经液压传动装置完成工作台的往复(纵向进给)运动，砂轮架的横向进给运动，砂轮架垂直快速移动，由快速电动机拖动。

（3）为了提高磨削质量，要求砂轮有较高转速，通常采用两极(理想空载转速为3000r/min50Hz)的笼型异步电动机拖动。为了提高高速运转的砂轮主轴的刚度，采用装入式电动机拖动，电动机与砂轮主轴同轴，从而提高了磨床的加工精度。

（4）平面磨削加工中，由于磨削温度高，为减少工件的热变形，必须使工件得到充分的冷却，同时切削液能冲走磨屑和砂粒，以保证磨削精度。专用一台切削液泵电动机拖动。

（5）平面磨床常用电磁吸盘，利用电磁吸力很方便地安装和加工多个小工件，且工件在加工过程中由于发热变形，电磁吸盘允许工件有自由伸缩余地，从而保证加工精度。电磁吸盘用直流电源，由专用直流发电机提供。

2. 电力拖动控制系统

为了满足上述电力拖动控制方案的要求，对M7140型平面磨床的电力拖动控制系统提出以下几点要求：

（1）砂轮、液压泵、切削液泵、发电机拖动电动机等四台电动机都只要求单方向旋转。

（2）切削液泵电动机应随砂轮电动机的开动而开动，若加工中不需要切削液时，可单独关断切削液泵电动机。

（3）在正常加工中，若电磁吸盘吸力不足或消失时，砂轮电动机与液压泵电动机应立即停止工作，以防止工件被砂轮切向力打飞而发生人身和设备事故。不加工时，即电磁吸盘不工作的情况下，允许砂轮电动机与液压泵电动机开动，机床作调整运动。

（4）电磁吸盘励磁线圈具有吸牢工件的正向励磁、松开工件时抵消剩磁便于取下工件的反向励磁控制环节。

（5）具有完善的保护环节。各电路的短路保护，各电动机的长期过载保护，零电压、欠电压保护，电磁吸盘吸力不足的欠电流保护，以及线圈断开时产生高电压，而危及电路中其他电器设备的过电压保护等等。

（6）机床安全照明电路和几种工作情况指示电路。

三、M7140型平面磨床电气控制电路

M7140型平面磨床电气控制电路见图3-5。机床电气设备主要安装在床身后部的壁龛盒内。控制按钮安装在床身前部的电气操纵盒中。下面分别就各部分电路进行分析。

1. 电动机控制电路

（1）主电路　由电源引入开关Q控制整机电源的接通与断开。四台电动机均要求单向旋转，M_1砂轮电动机、M_2切削液泵电动机，同时由接触器KM_1控制，而M_2电动机再经过X_1插销实现单独关断控制，M_3液压泵电动机由接触器KM_2控制。M_4发电机拖动电动机，由接触器KM_3控制。M_5砂轮架垂直快速移动电动机，由接触器KM_4、KM_5控制，实现正、反向旋转。

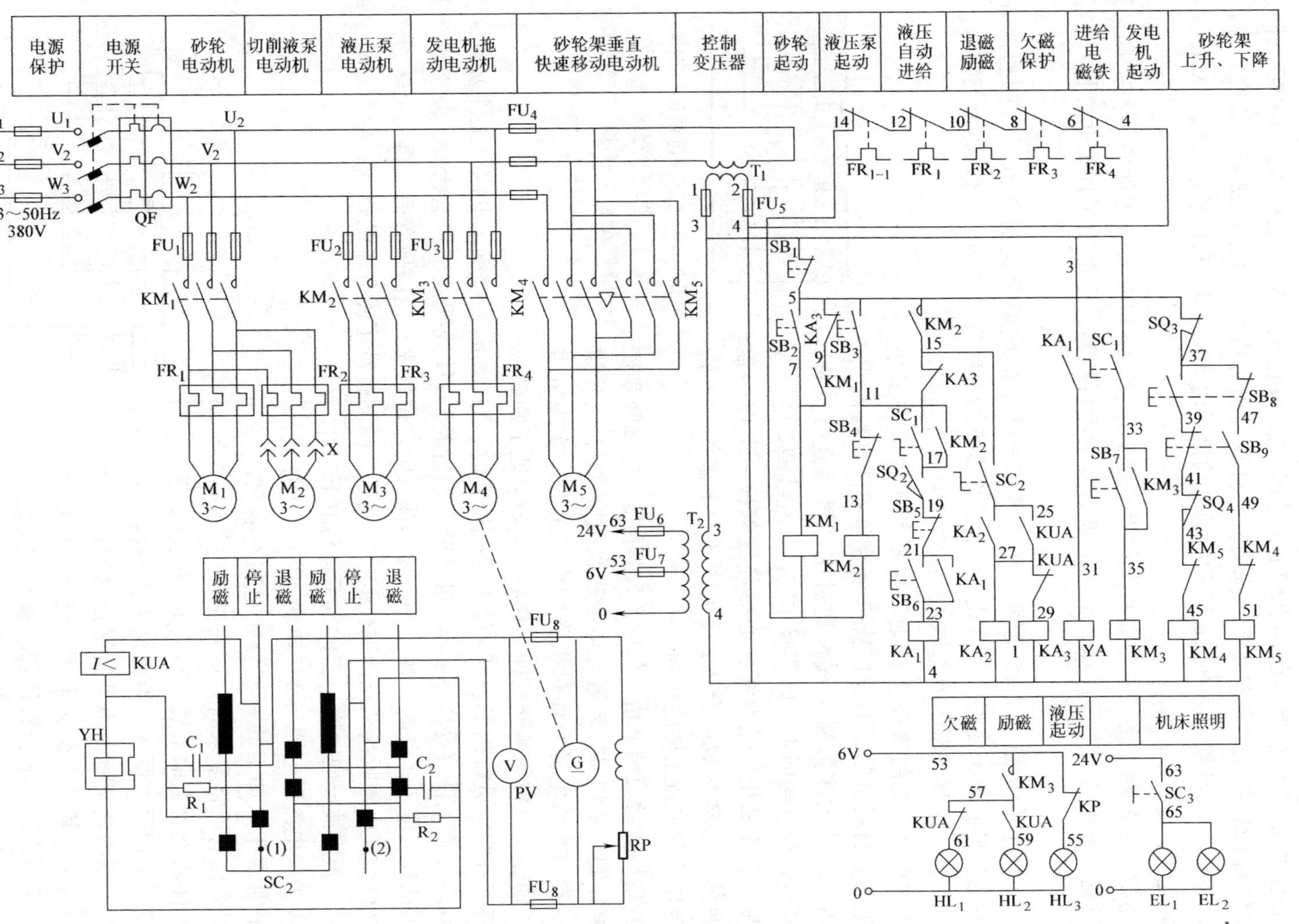

图 3-5　M7140 磨床电气控制线路

（2）控制电路　控制电路的控制电源由变压器 T_1 提供。按钮 SB_2、SB_1 和接触器 KM_1 构成了砂轮电动机 M_1 单向旋转起动和停止控制电路。由按钮 SB_3、SB_4 和接触器 KM_2 构成了液压泵电动机 M_3 单向旋转起动和停止控制电路。发电机拖动电动机 M_4，由 SC_1 开关，SB_7 和接触器 KM_3 控制，单向运转，拖动发电机 G 发出直流电，供给电磁吸盘线圈。停机，操作 SC_1 开关。M_5 砂轮架垂直快速移动拖动电动机，由 SB_8、SB_9 和接触器 KM_4、KM_5 控制正、反向旋转，是点动工作。

2. 电磁吸盘控制电路　电磁吸盘又称为电磁工作台，它也是安装工件的一种夹具。具有夹紧迅速、不损伤工件等优点，但它的夹紧程度不可调整，不能用于加工非磁性材料的工件。

（1）电磁吸盘构造与工作原理　平面磨床上使用的电磁吸盘有长方形与圆形两种，M7140 型矩台平面磨床使用长方形式工作台。图 3-6 为电磁吸盘结构、工作原理示意图。

电磁吸盘上主要有钢制吸盘体 1，在它的中部凸起的心体上绕有线圈 2，钢制盖板 3 被绝缘层材料 4 隔成许多小块，而绝磁层材料由铅、铜及巴氏合金等非磁性材料制成。它的作用是使绝大多数磁力线都通过工件再回到吸盘体，而不致通过盖板直接回去，以便吸牢工件。在线圈 2 中通入直流电时，心体磁化，磁力线由心体经过盖板→工件→盖板→吸盘体→心体构成闭合磁路(见图 3-6 中虚线所示)。工件被吸住达到夹持工件的目的。

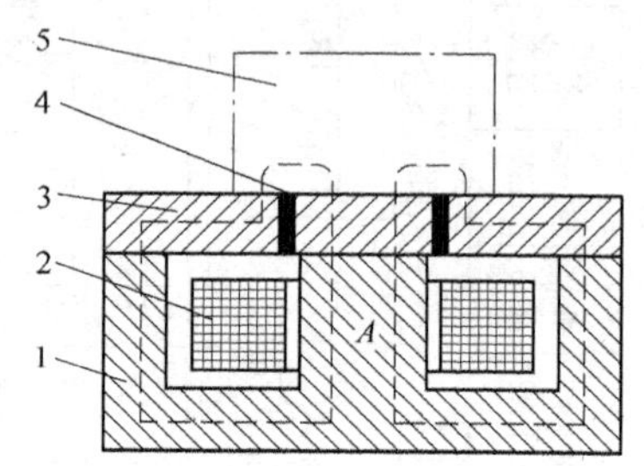

图 3-6　电磁吸盘结构、工作原理示意图

1—钢制吸盘体　2—线圈　3—钢制盖板　4—隔磁层　5—工件

（2）电磁吸盘控制电路　从图 3-5 中看出，电磁吸盘控制电路有控制电路和保护装置。电磁吸盘线圈 YH，由并激发电机 G 提供直流电源。通过操作转换开关 SC_2 实现电磁吸盘处于励磁、退磁和断开三种工作状态。SC_2 处于励磁位置时，将工件吸牢进行加工。SC_2 处于退磁位置时，YH 线圈流过反向电流，工件就被反向励磁(退磁)，使工件容易取下。SC_2 处于断开位置时，YH 线圈处于断电状态，便于取下工件。加工结束要取下工件时，操作 SC_2 要迅速从励磁位置拨到退磁位置后，再马上转到停止位置，这样就使电磁吸盘从正向磁化到反向励磁，瞬间打乱了磁分子的排列，使剩磁减少到最低程度，否则被反向励磁，工件也不容易取下。

KUA 为欠电流继电器与 YH 串联，PV 为电压表。

在平面磨床上加工的零件可能存在有剩磁，若零件对剩磁有严格要求时，应对工件进行去磁处理，工件从吸盘上取下后，可将它们放在去磁器上处理一下即可。图 3-7 为交流去磁器构造和工作原理示意图。交流去磁器是平面磨床的一个附件，使用时将其接上交流电源。交流去磁器铁心由硅钢片制成，其上套有线圈，铁心柱上装有软钢制成的极靴，两极之间隔有非磁性材料制成的隔磁层。去磁时，线圈通入交流电，在铁心和极靴上产生交变磁通，工件放在极靴上面往复移

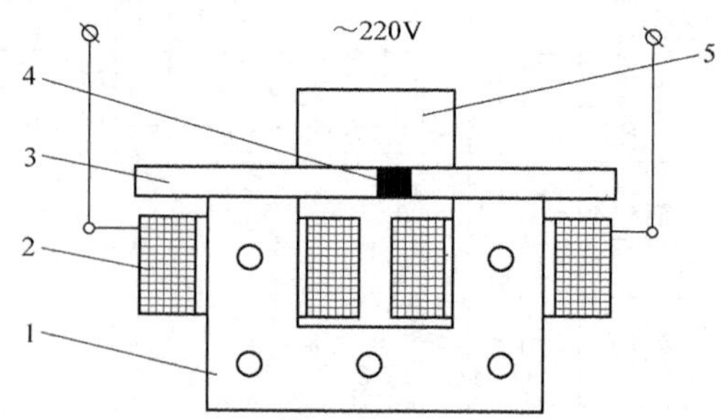

图 3-7　交流去磁器构造与工作原理示意图

1—铁心　2—线圈　3—极靴　4—隔磁层　5—工件

动若干次，工件上磁分子就打乱了，当工件离开去磁器时，就完成去磁。交流去磁器有平面式和斜面式。斜面式适用于大批量生产中工件的去磁，将工件从斜面上方的桥架上滑下，即可达到去磁目的。

3. 其他环节电路

（1）液压自动进给 液压自动进给是通过操作垂直进给的手动、自动互锁的微动开关 SQ_3 来实现的。当需要液压自动进给时，操作 SQ_3(5—37)断开，SQ_2 合上，按下 SB_6，继电器 KA_1 得电，使进给电磁铁 YA 得电，工作台或砂轮架按自动进给移动。要自动进给停止，按下 SB_5，KA_1 失电，YA 断电则停止自动进给。

（2）保护环节电路

1）短路、过载保护

主电路及各控制环节电路的短路保护，分别由 QF、FU_1 ~ FU_8 来实现。

M_1、M_2、M_3、M_4 四台电动机的过载保护，分别由 FR_1 ~ FR_4 来实现。当四台中有一台过载，四台均停机。

2）电磁吸盘保护环节

为了防止在磨削过程中，电磁吸盘回路出现断电或线圈电流减小，引起电磁吸力消失或吸力不足，工件飞出，造成人身与设备事故，故在电磁吸盘 YH 线圈励磁回路中，串接 KUA 欠电流继电器，实现欠磁失磁保护。当回路中电流减小吸力不够，KUA 常闭触点(27—29)返回接通，KA_3 线圈得电，其常闭触点(15—11)打开，使 KM_2、KA_1 线圈失电，液压泵电机停转，自动进给电磁铁 YA 断电，停止进给，同时 KA_3(5—9)常闭触点打开，KM_1 失电，M_1 电机停转。

电磁吸盘线圈的过电压保护。由于电磁吸盘线圈匝数多，电感大，在通电工作时，线圈中储存着大量磁场能量。当线圈脱离电源时，线圈两端会产生很大的自感电势，出现高电压，将使线圈的绝缘及其他电器设备损坏。因此，在 YH 线圈电路中接入 R_1、R_2 电阻来实现。

电磁吸盘回路中电容 C_1、C_2 用来熄灭触点间的电弧。

4. 连锁、保护及其他环节

液压自动进给 KA_1 线圈回路，只有在 SC_1 接通时，即励磁发电机选择工作了，同时选择自动进给开关 SQ_2 接通，两条件满足才可使 KA_1 得电，YA 得电，实现自动进给。

砂轮架快速移动，要在选择垂直进给或快速移动互锁开关 SQ_3 来实现，SQ_3(5—37)接通，亦不是自动进给时，方可进行快速移动。快速移动可以在其他电机未工作情况下进行。按下 SB_8 或 SB_9 实现快速上、下移动。上升到上限位置时撞开 SQ_4(41—43)触点打开，KM_4 失电，M_5 电动机停转，上升停止实现限位保护。

磨床要开始进行工作时，操作 SC_1 使常开触点处于闭合状态，励磁发电机工作，电压足够，欠电流继电器 KUA 吸合，KA_2 得电自锁，同时 KA_3 失电，它的常闭触点返回，使 KM_1、KM_2、KA_1 线圈回路继续得电，进行正常工作。

HL_1 为欠磁信号灯。欠电流时 KUA 释放，常闭触点返回，HL_1 灯亮发出危险信号。HL_2 是励磁信号灯。HL_3 为液压起动前灯亮，压力足够后关灯。

EL_1、EL_2 机床照明灯，由 T_2 变压器供电。

*第三节　摇臂钻床电气控制

钻床是一种用途广泛的机床，在钻床上可以钻孔、扩孔、铰孔、锪孔、攻丝及修刮端面等多种形式的加工。

钻床的种类很多，有台式钻床、立式钻床、摇臂钻床、多轴钻床、卧式钻床、深孔钻床和数控钻床等。在各种钻床中，摇臂钻床操作方便、灵活、适用范围广，特别适用于单件或成批生产中带有多孔大型工件的孔加工。是机械加工中常用的机床设备，具有典型性。本节着重介绍新系列 Z3040 摇臂钻床。

一、主要结构及运动形式

Z3040 摇臂钻床结构见图 3-8。

Z3040 摇臂钻床由底座、外立柱、内立柱、摇臂、主轴箱及工作台等部分组成。内立柱固定在底座的一端，外立柱套在内立柱上，并可绕内立柱回转 360°，摇臂的一端为套筒，它套在外立柱上，借助升降丝杠的正、反向旋转可沿外立柱作上下移动。由于升降丝杠与外立柱构成一体，而升降螺母则固定在摇臂上，所以摇臂只能与外立柱一起绕内立柱回转。主轴箱是一个复合部件，它由主传动电动机、主轴和主轴传动机构、进给和变速机构以及机床的操作机构等部分组成。主轴箱安装于摇臂的水平导轨上，可以通过手轮操作使主轴箱沿摇臂水平导轨移动。

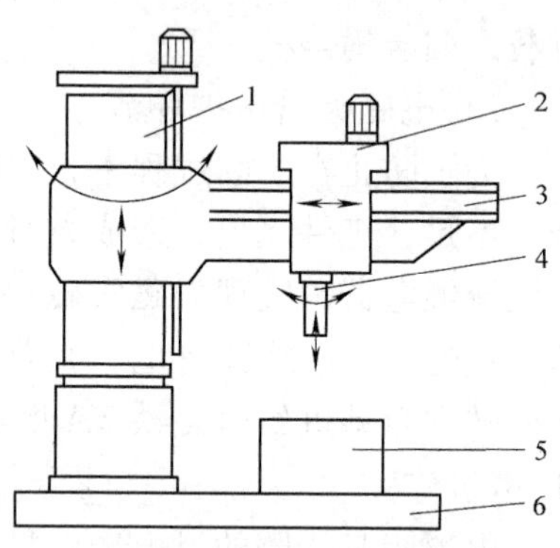

图 3-8　Z3040 摇臂钻床结构示意图
1—内外立柱　2—主轴箱　3—摇臂
4—主轴　5—工作台　6—底座

钻削加工时，主轴旋转为主运动，而主轴的直线移动为进给运动。即钻孔时钻头一面作旋转运动，同时作纵向进给运动。此时，主轴箱应通过夹紧装置紧固在摇臂的水平导轨上，摇臂与外立柱也应通过夹紧装置坚固在内立柱上。摇臂钻床的辅助运动有：摇臂沿外立柱作上下移动、主轴箱沿摇臂水平导轨作长度方向移动、摇臂与外立柱一起绕内立柱的回转运动。

二、电力拖动方案与拖动要求

1）为简化机床传动装置的结构采用多电动机拖动。

2）主轴的旋转运动、纵向进给运动及其变速机构均在主轴箱内，由一台主电动机拖动。

3）为了适应多种加工方式的要求，主轴的旋转与进给运动均有较大的调速范围，一般情况下由机械变速机构实现，有时为简化变速箱的结构采用多速笼型异步电动机拖动。

4）加工螺纹时，要求主轴能正、反向旋转，采用机械方法来实现，因此，拖动主轴的电动机只需单向旋转。

5）摇臂的升降由升降电动机拖动，要求电动机能正、反向旋转，采用笼型异步电动机。

6）内外立柱、主轴箱与摇臂的夹紧与松开，有采用手柄机械操作、电气-机械装置、电气-液压装置、电气-液压-机械装置等控制方法。Z3040 型摇臂钻床采用电动机带动液压泵，通过夹紧机构实现的。其夹紧与松开是通过控制电动机的正、反转，送出不同流向的压力油，推动活塞、带动菱形块动作来实现。因此拖动液压泵的电动机要求正、反向旋转。

7）摇臂钻床主轴箱、立柱的夹紧与松开由一条油路控制，且同时动作。而摇臂的夹紧、松开是与摇臂升降工作连成一体，由另一条油路控制。两条油路哪一个处于工作状态，是根据工作要求通过控制电磁阀操纵。夹紧机构液压系统原理见图 3-9。由于主轴箱和立柱的夹紧、松开动作是点动操作的，因此液压泵电动机采用点动控制。

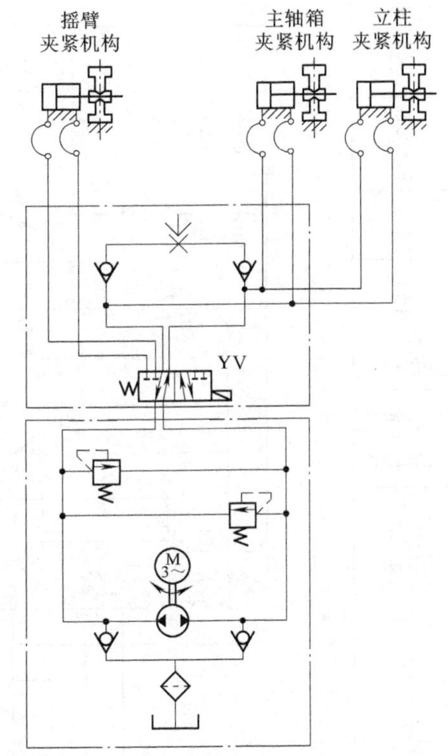

图 3-9　夹紧机构液压系统原理图

8）根据加工需要，操作者可以手控操作切削液泵电动机单向旋转。

9）要有必要的联锁和保护环节。

10）机床安全照明和信号指示电路。

三、Z3040 型摇臂钻床电气控制电路

Z3040 型摇臂钻床的电器大部分安装在摇臂后面的壁龛内。主轴电动机安装在主轴箱上方，摇臂升降电动机安装在立柱上方，液压泵电动机安装在摇臂后面电气盒下部，切削液泵电动机安装在底座上。该机床采用先进的液压技术，具有两套液压控制系统，一套由主轴电动机拖动齿轮泵输送压力油，通过操纵机构实现主轴正、反转、停车制动、空挡、预选与变速。另一套由液压泵电动机拖动液压泵输送压力油，实现摇臂的夹紧与松开，主轴箱和立柱的夹紧与松开。

Z3040 型摇臂钻床电气控制电路见图 3-10。图中 M_1 为主轴电动机，M_2 为摇臂升降电动机。M_3 为液压泵电动机，M_4 为切削液泵电动机，Q 为总电源控制开关。

1. 主轴电动机控制　主轴电动机 M_1 为单向旋转，由按钮 SB_1、SB_2 和接触器 KM_1 实现起动和停止控制。主轴的正、反转则由 M_1 电动机拖动齿轮泵送出压力油，通过液压系统操纵机构，配合正、反转摩擦离合器驱动主轴正转或反转。

2. 摇臂升降控制　摇臂钻床在加工时，要求摇臂应处于夹紧状态，才能保证加工精度。但在摇臂需要升降时，又要求摇臂处于松开状态，否则电动机负载大，机械磨损严重，无法升降工作。摇臂上升或下降时，其动作过程是升降指令发出，先使摇臂与外立柱处于松开状态，而后上升或下降，待升降到位时，要自行重新夹紧。由于松开与夹紧工作是由液压系统实现，因此，升降控制须与松紧机构液压系统紧密配合。

M_2 为升降电动机，由按钮 SB_3、SB_4 点动控制接触器 KM_2、KM_3 接通或断开，使 M_2 电动机正、反向旋转，拖动摇臂上升或下降移动。

M_3 为液压泵电动机，通过接触器 KM_4、KM_5 接通或断开，使 M_3 电动机正、反向旋转，

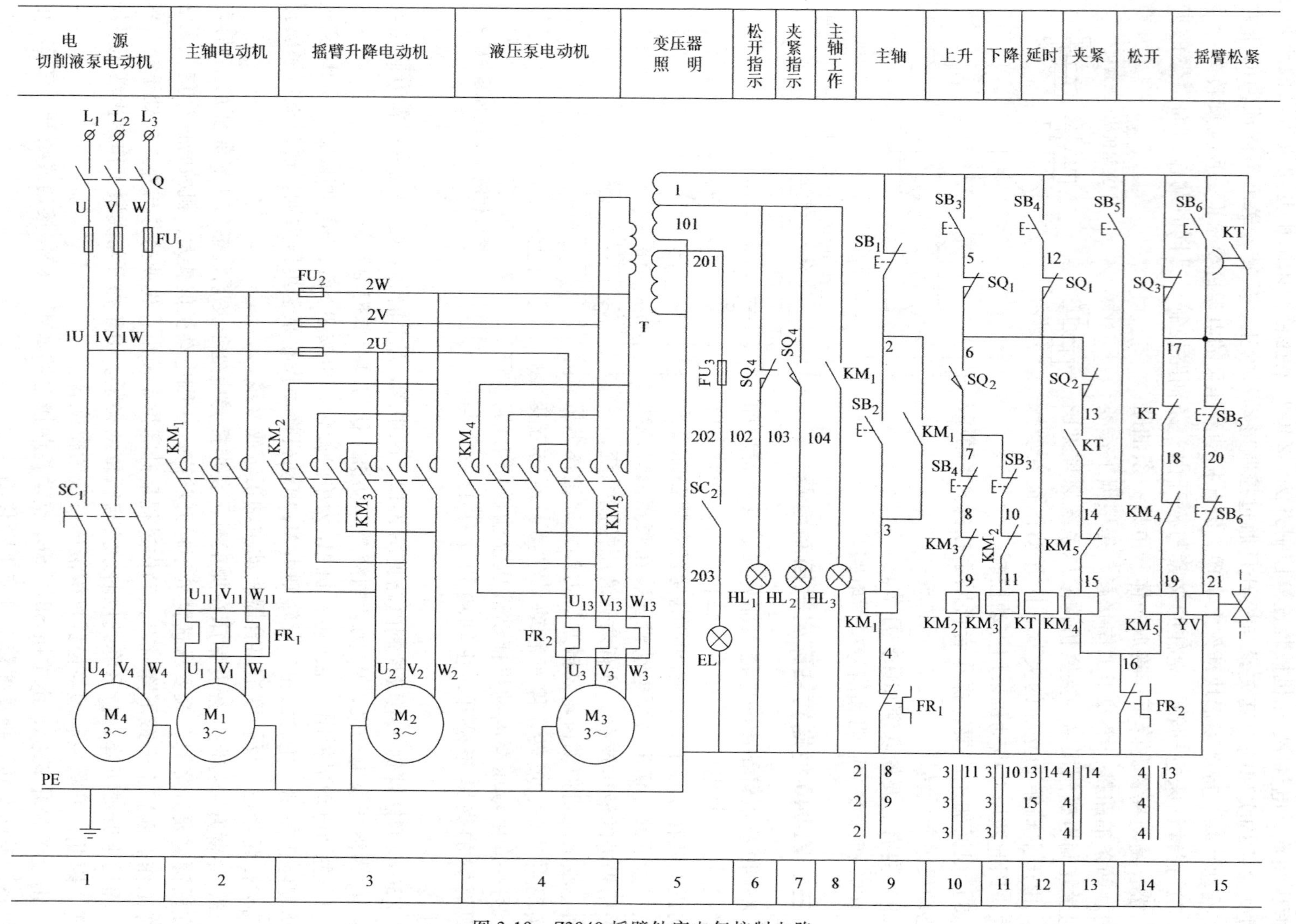

图 3-10 Z3040 摇臂钻床电气控制电路

带动双向液压泵送出压力油，经二位六通阀至摇臂夹紧机构实现夹紧与松开。

下面以摇臂上升为例简述动作过程。

按下 SB_3 按钮，时间继电器 KT 线圈通电，瞬时常开触点(13—14)闭合，接触器 KM_4 线圈得电，液压泵电动机 M_3 起动旋转带动液压泵送出压力油，同时断电延时断开的 KT 常开触点(1—17)闭合，使电磁阀 YV 线圈得电，液压泵输出的压力油经二位六通阀进入摇臂夹紧机构的松开油腔，推动活塞和菱形块，将摇臂松开。同时，活塞杆通过弹簧片压上行程开关 SQ_2，发出摇臂已松开信号。此时，SQ_2 触点(6—13)断开，使接触器 KM_4 线圈断电，液压泵电动机 M_3 停转，油路单向阀保压，摇臂处于松开状态。与此同时，SQ_2 触点(6—7)闭合，接触器 KM_2 线圈得电，升降电动机 M_2 得电起动旋转，带动摇臂上升，待摇臂上升至所需位置时，松开按钮 SB_3，KM_2 线圈断电，M_2 电动机停转，摇臂停止上升。同时 KT 线圈也断电，KT 常闭触点(17—18)瞬时闭合，而其延时断开的常开触点(1—17)仍未打开，使电磁阀 YV 继续得电，同时接触器 KM_5 线圈得电，液压泵电动机 M_3 反转，送出反向压力油，经二位六通阀反方向推动活塞和菱形块，将摇臂夹紧。KT 延时打开触点，经过 1～3s 延时后断开，同时活塞杆通过弹簧压下行程开关 SQ_3，使触点 SQ_3(1—17)也断开，电磁阀 YV、KM_5 线圈断电，液压泵电动机 M_3 停转，摇臂上升后重新夹紧过程结束。

行程开关 SQ_2 为摇臂放松信号开关。行程开关 SQ_3 为摇臂夹紧信号开关。时间继电器 KT 延时断开的常开触点是为保证当瞬间操作 SB_3 或 SB_4，使 KM_4 得电摇臂开始松开后马上放开 SB_3 或 SB_4 时，KM_4 马上断电，可能造成摇臂处于半松开状态。有了 KT 延时断开触点(1—17)后，则能在 KT 线圈断电 1～3s 内处于闭合状态，使 KM_5 线圈得电，液压泵电动机 M_3 反向旋转，使摇臂重新夹紧，直到延时时间到，KT 触点断开，SQ_3 动作，KM_5 断电为止，这样就保证了摇臂在加工工件前总是处于夹紧状态。

3. 夹紧、松开控制　Z3040 型摇臂钻床除了上述摇臂上升下降过程需要夹紧、松开控制外，还有主轴箱和立柱的松开、夹紧控制。主轴箱和主柱的松开、夹紧从液压系统中看出二者是同时进行的。

当按下松开按钮 SB_5，接触器 KM_4 线圈得电，液压泵电动机 M_3 正转，拖动液压泵输送出压力油，经二位六通阀，进入主轴箱与立柱的松开油缸推动活塞和菱形块，使主轴箱与立柱实现松开，此时由于 YV 不得电，压力油不会打入摇臂松开活塞，摇臂仍处于夹紧状态。当主轴箱与立柱松开时，行程开关 SQ_4 不受压，触点(101—102)闭合，指示灯 HL_1 亮，表示主轴箱与立柱处于松开状态，可以手动操作主轴箱在摇臂的水平导轨上移动至适当位置。同时推动摇臂(套在内立柱上)使外立柱绕内立柱旋转至适当的位置，按下夹紧按钮 SB_6，接触 KM_5 线圈得电，M_3 电动机反转，拖动液压泵输送出反向压力油至夹紧油缸，使主轴箱和立柱夹紧。同时行程开关 SQ_4 压下，触点(101—102)断开，HL_1 灯暗，而(101—103)闭合，HL_2 灯亮，指示主轴箱与立柱处于夹紧状态，可以进行钻削加工。

4. 切削液泵电动机控制　切削液泵电动机容量小(0.125kW)，由 SC_1 开关控制单向旋转。

5. 联锁、保护环节　电路中利用 SQ_2 实现摇臂松开到位，开始升降的联锁控制，利用 SQ_3 实现摇臂完全夹紧的联锁控制。通过 KT 延时断开的常开触点实现摇臂松开后自动夹紧的联锁控制。摇臂升降除了按钮 SB_4、SB_3 机械互锁外，还采用 KM_2、KM_3 电气的双重互锁控制。主轴箱与立柱进行松开、夹紧工作时，为保证压力油不供给摇臂夹紧油路，通过

SB_5、SB_6 常闭触点切断 YV 线圈电路，达到联锁目的。

电路利用熔断器 FU_1 作为总电路和电动机 M_1、M_4 的短路保护。利用熔断器 FU_2 作为电动机 M_2、M_3 及控制变压器 T 一次侧的短路保护，利用热继电器 FR_1 为 M_1 电动机的过载保护，FR_2 为 M_3 电动机的过载保护。组合行程开关 SQ_1 作为摇臂上升、下降的极限位置保护，SQ_1 有两对常闭触点，当摇臂上升下降至极限位置时，相应触点动作切断与其对应的上升下降接触器 KM_2、KM_3，使 M_2 电动机停止转动，摇臂停止升降，实现升降极限位置保护。电路中失电压或欠电压保护由各接触器实现。

6. 照明与信号指示电路　通过控制变压器 T 减压提供照明灯 EL 安全电压，由 SC_2 开关操作。熔断器 FU_3 作为短路保护。

当主轴电动机工作时，KM_1 触点(101—104)接通，指示灯 HL_3 亮，表示主轴工作。

当主轴箱、立柱处于夹紧状态时，SQ_4 触点(101—103)接通，HL_2 灯亮。主轴箱、立柱处于松开状态，SQ_4 触点(101—102)接通，HL_1 灯亮。

第四节　铣床电气控制

铣削是一种高效率的加工方式。它可用来加工各种表面，如平面、阶台面、各种沟槽、成形面等。在一般机械加工厂中铣床的数量仅次于车床，在金属切削机床中占第二位。铣床按结构形式和加工性能分为立式铣床、卧式铣床、龙门铣床、仿形铣床、数控铣床及各种专用铣床。

下面以 X6132 型卧式铣床为例对铣床电气控制进行分析。

一、铣床结构和运动方式

X6132 型铣床主要由底座、床身、悬梁、刀杆挂脚、升降工作台、滑座及工作台等组成。见图 3-11。

铣削加工时，铣刀安装在刀杆上，铣刀的旋转运动为主运动。工件安装在工作台上，工件可随工作台作纵向进给运动，可沿滑座导轨作横向进给运动，还可随升降台作垂直方向进给运动。因此，工件在工作台上能实现三个方向的进给运动。为了减少工件向刀具趋近或离开的时间，三个方向的进给运动都配有快速移动装置。X6132 型铣床还配有立铣头和圆工作台以扩大铣床的加工范围。

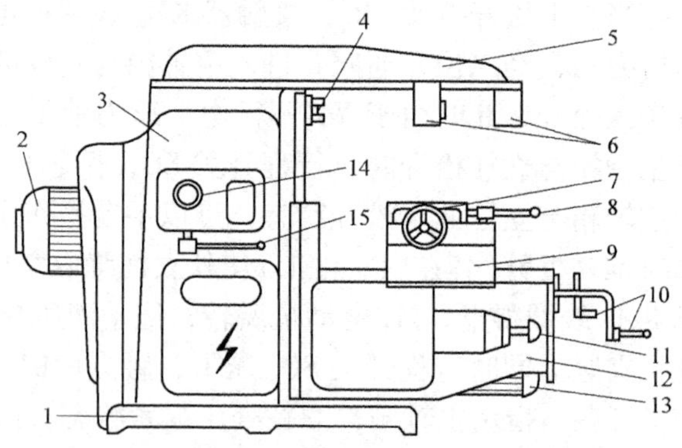

图 3-11　X6132 型铣床外形结构示意图

1—底座　2—主轴电动机　3—床身　4—主轴　5—悬梁　6—刀杆挂脚　7—工作台　8—工作台左右进给操作手柄　9—滑座　10—工作台前后、上下操作手柄　11—进给变手柄及变速盘　12—升降工作台　13—进给电动机　14—主轴变速盘　15—主轴变速手柄

二、电力拖动的特点和要求

铣削加工方式有逆铣与顺铣。卧铣时，在一般情况下铣刀正向安装，要求主轴电动机正向旋转，有时因加工需要铣刀需反

向安装时，要求主轴电动机应反向旋转。当铣削方向确定后，在铣削加工过程中则不需要改变旋转方向。因此，对主轴电动机的控制要求是在加工之前选择好转向（正向或反向），而后起动加工。

铣刀是一种多刃刀具，其切削过程是断续的，负载随时间波动，造成拖动的不平衡，为了减小负载波动的影响，在主轴上采用飞轮增加惯量，这样又引起主轴在停车时的惯性大，停车时间较长，影响生产效率。为了实现能快速停车的目的，主轴都采用制动停车方式。

铣削时根据工件的加工要求，有纵向、横向和垂直三个方向的进给运动，由一台电动机拖动。进给运动的方向，是通过操作选择运动方向的手柄与开关，配合进给拖动电动机的正、反转来实现的。为了保证机床、刀具的安全，在铣削加工时只允许工件作一个方向的进给运动。在使用圆工作台加工时，不允许工件作纵向、横向和垂直方向的进给运动。为此，各向进给运动之间应具有联锁环节。铣削加工中，为了提高停车位置的准确性，也可采用制动方法。

铣床主运动和进给运动间没有比例协调的要求，但从机械结构的合理性考虑，应采用两台电动机单独拖动。在铣削加工中，为了不使工件与铣刀碰撞而造成事故，要求进给拖动一定要在铣刀旋转时才能进行，铣刀停止旋转，进给运动就应该停止或同时停止。因此，要求进给运动电动机与主轴电动机之间要有可靠的联销。

为了适应各种不同的铣削加工要求，铣床主轴及进给运动都应具有一定的调速范围。为了使齿轮在变速时易于相互啮合，要求主轴电动机和进给拖动电动机都应具有变速冲动控制电路。

为了使操作者能在铣床的正面、侧面方便地操作，对主轴的起动、停止，工作台进给运动选向及快速移动等的控制，设置了多地点控制方案。

为保证加工质量和机床设备的安全，要求控制系统中应具有较完善的联锁保护环节。

铣削加工中，根据不同的工件材料，也为了延长刀具寿命和提高加工质量，需要切削液对工件刀具进行冷却润滑，而有时又不采用。因此，采用转换开关控制冷却泵电动机单向旋转。此外，还应配有安全照明电路。

三、X6132 型卧式铣床的电气控制

万能铣床的机械操纵与电气控制的配合十分紧密，是机械-电气联合动作的典型控制。图 3-12 为 X6132 铣床电气控制电路。

1. 主轴电动机控制　M_1 为主轴拖动电动机。从主电路看出，主轴电动机的转向由转换开关 SC_5 预选确定。转换开关 SC_5 触点动作见表 3-2。主轴电动机的起动、停止由接触器 KM_1 控制。

表 3-2　转换开关 SC_5 动作表

触　点	线端标号	操作手柄位置		
		顺　铣	停　止	逆　铣
SC_{5-1}	U_{21}—W_1	−	−	+
SC_{5-2}	U_{21}—U_1	+	−	−
SC_{5-3}	W_{21}—W_1	+	−	−
SC_{5-4}	W_{21}—U_1	−	−	+

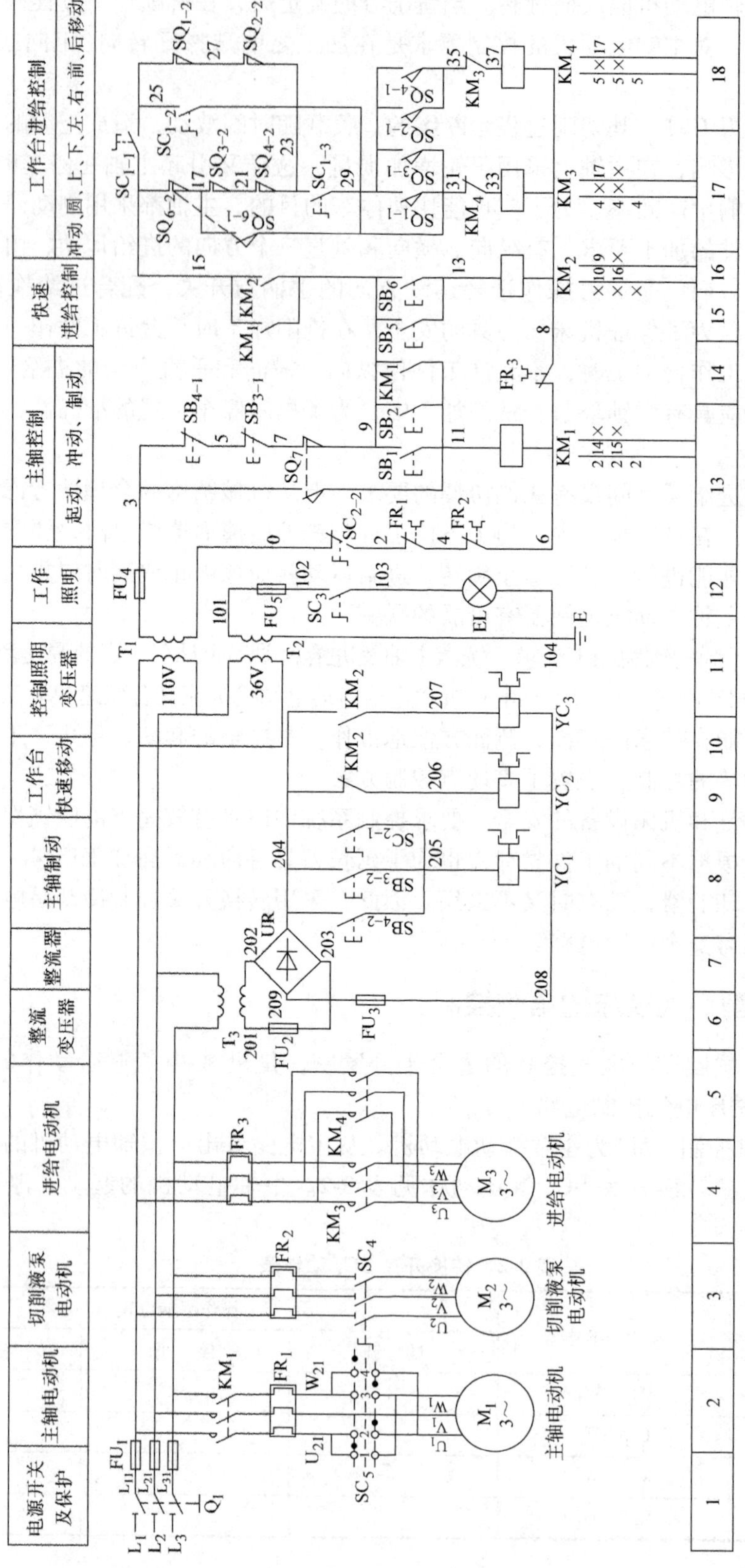

图 3-12 X6132 型卧式铣床电气控制线路原理图

（1）主轴电动机起动　接通电源开关 Q_1，选择主轴电动机转向，操作转换开关 SC_5 于所需位置。主轴电动机起动、停止分别由装于工作台上与床身上的控制按钮 SB_1、SB_2 和 SB_3、SB_4 实现两地控制。按下按钮 SB_1 或 SB_2，接触器 KM_1 得电，主触点闭合并自锁，主轴电动机按预选方向起动，带动主轴、铣刀旋转工作。

（2）主轴电动机停机　按下停机按钮 SB_3 或 SB_4，接触器 KM_1 失电，切断电源，同时 YC_1 得电，M_1 电动机停转，主轴迅速制动。

（3）主轴的变速冲动　主轴的变速采用圆孔盘式结构，变速时操作变速手柄在拉出或推回过程中短时触动冲动开关 SQ_7，主轴电动机瞬动一下而实现。

主轴处于停车状态时，操作变速手柄，触动冲动开关 SQ_7 使接触器 KM_1 瞬时得电，电动机冲动一下，带动齿轮转动一下，便于齿轮啮合，完成变速。

主轴已起动工作时，要变速同样操作变速手柄，操作时也触动冲动开关 SQ_7，使接触器 KM_1 失电，电动机自然停机，主轴转速下降，以便于在低速下齿轮啮合，完成变速后，应重新按起动按钮，主轴电动机转动继续工作。

主轴在变速操作时，以较快速度将手柄推入啮合位置，因为 SQ_7 的瞬动是靠手柄上凸轮的一次接触达到，如果推入动作缓慢，凸轮与 SQ_7 接触时间延长，会使主轴电动机转速过高，从而使齿轮啮合不上，甚至损坏齿轮。

（4）主轴换刀时控制　主轴制动操作开关 SC_2 的作用是主轴换铣刀时，要求主轴制动，不允许转动，使换刀容易，保证安全，因此换刀时操作 SC_2(204～205)接通，YC_1 得电，主轴制动，同时 SC_2(0～2)断开，控制回路断电，保证误操作时 KM_1 不得电，主轴电机不转动。

2. 工作台进给运动控制　工作台的进给运动需在主轴起动之后进行。接触器 KM_1 常开触点(9—15)闭合，接通进给控制电源。工作台的左、右、前、后、上、下方向的进给运动均由进给拖动电动机 M_3 驱动，通过 M_3 电动机的正、反转及机械结构的联合动作，来实现六个方向的进给运动。控制工作台运动的电路是与左、右机械操作手柄联动的行程开关 SQ_1、SQ_2 及与前、后、上、下操作手柄联动的行程开关 SQ_3、SQ_4 组成复合控制。这时圆工作台开关 SC_1 在断开位置，即 SC_1 触点(15—25)和(23—29)接通，(25—31)断开，进给电动机通过工作台方向操作手柄进行控制。圆工作台开关 SC_1 动作表见表 3-3。

表 3-3　圆工作台开关 SC_1 动作表

触　点	线端标号	操作手柄位置	
		圆工作台工作	圆工作台不工作
$SC_{1\text{-}1}$	15—25	−	+
$SC_{1\text{-}2}$	25—31	+	−
$SC_{1\text{-}3}$	23—29	−	+

（1）工作台的左、右(纵向)进给运动　工作台的左、右进给运动由工作台前面的纵向操作手柄进行控制。当将操作手柄扳到向右位置时，行程开关 SQ_1 压合，其常开触点(29—31)接通，常闭触点(25—27)断开，此时，控制电源经(9—15—17—21—23—29—31)接通接触器 KM_3 线圈，KM_3 吸合，主触点接通 M_3 电动机正序电源，M_3 正向旋转，工作台作向

右进给运动。同理，当将操作手柄扳到向左位置时，行程开关 SQ_2 压合，工作台向左进给运动，电路工作过程由读者自行分析。

若将手柄置于中间位置，SQ_1、SQ_2 复原，KM_3、KM_4 均不吸合，工作台停止左右方向运动。

（2）工作台前后（横向）进给运动和上、下（垂直）进给运动　工作台的前后及上下进给运动，共用一套操作手柄控制，手柄有 5 个控制位置，处于中间位置为原始状态，进给离合器处于脱开状态，行程开关 SQ_3、SQ_4 均复位，工作台不运动。当操作向前、向后手柄时，通过机械装置连结前、后进给离合器。当操作向上、向下手柄时，连结上、下进给离合器。同时，使 SQ_3 或 SQ_4 压合接通，M_3 电动机正向或反向旋转，带动工作台作前后、上下进给运动。

工作台向前和向下进给运动的电气控制电路相同。当将操作手柄扳到向前或向下位置时，压合行程开关 SQ_3，使其常闭触点断开，常开触点闭合，控制电源经（9—15—25—27—23—29—31）接通 KM_3 线圈，KM_3 吸合，进给电动机 M_3 正向旋转并通过机械联动将前、后进给离合器或上、下进给离合器接入，使工作台作向前或向下方向的进给运动。

工作台向后和向上进给运动也共用一套电气控制装置。当将操作手柄扳到向后或向上位置时，压合行程开关 SQ_4，进给电动机反向旋转，使工作台作向后或向上方向进给运动，电路的工作过程读者自行分析。

（3）圆工作台的工作　圆工作台的回转运动由进给电动机 M_3 经传动机构驱动。在使用时，首先必须将圆工作台转换开关 SC_1 扳至“接通”位置，即圆工作台的工作位置。此时，SC_1 的触点（15—25）、（23—29）断开，（25—31）接通，这样就切断了铣床工作台的进给运动控制回路，工作台就不可能作左、右、前、后和上、下方向的进给运动。圆工作台的控制电路中，控制电源经（9—15—17—21—23—27—25—31）接通接触器 KM_3 线圈回路，使 M_3 电动机带动圆工作台作回转运动。由于 KM_4 线圈回路被切断，所以进给电动机仅能以正向旋转。因此，圆工作台也只能按一个方向作回转运动。

（4）进给变速冲动　进给变速冲动与主轴变速冲动一样，为了便于变速时齿轮的啮合，电气控制上设有进给变速冲动电路。但进给变速时不允许工作台作任何方向的运动。

变速时，先将变速手柄拉出，使齿轮脱离啮合，然后转动变速盘至所选择的进给速度挡，最后推入变速手柄。在推入变速手柄时，应先将手柄向极端位置拉一下，使行程开关 SQ_6 被压合一次，其常闭触点（15—17）断开，常开触点（17—31）接通，控制电源经（9—15—25—27—23—21—17—31）接通接触器 KM_3，进给电动机 M_3 作瞬时转动，便于齿轮啮合。

（5）工作台快速移动　铣床工作台除能实现进给运动外，还可进行快速移动。它可通过前述的方向控制手柄配合快速移动按钮 SB_5 或 SB_6 进行操作。

当工作台已在某方向进给，此时按下快速进给按钮 SB_5 或 SB_6，使接触器 KM_2 通电，其常闭触点打开，电磁离合器 YC_2 断电，电磁离合器 YC_3 通电动作，工作台快速进给齿轮啮合，进给电动机带动工作台按原进给运动方向实现快速移动。当放开快速移动按钮 SB_5 或 SB_6 时，接触器 KM_2 失电，电磁离合器 YC_3 断电，YC_2 通电，快速移动结束，工作台按原进给运动速度和方向继续进给。

工作台的快速移动也可以在主轴电动机未工作状态下进行，按下快速移动按钮 SB_5 或

SB_6，KM_2 得电，YC_3 得电，同时使 KM_3 或 KM_4 得电，M_3 电动机起动，带动工作台实现快速移动。放开按钮 SB_5 或 SB_6，KM_2 失电，M_3 电动机停转，工作台的快速移动结束。工作台的快速移动是点动控制。

3. 切削液泵电动机的控制与照明电路　切削液泵电动机 M_2 通常在铣削时由转换开关 SC_4 操作。当转换开关扳至“接通”位置时，M_2 起动旋转，拖动切削液泵送出切削液。

机床的局部照明由变压器 T_2 输出 36V 安全电压，由开关 SC_3 控制照明灯 EL。

4. 控制电路的联锁与保护　铣床的运动较多，电气控制电路较复杂，为了保证刀具、工件和机床能够安全可靠地进行工作，应具有完善的联锁与保护。

（1）主运动与进给运动的顺序联锁　进给运动电气控制电路接在主轴电动机接触器 KM_1 触点(9—15)之后。这就保证了在主电动机 M_1 起动后，进给电动机 M_3 才可起动，主轴电动机 M_1 停止时，进给电动机 M_3 应立即停止。

（2）工作台六个进给运动方向间的联锁　工作台左、右、前、后及上、下六个方向进给运动分别由两套机械机构操作，而铣削加工时只许一个方向的进给运动，为了避免误操作，采用机械联锁比较困难，因此采用电气联锁。当工作台实现左、右方向进给运动时，控制电源必须通过控制上、下与前、后进给的行程开关 SQ_3、SQ_4 常闭触点支路。当工作台作前、后和上下方向进给运动时，控制电源必须通过控制右、左进给的行程开关 SQ_1、SQ_2 常闭触点支路。这就实现了由电气配合机械定位的六个进给运动方向的联锁。

（3）圆工作台工作与六个方向进给运动间的联锁　圆工作台工作时不允许六个方向进给运动中作任一方向的进给运动。电路中除了通过 SC_1 开关定位联锁外，还必须使控制电路通过 SQ_1、SQ_2、SQ_3、SQ_4 的常闭触点实现电气联锁。

（4）进给变速冲动不允许工作台作任何方向的进给运动联锁　变速冲动时，SQ_6 动作触点(15—17)断开，(17—31)接通，因此，控制电源必须经过 $SC_{1\text{-}3}$触点(即圆工作台不工作)和 SQ_1、SQ_2、SQ_3、SQ_4 四个常闭触点(即工作台六个方向均无进给运动)，才能实现进给变速冲动。

（5）保护环节　主电路、控制电路和照明电路都具有短路保护。六个方向进给运动的终端限位保护，是由各自的限位挡铁来碰撞操作手柄，使其返回中间位置以切断控制电路来实现。

三台电动机的过载保护，分别由热继电器 FR_1、FR_2、FR_3 实现。为了确保刀具与工件的安全，要求主轴电动机、切削液泵电动机过载时，除两台电动机停转外，进给运动也应停止，否则撞坏刀具与工件，因此，FR_1、FR_2 应串接在相对位置的控制电路中。当进给电动机过载时，则要求进给运动先停止，允许刀具空转一会，再由操作者总停机。因此，FR_3 的常闭触点只串接在进给运动控制支路中。

四、X52K 立式铣床电气控制

图 3-13 为 X52K 立式铣床电气控制电路。

X52K 立式铣床的电气控制与 X6132 卧式铣床的电气控制比较，该铣床为了减少机械冲击，主轴停机采用能耗制动控制方法，工作台快速移动可以在主轴电动机未起动情况下进行。其余电路的工作情况，由读者自行分析。

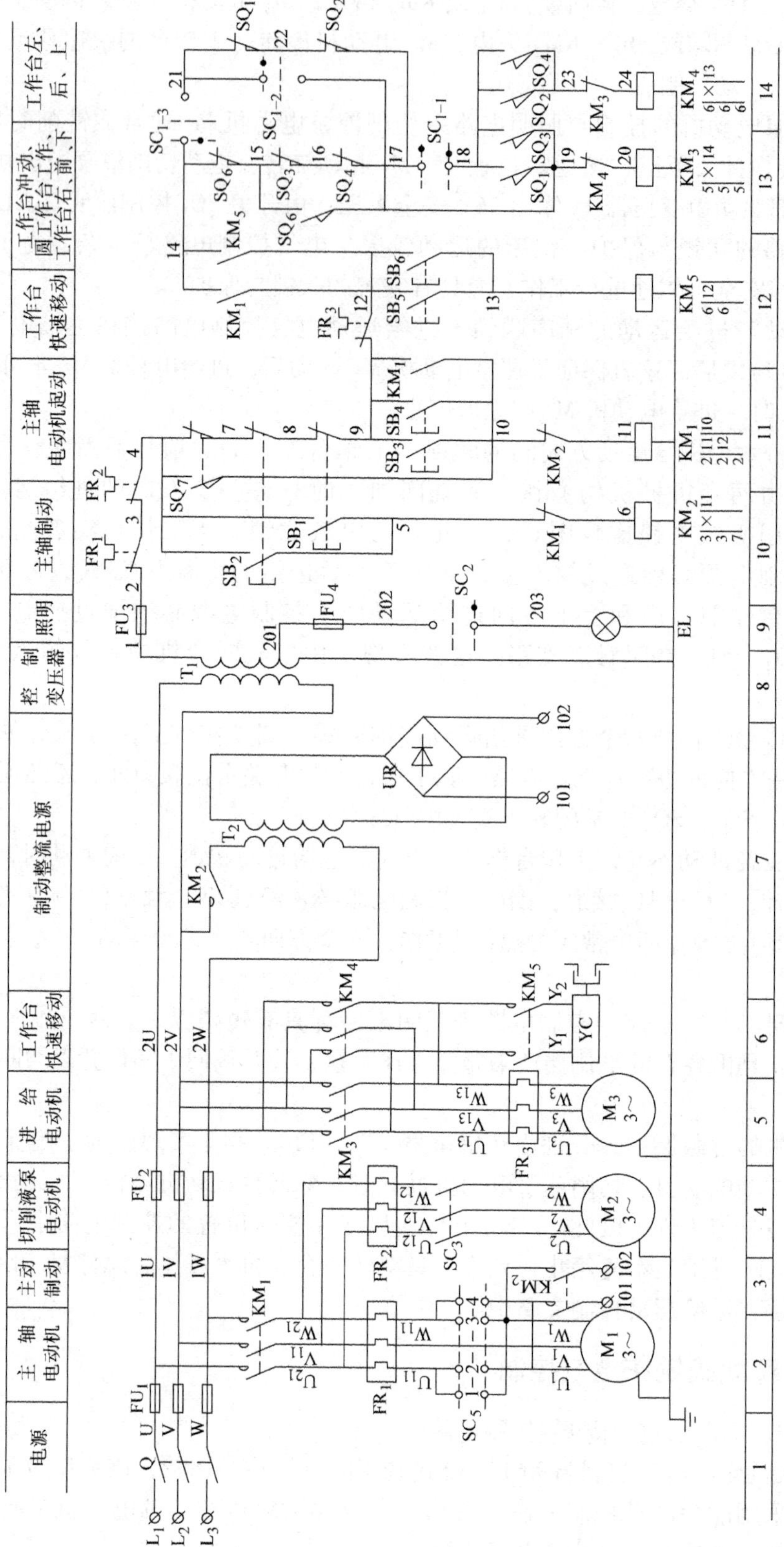

图 3-13 X52K 立式铣床电气控制电路

第五节　组合机床电气控制

组合机床通常采用多刀、多面、多工序、多工位同时加工，由通用部件和专用部件组成的工序集中的高效率专用机床。它的电气控制电路是将各个部件的工作组合成一个统一的循环系统。在组合机床上可以完成钻孔、扩孔、铰孔、镗孔、攻螺纹、车削、铣削及磨削等工序。组合机床主要用于大批量生产。

组合机床的通用部件有：动力部件，如动力头和动力滑台；支承部件，如滑座、床身、立柱和中间底座；输送部件，如回转分度工作台、回转鼓轮、自动线工作回转台及零件输送装置；控制部件，如液压元件、控制板、按钮台及电气挡铁；其他部件，如机械扳手；排屑装置和润滑装置等。通用部件已标准化、系列化和通用化。

组合机床的控制系统大多采用机械、液压或气动、电气相结合的控制方式。其中，电气控制又起着中枢联结作用。因此，应注意分析组合机床电气控制系统与机械、液压或气动部分的相互关系。

组合机床电气控制系统的特点，是它的基本电路可根据通用部件的典型控制电路和一些基本控制环节组成，再按加工、操作要求以及自动循环过程，无需或只需作少量修改综合而成。

以下以采用一个液压动力滑台和二个铣削动力头实现两面加工的组合机床电气控制电路为例进行分析。

一、机床结构与工作循环

该组合机床由底座、床身、液压动力滑台、铣削动力头、液压站等通用部件以及有关的专用部件组成，见图 3-14。组合机床的工作循环见图 3-15。

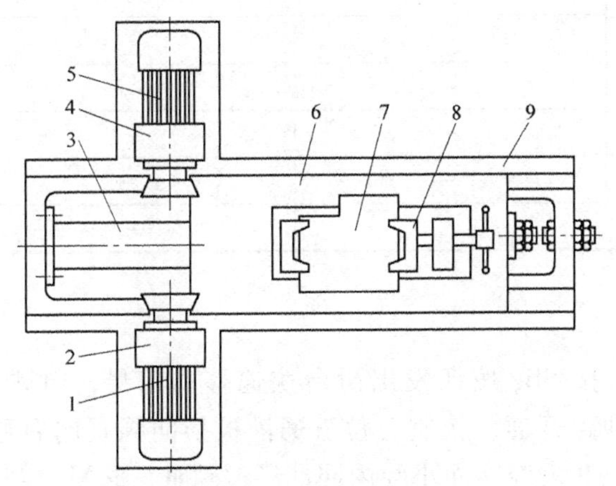

图 3-14　二面加工组合机床结构示意图

1—左电动机　2—左变速箱　3—油缸　4—右变速箱
5—右电动机　6—滑台　7—工件　8—夹具　9—机座

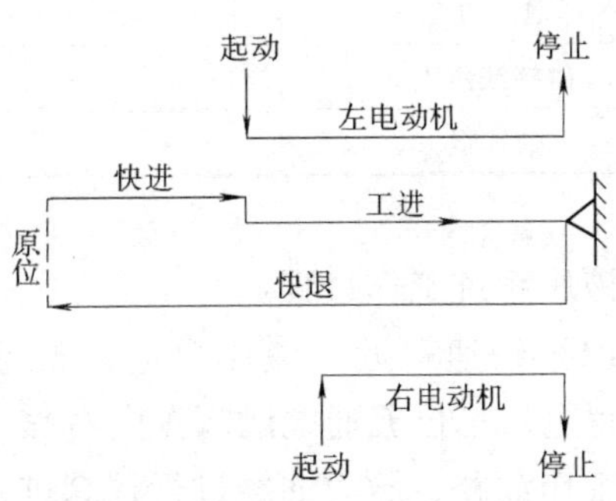

图 3-15　组合机床工作循环图

加工时，工件随夹具安装在液压动力滑台上，当发出加工指令后，工作台作快速引进，工件接近动力头处时，工作台改为工作进给速度进给，同时，左铣削动力头起动加工，当进给到一定位置时，右动力头也起动两面同时加工，直至终点时工作进给停止，两动力头停转，经死挡铁停留后，液压动力滑台快速退回至原位停止，工作循环结束。

二、液压动力滑台液压系统

图3-16为液压动力滑台具有一次进给的液压系统图，表3-4为元件动作表。

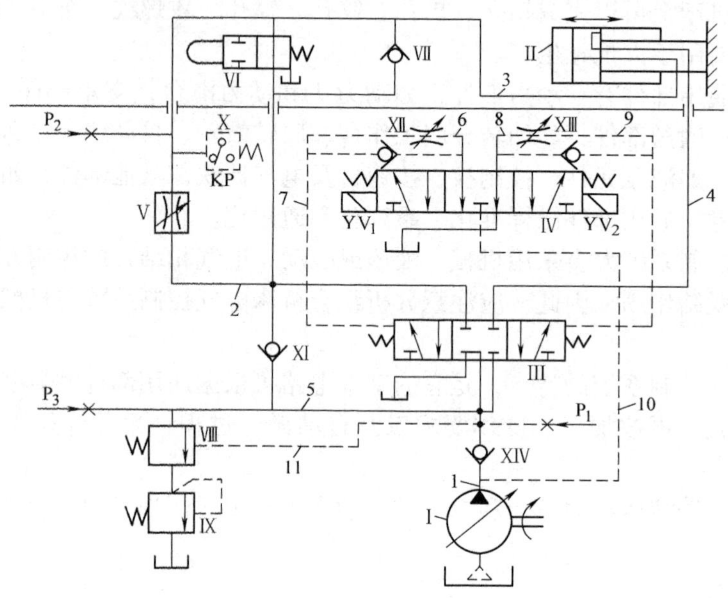

图3-16 液压动力滑台液压系统图

表3-4 元件动作表

元件 / 工步	YV_1	YV_2	KP
原 位	-	-	-
快 进	+	-	-
工 进	+	-	-
碰挡铁停止	+	-	-/+
快 退	-	+	-

液压系统工作过程：

（1）快速趋近　液压泵电动机起动后，按SB_3按钮发出滑台快速移动信号，电磁阀YV_1得电，三位五通电磁阀Ⅳ向右移，控制油路开通，控制三位五通液控换向阀Ⅲ向右移，接通工作油路，压力油经过行程阀进入液压缸Ⅱ大腔，而小腔内回油经过阀Ⅲ、阀Ⅺ、阀Ⅵ再进入液压缸Ⅱ大腔，液压缸体、滑台、工件获得向前快速移动。

（2）工作进给　液压动力滑台快速移动到工件接近铣削动力头时，滑台上的挡铁压下行程阀Ⅵ，切断压力油通路，此时压力油只能通过调速阀Ⅴ进入油缸大腔，减少进油量，降低滑台移动速度，滑台转为工作进给。此时由于负载增加，工作油路油压升高，顺序阀Ⅷ打开，液压缸小腔的回油不再经单向阀Ⅺ流入液压缸大腔，而是经顺序阀Ⅷ流回油箱。

（3）碰挡铁停止　液压动力滑台工作进给终了时（铣削加工结束），滑台撞上碰挡铁停止前进，但油路仍处于工作进给状态，液压缸大腔内继续进油，至使油压升高，压力继电器KP动作。

（4）快速退回停于原位　碰挡铁停止，压力继电器KP动作，其常闭触点打开，使电磁阀YV_1失电，KP常开触点闭合电磁阀YV_2得电，阀Ⅳ左移，控制油控制阀Ⅲ左移，工作压力油直接打入液压小腔，使缸体、滑台、工件迅速退回。同时大腔内的回油经单向阀Ⅶ、阀Ⅲ无阻挡地流回油箱。工作台快速退回至原位时，压下原位行程开关，电磁阀YV_2失电，在弹簧作用下，液控换向阀处于中间状态，切断工作油路，系统中各元件均恢复原位状态，滑台停于原位，一个工作循环结束。

三、电气控制电路

图3-17为组合机床电气控制电路。

1. 电力拖动控制要求

1）两台铣削动力头分别由两台笼型异步电动机拖动，单向旋转，无需电气变速和停机制动控制，但要求铣刀能进行点动对刀。

2）液压泵电动机单向旋转，机床完成一次半自动工作循环后，液压泵电动机不停机，当按下总停机按钮时才停机。

3）加工到终点，动力头完全停止后，滑台才能快速退回。

4）液压动力滑台前进、后退能点动调整。

5）电磁阀YV_1、YV_2采用直流供电。

6）机床具有照明、保护和调整环节。

2. 电动机控制电路　M_1为液压泵电动机，操作按钮SB_2或SB_1，使KM_1得电或失电，控制电动机起动或停止。

SC_1为机床半自动工作与调整工作的选择开关。SC_1开关置于A位置时机床实现半自动工作，左、右铣削动力头的电动机M_2与M_3分别由滑台移动到位，压下行程开关SQ_2与SQ_3，使KM_2、KM_3得电并自锁，M_2、M_3分别起动工作。加工到终点时，滑台压下终点行程开关SQ_4，使KM_2、KM_3断电，两动力头停转。

3. 液压动力滑台控制　液压泵电动机M_1起动工作后，按下按钮SB_3，继电器KA_1得电并自锁，电磁阀YV_1得电，控制液压滑台快速趋近，至滑台压下行程阀，滑台转为工作进给速度进给，工作进给至终点，碰挡铁停止，进油路油压升高，到压力继电器KP动作，KA_1失电，电磁阀YV_1失电，同时KA_2得电，电磁阀YV_2得电，滑台快速退回到原位，压下原位行程开关SQ_1，KA_2失电，YV_2失电，滑台停在原位，一个工作循环结束。

4. 照明电路　机床照明灯EL通过控制变压器T_1降压为24V，由开关SC_2控制。

5. 保护与调整环节　熔断器FU_1实现对电动机M_1、变压器T_1、T_2一次侧短路保护。FU_2实现对电动机M_2、M_3短路保护。FU_3实现对控制电路短路保护。FU_4实现对照明电路短路保护。FU_5实现对电磁阀线圈电路短路保护。

三台电动机的过载保护分别由FR_1、FR_2、FR_3热继电器实现。为了保护刀具与工件安全，当其中一台电动机过载时，要求其余两台电动机均应停止工作。因此，热继电器的常闭触点均应接在控制电路的总电路中。

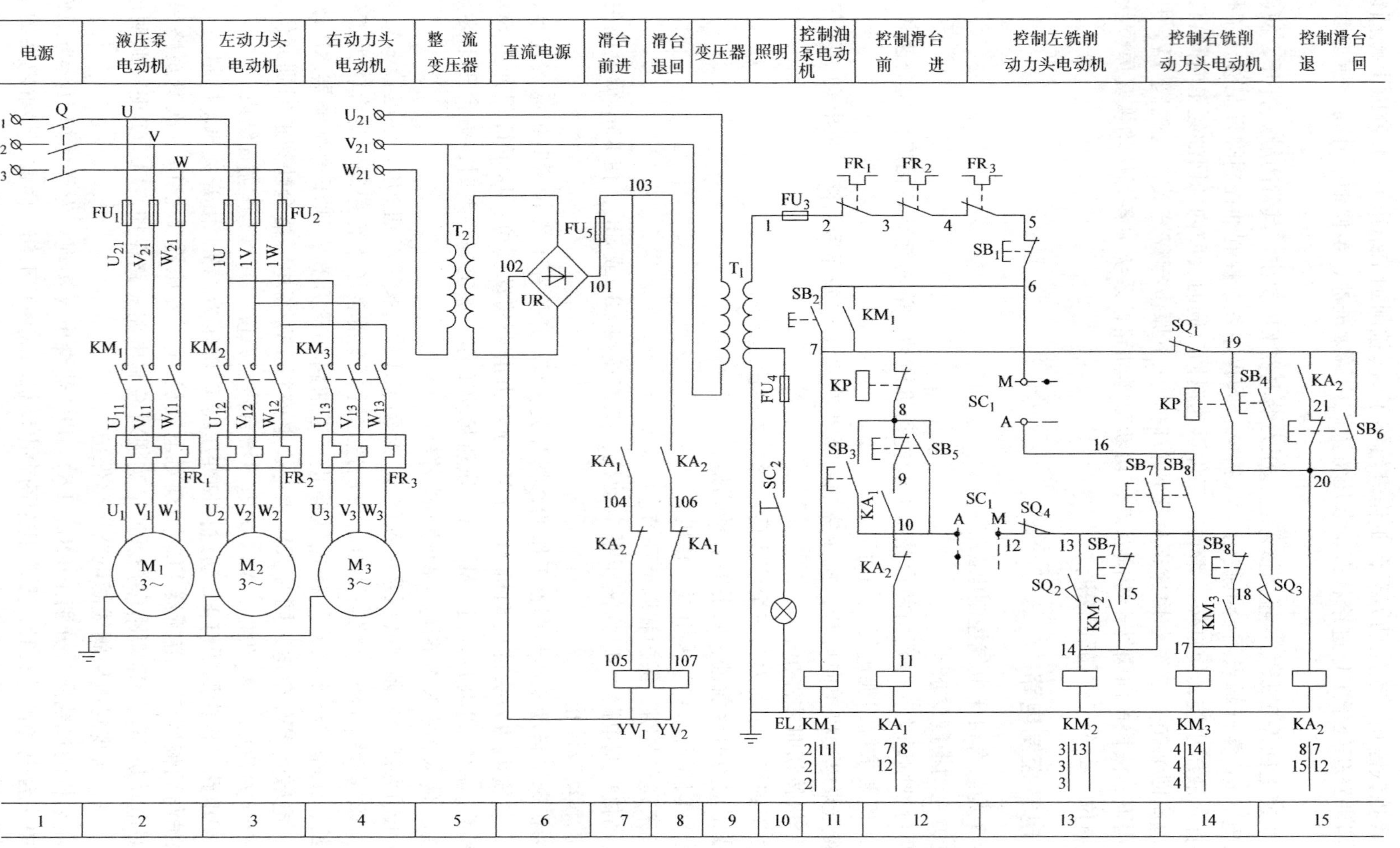

图 3-17 组合机床电气控制电路

组合机床是由通用部件和专用部件组成。组合机床在整机的安装、调试过程中，希望各部件能灵活方便地进行单独调试，而不影响其他部件。因此，控制电路应具有对自动加工与调整工作状态的控制作用。

左、右动力头调整点动对刀时，通过操作转换开关 SC_1 于调整位置 M，分别按下按钮 SB_7、SB_8 实现左、右动力头点动对刀的调整。

液压动力滑台前进、后退的调整是将 SC_1 开关置于 M 位置，切断 KM_2、KM_3 线圈电路，使滑台移动到 SQ_2、SQ_3 位置时，左、右铣削动力头不应起动工作。按下点动按钮 SB_5、SB_6，分别使 KA_1、KA_2 得电，获得滑台前进与后退的点动调整工作。

*第六节　起重机电气控制

一、概述

起重机械设备广泛应用于工矿企业、车站、港口、仓库及建筑工地等场所。它用于提升或放下重物，在短距离内将重物作水平移动，以及完成各种繁重运输任务，减轻人们的体力劳动，是现代化生产中不可缺少的设备。

起重机俗称天车、行车、吊车等。根据使用场所不同。起重机的结构、形式也不同，有桥式起重机、塔式起重机、门式起重机、旋转起重机及绳索起重机等。其中以桥式起重机具有一定的典型性和广泛性。本节着重介绍桥式起重机。

1. 桥式起重机主要结构与运动方式　桥式起重机结构总体示意图见图 3-18。

大车(桥架)安装在沿车间长度方向铺设的轨道上，桥架横跨车间，并可沿轨道顺车间长度方向来回水平移动。

小车安装在大车桥架的轨道上，并能沿车间宽度方向水平移动。

提升机构是一个安装在小车上的绞车，钢绳一端固定在小车上，另一端带有吊钩、抓斗、夹钳、起重电磁铁等取物装置，重物在起重机的搬运过程中可作任何方向移动。

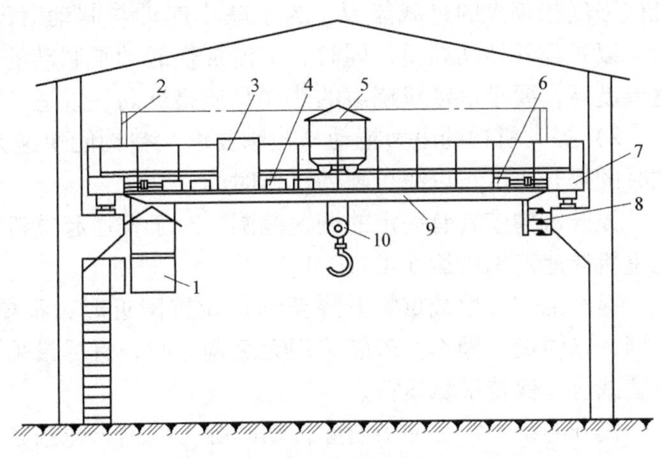

图 3-18　桥式起重机结构示意图

1—驾驶室　2—辅助滑线架　3—控制盘　4—电阻箱　5—起重小车　6—大车拖动电动机　7—端梁　8—主滑线　9—主梁　10—吊具

2. 桥式起重机主要技术参数　桥式起重机应用广泛，为了节省设计与制造的困难，起重机的主要部件及控制设备均已标准化，由起重机生产厂家按不同工作要求生产出各种类型、标准规格的起重机。选购起重机应根据工作要求按以下参数选购。

(1) 起重量　小型为 5~10t，中型为 10~15t，重型为 50t 以上。

（2）工作类型

轻级：起重机停歇时间较长，工作次数少，很少满负载工作，适用于装配、修理车间等场所。

中级：起重机经常处于不同负载下工作，工作次数中等，适用于机械工厂中金工车间等场所。

重级：起重机经常处于满负载情况下工作，工作次数频繁，常用于建筑工地等场所。

特重级：起重机基本上处于满负载情况下工作，工作次数更频繁，环境温度高，常用于冶金生产车间。

（3）跨度　跨度是指起重机主梁两端车轮中心线间的距离，常用起重机的跨度有10.5m、13.5m、16.5m、19.5m、22.5m、25.5m、28.5m和31.5m等规格。

（4）提升高度　提升高度是指起重机吊具的上、下极限位置之间的距离。常用起重机的提升高度有12m、16m、12/14m、12/18m、16/18m、19/21m、20/22m、21/23m、22/26m、24/26m等，其中分子为主钩提升高度，分母为副钩提升高度。

（5）运行和提升速度　大车运行速度为100~135m/min，小车运行速度为40~60m/min。提升机构取物装置上升的最大速度为30m/min，具体依货物性质和重量而定。

3. 起重机电气控制的要求和特点

1）起重机的工作条件十分恶劣，经常处于多粉尘、高湿、高温及工作负载经常变化的短时重复工作制。因此，要选用为起重机而设计的专用电动机，有交流异步电动机JZR（绕线型）及JZ（笼型）两种。直流电动机有ZZK及ZZ两种。起重机专用的电动机应具有较高的机械强度和较大的过载能力，为了减小起动与制动时的能量损耗，电动机的电枢做成细长形，以减小其转动惯量，同时，又能加快起动与制动的过渡过程。由于电动机工作频繁，电枢温度高，要求电动机绕组的热能品质指标高，以适应其工作要求。

2）提升机构的电力拖动与控制要求。空钩能快速升降，轻载的提升速度应大于额定负载时的提升速度，以减少辅助工作时间。

提升机构应具有一定的调速范围，对于普通起重机的调速范围一般为3∶1，要求较高的起重机调速范围可达5∶1~10∶1。

提升工作开始或重物下降至预定位置附近时，都要求低速，在30%额定速度内应分为几挡，以便灵活操作。若能采用无级调速时，宜尽量采用无级调速。高速向低速过渡时应能连续减速，保持平稳运行。

提升的第一级是为了消除传动间隙，使钢丝绳张紧，以避免过大的机械冲击，起动转矩不应太大，一般限制在小于1/2额定转矩之内。

物体下降时，拖动电动机能产生电动的或制动的转矩，且能自动地进行转换。

为确保设备和人身安全，采用电气和电磁机械双重制动，不但要减少机械抱闸的磨损，还可防止因电源停电而使重物自由下落的事故发生。

3）大车、小车的移行机构，只要求具有一定的调速范围和分几挡控制。起动的第一级也应具有消除传动机构间隙的作用。为了起动平稳和准确停车，要求能实现恒加速和恒减速控制。停车应采用电气和电磁机械双重制动。

4）制动器是保证起重机能否安全工作的重要部件。制动器的种类很多，其工作情况基本相同，要求电动机通电时，制动电磁铁也通电，闸靴松开，电动机旋转。当电动机停止工作时，制动电磁铁同时失电，闸轮紧抱在制动轮上，达到断电制动的目的。

起重机上的电磁铁分直流和交流两类，交流电磁铁的线圈可以接成星形或三角形，与电动机定子并联。每一类电磁铁从结构上又分为长行程和短行程两种，长行程电磁铁适用于要求较大制动转矩的提升机构上。短行程电磁铁则适用于要求制动的转矩较小的大车和小车的传动机构中。

交流电磁铁的接通次数与它的行程长短、牵引力的大小有关。当电磁铁刚通电时，起始气隙大，冲击电流大，可达额定电流的 10~20 倍。因此，在实际工作中，若要增加接通次数，必须调小最大行程，以降低冲击电流，否则线圈温升会超过允许值。对于采用直流供电的电磁铁，其线圈匝数多，电感量大，动作时间长，因此影响动作速度。若采用线圈匝数少的电磁铁，其线圈串接于电动机电枢回路上，线圈电感小，动作快，但它的吸力受电动机负载电流大小的影响，很不稳定，所以它只适用于负载变化较小的大车与小车运行机构中。

起重机的制动器，除了采用电磁铁式制动器外，还有液力推杆式制动器，其特点是动作平稳，接通次数较高，但其结构复杂。我国生产的起重机多采用电磁式制动器。

5）起重机的供电方式。起重机工作时是经常移动的，故不能采用固定连接的供电方式。常用的供电方法，一种是用软电缆供电，起重机移动时，软电缆也随着伸展与叠卷，此种供电方法仅适用小型起重机。另一种供电方法是采用滑线和集电器（电刷）传送电能。滑线一般采用圆钢、角钢或轻轨做成。接上车间低压供电电源，沿车间长度方向敷设的滑线为主滑线，通过集电器将主滑线上的电能引入到大车上的保护框内，为安装在大车上的电控设备供电。对于小车和提升机构的电动机及其他电器的用电，则由沿大车桥架敷设的辅助滑线和小车上装置的集电器来完成。

二、15/3T 中级桥式起重机电气控制

15/3T 中级桥式起重机电气控制电路见图 3-19。该起重机有两个卷场机构，主钩起重量为 15T，副钩起重量为 3T。电路由两大部分组成。凸轮控制器控制大车、小车、主副钩等五台电动机的电路；用 GQR-GECDD 型保护柜保护五台电动机正常工作的保护控制电路。

1. 主电路　M_1 为主钩拖动电动机，由 QM_1（用 KT14-60J/1 型）凸轮控制器操纵。M_2 为副钩拖动电动机，由 QM_2（用 KT14-25J/1 型）凸轮控制器操纵。M_3 为小车移行机构拖动电动机，由 QM_3（用 KT14-25J/1 型）凸轮控制器操纵。M_4、M_5 为大车移行机构拖动电动机，采用两台电动机驱动主动轮，具有自重轻，安装和维修方便等优点。目前国内生产的桥式起重机的大车大多采用两台电动机驱动方式，但两台电动机应选用同一型号，且应用同一型号控制器控制以实现其同步工作。它们由 QM_4（用 KT14-25J/2 型）凸轮控制器操纵。为了能同时控制两台电动机，其换接转子的电阻触点应有两套可以同时切换两台转子的电阻。为了减少转子电阻的段数及控制转子电阻的触点数，均应采用凸轮控制器，控制绕线转子电动机转子串接的不对称电阻，且又能实现可逆运转的对称控制电路。

图中 YB_1、YB_2、YB_3、YB_4、YB_5 为制动电磁铁线圈，分别与 M_1、M_2、M_3、M_4、M_5 五台电动机定子绕组并接，以实现通电松闸、断电抱闸的制动作用。

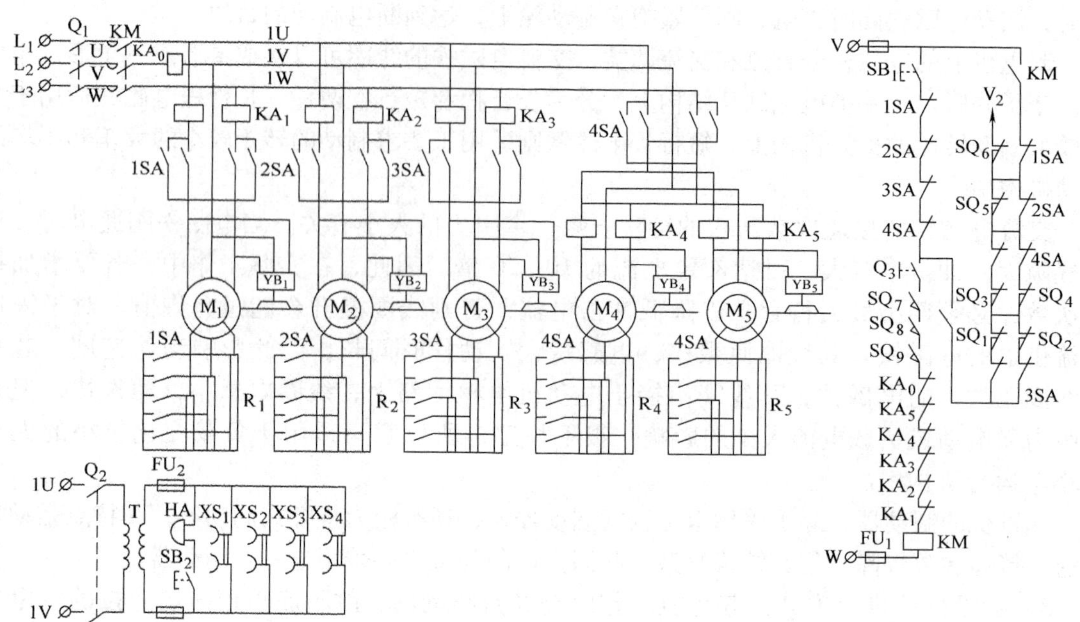

主卷扬凸轮控制器1SA触点闭合表

下		降			零位	上			升	
5	4	3	2	1	0	1	2	3	4	5
						+	+	+	+	+
+	+	+	+	+						
						+	+	+	+	+
+	+	+	+	+						
+	+	+	+	+		+	+	+	+	+
+	+	+	+	+		+	+	+	+	+
+	+	+	+				+	+	+	+
+	+	+						+	+	+
+	+								+	+
+										+
+										+
					+	+	+	+	+	+
+	+	+	+	+	+					
					+					

大车凸轮控制器4SA触点闭合表

向		后			零位	向		前			向		后			零位	向		前		
5	4	3	2	1	0	1	2	3	4	5	5	4	3	2	1	0	1	2	3	4	5
						+	+	+	+	+						+					
+	+	+	+	+												+	+	+	+	+	+
						+	+	+	+	+	+	+	+	+	+	+					
+	+	+	+	+							+	+	+	+				+	+	+	+
+	+	+	+				+	+	+	+	+	+	+						+	+	+
+	+	+						+	+	+	+	+								+	+
+	+								+	+	+										+
+										+	+										+
+										+											

副卷扬、小车凸轮控制器2SA、3SA触点闭合表

向		左			零位	向		右			向		左			零位	向		右		
5	4	3	2	1	0	1	2	3	4	5	5	4	3	2	1	0	1	2	3	4	5
					+	+	+	+	+	+						+					
+	+	+	+	+	+						+	+	+	+				+	+	+	+
						+	+	+	+	+	+	+	+						+	+	+
+	+	+	+	+							+	+								+	+
						+	+	+	+	+	+										+
+	+	+	+	+							+										+

图3-19　15/3T(中级)桥式起重机电气控制电路

图中 R_1、R_2、R_3、R_4、R_5 分别为五台电动机转子的串接电阻，常采用RQ系列铸铁片式电阻箱。

2. 控制保护电路　起重机要安全可靠地工作，对电气控制电路要求具有完善的保护和联锁环节。对于用凸轮控制器操纵的机构，其控制系统一般通过保护箱(或保护柜)来实现。

保护箱由刀开关、接触器、过电流继电器、熔断器、变压器等电器元件组成。

由图 3-19 中看出，刀开关 Q_1 为总电源开关，KM 为线路接触器，从主电路中分析，只有它接通后，操纵各凸轮控制器各台电动机才能工作，否则无法工作。过电流继电器 KA 为各传动机构拖动电动机的过电流继电器，用以实现短路和过载保护。熔断器 FU_1 实现接触器线圈控制电路的短路保护。FU_2 实现照明、电铃等电路的短路保护。

从电路图中还可看出，KM 线圈控制电路中 Q_3 为紧急开关，用于紧急事故情况下断开电源，使各拖动机构均停止工作。SQ_7 为舱口门开关。SQ_8、SQ_9 为大车架上横梁门开关，只有在驾驶室与大车架上舱口门关好，才允许 KM 线圈得电，接通电源，实现安全门保护。1SA、2SA、3SA、4SA 分别为主卷扬机构、副卷扬机构、小车、大车凸轮控制器的零位触点，实现零位保护。终端开关 SQ_1、SQ_2 与小车 3SA 凸轮控制器的限位保护触点串并联，实现小车的终端限位保护。而 SQ_3、SQ_4 与大车 4SA 凸轮控制器的限位保护触点串并联，实现大车的终端限位保护。SQ_5 与 2SA 并联实现副卷扬机构上升限位保护。SQ_6 为实现主卷扬机构上升限位保护。1SA、2SA 为主、副卷扬机构下降通路。SQ_6 一端接 V_2 滑线上是为了节省滑线，同时主副卷扬机构下降至地面，可不设限位保护。SB_1 为起动按钮。

开关 Q_2 控制 TC 变压器提供安全照明和电铃电源。SB_2 为控制电铃 HA 的按钮，XS_1 ~ XS_4 为供接插手提灯、电风扇等的插座。

起重机上常用的过电流继电器有 JL_5、JL_{12}与 JL_{15}系列，其中 JL_5 与 JL_{15}系列为瞬动元件，只作起重机电动机的短路保护。JL_{12}系列过电流继电器有两个线圈串接于电动机定子绕组的两相电路中，线圈中各有可吸上的衔铁，当流过线圈的电流超过一定值时，衔铁吸上，顶住微动开关使其动作，实现过电流保护。由于该衔铁置于阻尼剂（201—100 甲基硅油）中，当衔铁在电磁吸力作用下向上运动时，必须克服阻尼剂的阻力，所以只能缓缓向上移动，直至推动微动开关动作。正因为有硅油的阻尼作用，继电器才具有反时限的保护特性，同时也防止了电动机起动时由于起动电流较大引起的误动作。

但是硅油的粘度受周围环境温度的影响，使用时应根据环境温度调整衔铁上下位置，以达到反时限特性的要求。

3. 起重机构电路的工作过程　现以主卷扬机构提升重物为例分析起重机电路工作过程。首先合上电源开关 Q_1，操作凸轮控制器 1SA~4SA 手柄于零位，接通零位触点，紧急开关 Q_3 合上，各过电流继电器 KA_0 ~ KA_5 常闭触点闭合，按下起动按钮 SB_1，线路接触器 KM 线圈得电，主触点接通主电路，常开辅助触点与各运行机构终端限位保护的行程开关及凸轮控制器的限位保护联锁触点串联形成自锁回路，KM 一直处于接通状态，此时操作主卷扬凸轮控制器 1SA，于上升 1 位置，1SA 零位触点断开，而 $1SA_1$、$1SA_3$ 触点接通电动机 M_1 的两相电源，另一相直接接在接触器主触点上。电动机 M_1 定子绕组接正序电源，同时 YB_1 得电松闸，主卷扬机构电动机转子串入全部电阻，电动机正转，卷扬机构开始提升。若要加快提升速度，可操作 1SA 于上升 2 至 5 位置，即可获得不同提升速度。提升到位，将 1SA 扳回零位，电动机停转。若提升到极限位置撞开 SQ_6，则 KM 自锁回路切断，KM 线圈断电，切断总电源，主卷扬机构停转。此时，应将 1SA 手柄板回到零位，重新按下起动按钮 SB_1，使 KM 重新得电。若要卷扬机构下降，操作手柄于下降位置方可进行工作。其他各运行机构的工作情况类同不再叙述。

第七节　机床电气控制电路的故障及处理

机床或机械设备在运行中要受到各种各样因素的影响，会出现许多不正常现象，即故障，造成生产不安全或无法正常生产。

机床电路的故障一般有两种情况。一种表现出明显的外表特征且容易发现的故障，如电机、电器元件的过热、冒烟、打火、发出焦糊味、有响声、运动部件卡住等现象；另一种是没有外表特征较隐蔽的故障，主要是控制电路的故障，线路越复杂，故障几率越多。造成这两方面故障的主要原因有以下几点：过载、绝缘击穿或短路、调整不当机械动作失灵、动静铁心端面有异物、触头接触不良、接线松脱、小零件损坏以及操作不当等等。

故障分析方法：

要使机床少出故障，加强日常维护保养和定期检修是不可少的，出了故障处理方法与步骤有以下几种。

首先要调查研究，向操作者了解故障的现象，如有否异常声音、气味、打火、冒烟、发热。通过看、听、摸等手段来判断外表看得出的故障点。其次，在外表现象无法确定故障点时，应根据电气线路原理图并结合故障现象来分析和确定故障的范围，是主电路还是控制电路，或信号灯不亮、照明灯不亮，或某些不能正常工作的特殊环节，如平面磨床的电磁吸盘没有吸力等，能较快的判断出故障点，以便检修。要想快速、准确地判断故障原因，作为电气技术人员除了熟练掌握机床电气控制原理外，还要熟悉机床的结构、液压、气动等系统的工作情况，才能正确而迅速地找出并排除故障，保证设备尽快地恢复正常运行。

查找故障点的方法：

1）外表检查，对故障所在范围内的有关电器，通过外表检查确定故障点。

2）根据电路控制原理，按正常步骤操作各环节，确定其工作是否正常，判断问题是出在主电路、控制电路还是特定环节，以便进一步确定故障范围和故障点。

3）利用电工测量仪表对电路进行电阻、电压、电流等参数的测定，进一步确定故障点。

4）在电路方面查找不出原因时，应注意检查是否有液压、气动或机械等方面的故障原因。

机床故障检查、检修过程中应注意以下几点：

1）明确故障点后即可动手修复的应立即修复，如热继电器动作，让其复位后继续工作。对于造成热继电器动作，还要进一步查找产生动作的原因，是过载还是整定值不符，还是其他什么问题，待消除后方可投入正常工作。

2）修复工作应尽量恢复原样，避免出现新的故障。

3）通电试运行时，应和操作者密切配合，确保人身和设备安全。

4）排除了故障投入正常运行后，应做好维修记录，及时总结经验，提高工作水平。

下面以图 3-12 X6132 铣床为例分析电气故障和排除方法，见表 3-5。

表 3-5　X6132 铣床电气故障原因和排除方法

故障现象	故障原因	排除方法
M_1 电动机无法起动	1. 主电路方面 （1）三相电源电压不正常 （2）FU_1 熔断器熔体熔断 （3）KM_1 主触点接触不良 （4）SC_5 开关触点接触不良 （5）FR_1 有断相 （6）M_1 绕组断相，三相接点松脱 （7）从电源进线到电机端各接点松脱或连接线断线 2. KM_1 接触器无法吸合 （1）FU_1 熔断 （2）FU_4 熔断 （3）T_1 变压器绕组断线 （4）SQ_7 常闭点接触不好 （5）SB_3、SB_4 接触不好 （6）SB_1、SB_2 接触不好 （7）SC_2 常闭触点接触不良 （8）KM_1 线圈断线 （9）FR_1、FR_2 常闭触点接触不良 （10）KM_1 线圈回路各接点接触不良或连接线断线	（1）用万用表检测三相电源电压，若电源正常再测从电源进线直到电动机端点，判断哪点有故障，加以排除 （2）用万用表电阻档检测各电器及其接点有否断路现象，并排除 （3）检测电动机本身有否断线，若断线则换电机，若松脱则接牢线端 （4）若各电器触点接触不良，则处理触点使其接触良好 （5）各熔体有熔断时应换熔体 （6）更换损坏的器件
主轴电机无法制动	（1）T_3 变压器有断线 （2）UR 整流器有断线 （3）FU_2、FU_3 熔丝熔断 （4）SC_{2-1}、SB_3、SB_4 常开触点接触不好 （5）YC_1 线圈断线 （6）YC_1 供电回路各接点有松脱或断线	（1）检查各器件有否断线，若有更换 （2）检查各接点接触情况及连接线有否松脱，若有将其接牢 （3）FU_2、FU_3 熔丝更换 （4）检查各连接线有否断线予以更换
工作台右、前、下无法工作，其他方向均正常	1. SQ_1、SQ_3 常开接触不良 2. 接点(29—31)之间有断线或松脱	1. 修整 SQ_1、SQ_3 触点 2. 更换断线或拧紧接点
工作台无法实现冲动，其他工作正常	1. SQ_{6-1} 触点接触不良 2. 接点(17—31)之间有断线或松脱	1. 修整 SQ_6 触点 2. 更换断线或拧紧接点
工作台无法实现快速移动，进给工作正常	1. KM_2 不吸合 （1）SB_5、SB_6 触点接触不好 （2）KM_2 线圈断线或松脱 （3）接点(9—13—8)之间有断线或松脱 2. KM_2 吸合，YC_3 不动作，YC_3 线圈断线，或接点松脱或 YC_3 供电回路各电器有损坏 3. 机械传动链问题	1. 修复触点，拧紧接点，更换接线 2. 更换器件 3. 查找机械故障

（续）

故障现象	故障原因	排除方法
M_1、M_2 电机工作正常，M_3 电机无法工作	（1）FR_3 常闭触点打开 （2）KM_1(9-15)接触不好 （3）KM_3、KM_4 线圈断线 （4）KM_3、KM_4 线圈回路中各开关、接点有松脱，接触不好 （5）FR_3 热元件烧断 （6）KM_3、KM_4 主触点接触不好 （7）M_3 电机绕组断线，接点松脱 （8）M_3 主回路中各连接线有断线或接点松脱	（1）检查 FR_3，检查排除动作原因，排除故障后复位，或调整整定值 （2）检查 KM_3、KM_4 线圈若断线给予更换 （3）FR_3 热元件烧断更换 （4）M_3 绕组断线，维修或更换电机 （5）各开关元件有损坏更换 （6）各连接线有断线更换，各接点松脱应拧紧

机床的种类很多，其电气故障也是多种多样的，有时一种故障现象其造成的原因又是多方面的，要根据具体情况具体分析，故障现象不管怎么变化。只要我们掌握好机床电气工作原理，熟悉其工作情况，任何现象都可以通过认真仔细的检查、分析，终归能迎刃而解。

思考题与习题

3-1　CM6132 卧式车床控制电路中 M_1、M_2、M_3 三台电动机各起什么作用？它们由哪些控制环节组成？

3-2　简述 CM6132 卧式车床的主轴电动机停机时的电路工作过程。

3-3　分析 CM6132 卧式车床电路中中间继电器 KA 的作用是什么？

3-4　分析 CM6132 卧式车床电路中主轴电动机反向工作，停机时呈自然停机是何原因？

3-5　见图 3-3 CW6136A 型卧式车床电气控制电路

（1）叙述电动机 M_1 有几种工作状态。

（2）M_1 电动机反向高速工作时，应如何操作有关电器，处于什么状态？并写出电路工作过程。

3-6　简述 M7140 平面磨床，进行磨削加工时应如何操作有关电器？

3-7　M7140 平面磨床电磁吸盘线圈为什么要采用直流供电？

3-8　M7140 平面磨床电气控制电路中利用哪些电器实现什么保护？

3-9　分析 M7140 平面磨床电气控制电路中 SC_2 处于“励磁”位置，此时开动砂轮电动机和液压泵电动机均无法工作是何原因？

3-10　简述 Z3040 摇臂钻床电气控制电路中，摇臂要下降一定位置有哪几台电动机工作？并叙述电路工作过程。

3-11　分析 Z3040 摇臂钻床电路中，时间继电器 KT 各触点的作用。

3-12　分析 Z3040 摇臂钻床电路中，行程开关 SQ_1、SQ_2、SQ_3 及 SQ_4 的作用。

3-13　Z3040 摇臂钻床，在电气大修后发现三根电源进线相序改变了，此时若操作各按钮，机床各运动部件将出现什么现象？

3-14　X6132 铣床电气控制电路由哪些基本环节组成？

3-15　简述 X6132 铣床主轴变速冲动时电路工作过程。

3-16　指出 X6132 铣床工作台作向左进给运动时进给电动机的工作状态，及其控制电路的工作过程。

3-17　X6132 铣床工作台要快速移动时，应如何操作有关电器？

3-18　X6132 铣床作圆工作台加工时，电路中有关电器应处于什么状态？

3-19　X6132 铣床工作台变速冲动时，应如何操作，有关的主令电器应处于什么状态？

3-20　讨论 X6132 铣床电气控制电路中，通过哪些电器实现什么联锁？

3-21　分析 X6132 铣床电气控制电路中，出现下列故障现象的原因？

1）主轴电动机停机时，发现主轴没制动。

2）工作台无法实现向前、向下进给运动。

3）工作台无法实现向左进给运动。

4）工作台无法实现快速移动。

3-22　分析图 3-13 X52K 立式铣床与图 3-12 X6132 卧式铣床电气控制电路中哪些控制环节相同，哪些控制环节不同。

3-23　简述图 3-13 X52K 立式铣床电气控制电路中，工作台在主轴不工作时，要向左快速移动的电路工作情况。

3-24　简述图 X52K 立式铣床电路。主轴 M_1 电动机停转时发现无制动，试分析其故障原因。

3-25　分析图 3-17 组合机床电气控制电路中，行程开关 SQ_1、SQ_2、SQ_3 及 SQ_4 的作用。

3-26　图 3-17 组合机床电气控制电路中，若不用 SC_1 开关有什么不妥？

3-27　15/3t 桥式起重机电气控制电路中，通过哪些电器实现什么保护？

3-28　叙述副钩于上升 5 位置时，提升电路的工作过程，并画出电动机工作的机械特性曲线。

3-29　安装 15/3t 桥式起重机电气控制电路中，总共采用几根滑线？

第四章　可编程序控制器(PLC)原理与应用

随着工业生产自动化程度不断更新、发展，对控制技术提出了更高要求，原有的继电-接触器控制装置，不能做到随时、灵活、方便的更改设计和安装来实现每次的改型、提高生产效率、加工精度而方便可靠地实现工业生产自动化水平。

20世纪70年代以来，在继电-接触器控制技术和计算机控制技术的基础上，发展起来的一种新型工业自动控制设备—可编程序控制器(PLC)。它可以取代传统的继电-接触器控制系统，实现逻辑控制、顺序控制、定时、计数等各种功能。大型高档PLC还能像微型计算机那样进行数字运算、数据处理、模拟量调节，以及联网、通信等功能。PLC已广泛应用于冶金、采矿、建材、石油、化工、汽车、电力、造纸、纺织、机械制造、装卸、环境保护等各行各业。它与数控机床、工业机器人并称为加工业自动化的三大支柱。

第一节　概　　述

一、PLC的由来

上世纪60年代末，计算机技术已开始应用到工业控制，但由于计算机技术复杂，编成很不方便，价格十分昂贵，未能广泛应用于工业控制。美国最大的汽车制造商—通用汽车公司，为了适应汽车型号不断更新，想寻找一种控制方法，尽可能减少重新设计继电-接触器控制系统和接线，缩短时间，降低成本，而考虑把计算机的完备功能、灵活性与通用性等优点和继电-接触器控制系统的简单易懂、操作方便、价格便宜等优点结合起来，做成一种通用控制装置，并把计算机的编成方法和程序输入加以简化，面向控制过程，面向问题进行编程，使得不熟悉计算机的人也能方便使用，对新设置的控制装置提出以下要求：可靠性要高于继电-接触器控制系统；编程简单，并可在现场进行修改程序；维修方便；结构最好是插件式；可将数据直接送入管理计算机；体积要小于继电-接触器控制装置；成本上可与继电-接触器控制装置竞争；用户程序存储器容量要足够大，且可以扩展，在扩展时，原有系统只需很小变更；输入、输出电源电压只要适应一般控制装置要求，无需特殊环节；有足够的输出功率能直接驱动电磁器件。

一年后，美国数字设备DEC公司率先研制出第一台满足要求的控制装置，并在通用汽车公司的装配线上试用获得成功诞生了工业控制系统装置——PLC。这种新技术从此便迅速发展起来。

二、PLC的发展过程

从第一台PLC诞生，经过几十年的发展，世界各国相继研制了各种各具特色的产品，现已发展到第四代。各代PLC的特点与应用范围见表4-1。

表 4-1　各代 PLC 的特点与应用范围

年　份	功 能 特 点	应 用 范 围
第一代 1969~1972	逻辑运算、定时、计数、中小规模集成电路 CPU，磁芯存储器	取代继电器控制
第二代 1973~1975	增加算术运算、数据处理功能，初步形成系列。可靠性进一步提高	能同时完成逻辑控制，模拟量控制
第三代 1976~1983	增加复杂数值运算和数据处理，远程 I/O 和通信功能，采用大规模集成电路，微处理器，加强自诊断、容错技术	适应大型复杂控制系统控制需要并用于联网、通信、监控等场合
第四代 1983~至今	高速大容量多功能，采用 32 位微处理器，编程语言多样化，通信能力进一步完善，智能化功能模块齐全	构成分级网络控制系统，实现图像动态过程监控，模拟网络资源共享

目前，为了适应大中小型企业的不同需要，扩大 PLC 在工业自动化领域的应用范围，PLC 朝着以下两个方向发展：低档的 PLC 向小型化、简易、廉价方向发展使之能更加广泛地取代继电-接触器控制；中高档的 PLC 向大型、高速、多功能方向发展，使之能取代工业控制机的部分功能，对复杂系统进行综合性自动控制。

自从 1969 年第一台 PLC 问世以来，各国相继研究了各自产品，主要有美国的 A-B(Allen-Breadley)、GE(General Electric)，日本的三菱电机(Mitsubshi Electric)、欧姆龙(OMRON)，德国的 AEG、西门子(Siemens)，法国的 TE(Telemecanique)等公司。我国不少科研单位和工厂也在研制和生产 PLC。有辽宁无线电二厂引进德国西门子技术生产 S1-101U、S5-115U 系列 PLC，无锡华光电子公司生产的 SR-20、SU-516、SG-8 系列的 PLC。上海香岛机电制造公司生产的 ACMY-S 系列 PLC 等。

三、PLC 的功能

PLC 具有逻辑运算功能、定时计数功能、能完成步进控制功能、还具有“模数”转换(A/D)和“数模”转换(D/A)功能，能完成对模拟量的控制与调节，具有数据处理能力及并行运算指令，能进行数据并行传送、比较和逻辑运算 BCD 码的加、减、乘、除等运算，还能进行字“与”、字“或”、字“异或”、求反、逻辑移位、算术移位、数据检索、比较及数制转换等操作。通信与联网功能，还有较强的监控功能，它能记忆某些异常情况，或当发生异常情况时自动终止运行。随着科学技术的不断发展，PLC 的功能也会不断拓宽和增强。

四、PLC 的主要特点

1. 抗干扰能力强，可靠性高　工业生产一般对控制设备的可靠性有很高的要求，要求能够在恶劣的环境中可靠地工作，控制设备应具有很强的抗干扰能力。PLC 是专门为工业控制设计的在设计和制造过程中采取了多层次抗干扰的硬、软件(屏蔽、滤波、隔离等)措施，它能在恶劣的工业环境(如电磁干扰、电源电压波动、机械振动、温度变化等)中可靠地工作。一般平均无故障间隔时间达到 5~10 万 h，有的产品无故障间隔时间长达 30 万 h。PLC 控制装置由无触点的电子线路来替代大量的开关动作，用软件程序替代了继电-接触器间的繁杂连线，即方便灵活又提高了工作的可靠性。主机的输入、输出电源互相独立，避免了电源间的干扰，同时输入、输出采用光电隔离又提高了抗干扰能力。

2. 通用性强　灵活性高　由于 PLC 是采用软件编程来实现控制功能，对同一控制对象，当控制要求改变控制系统的功能时，不必改变它的硬件设备，只需改编相应软件程序。用于控制不同对象时，也只是输入和输出设备不同，应用软件不同。同一档次，不同机型的功能也能方便地相互转换，具有很好的通用性。

由于 PLC 用程序替代布线，在改变生产工艺流程，调整控制方案时，只要用编程器在线或离线修改用户程序，就能变更控制功能，而继电-接触器控制装置，一经布线安装就不能改变，若要改变控制方案则必须重新设计、重新安装、重新布线，需费很大人力物力，并要很长时间，而 PLC 则只需几分钟就可完成，具有很高的灵活性。

3. 编程简单，易于掌握，使用维护方便　目前 PLC 大多数采用与继电-接触器原理图相类似的形象梯形图。它清晰直观，语言编程方式易于掌握只要具有一定电工和工艺知识，就可以在短时间内掌握应用。

PLC 具有故障检测自诊断功能，能及时地查出自身的故障并报警显示，使操作人员能迅速地检查判断，排除故障。由于 PLC 接口电路一般为模块式，并可以带电插拔输入、输出模块，并具有较强的在线编程能力，维护十分方便，大大缩短了故障修复时间。

4. 丰富的 I/O 接口　PLC 除了具有计算机的基本部分，如 CPU、存储器等以外，为了连接不同的工业现场信号（如交流、直流、电压、电流、开关量、模拟量、脉冲等），与工业现场的器件或设备（如按钮、行程开关、接近开关、传感器及变换器、电磁线圈、电动机起动器、控制阀等）还采用大量的 I/O 接口模块。另外有些 PLC 还有通信模块、特殊功能模块等。

5. 接点利用率高　继电-接触器控制系统中，一个继电器件只能提供几个接点，用于连线，而在 PLC 中，一个输入中的开关量或程序中的一个“线圈”，可提供所需要的任意个连锁接点，即接点在程序中可不受限制地使用。

6. 调试方便　快速动作　继电-接触器控制系统，调试只能在现场进行，而 PLC 能在实验室内进行功能调试，缩短现场调试时间。

传统继电-接触器接点的响应时间一般要几百毫秒，而 PLC 里接点反映快，内部是微秒级的，外部是毫秒级的。

7. 控制系统结构简单、体积小、质量轻、功耗低　图 4-1 是继电-接触器控制系统与 PLC 控制系统构成示意图。

从图中看出二者控制系统构成基本宽架相同，而 PLC 是以存储程序控制器替代庞大的继电-接触器控

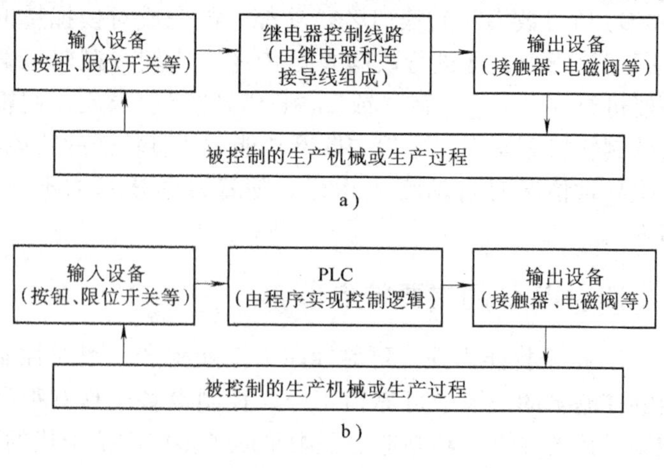

图　4-1
a）继电器接触器控制系统　b）PLC 控制系统

制系统的器件与连接导线，同时其输入输出直接连接在I/O端，模块化组合结构，系统结构简单。

PLC采用了半导体集成电路，外形尺寸小、重量轻、功耗很低，空载功耗约1.2W。一台仅有收入机大小的PLC具有相当于3个1.8m高的继电-接触器控制柜的功能。

五、PLC的分类

PLC的产品很多，型号规格也不统一。通常按以下三种情况分类：

1. 按结构形式分类　按结构形式分为整体式和模块式两种。

整体式PLC是将其电源、中央处理器、输入、输出部件等集中配置在一起，有的甚至全部安装在一块印刷电路板上结构紧凑、体积小、质量小、价格低、I/O点数固定，使用不灵活，多用于小型机。

模块式PLC是将各部件以模块形式分开。如电源模块，CPU模块，输入模板，输出模板等，然后将各模板插入机架底版上，组装在一个机架内。结构配置灵活，装配方便，便于扩展。中、大型机采用此类结构。

2. 按I/O点数和存储容量分类　I/O点数和存储容量分类见表4-2。

表4-2　按I/O点数和存储容量分类

I/O点数	265点以下	265~2048点	2048点以上
用户程序存储量	2K字以下	2~10K字	10K字以上
适用机型	小型	中型	大型

3. 按功能分类　按PLC的功能不同又可分为低、中、高档三种，其主要功能和应用场合见表4-3。

表4-3　按PLC的功能分类

分　类	主要功能	应用场合
低档机	具有逻辑运算、定时、计数、移位、及自诊断、监控等基本功能。有些还有少量模拟量I/O功能和算术运算等功能	开关量控制、定时、计数控制、顺序控制等场合，有模拟量I/O功能的低档PLC应用更广
中档机	除具有上述低档机的功能外，还具有较强的模拟量I/O功能、算术运算、数据比较、数据传送，以及远程I/O通信联网等功能	适于既有开关量又有模拟量的较为复杂的控制系统，如过程控制、位置控制等
高档机	除具有一般中低档机的功能外，还具有较强的数据处理功能和模拟调节、特殊功能函数运算、监视、记录、打印等功能，以及更强的通信联网功能，能进行中断控制、智能控制、过程控制等	可用于大规模的过程控制，构成分布式控制系统，形成整个工厂的自动化网络

根据以上所述各类PLC的基本性能见表4-4。

表 4-4　各类 PLC 基本性能表

性　能	小　型	中　型	大　型
I/O 能力	少于 256 点	256～2048 点	多于 2048 点
CPU	单 CPU 8 位处理器	双 CPU 8 位字处理器和位处理器	多 CPU 16 位字处理器，位处理器和浮点处理器
扫描速度	20～60ms/KB	5～20ms/KB	1.5～5ms/KB
存储器	0.5～2KB	2～64KB	64～上兆字节
智能 I/O	无	有	有
连网能力	差	较强	强
指令及功能	逻辑运算	逻辑运算	逻辑运算
	计时器 8～64 个	计时器 64～128 个	计时器 128～512 个以上
	计数器 8～64 个	计数器 64～128 个	计数器 128～512 个以上
	标志位 8～64 个其中 1/2 可记忆	标志位 64～2048 个其中 1/2 可记忆	标志位 2048 个以上其中 1/2 可记忆
	具有寄存器和触发器功能	具有寄存器和触发器功能	具有寄存器和触发器功能
		算术运算、比较、数制转换、三角函数、开方、乘方、微分、积分、中断	算术运算、比较、数制转换、三角函数、开方、乘方、微分、积分、PID、实时中断，过程监控
	模拟量处理， 算术运算 数据传送	可完成既有开关量又有模拟量控制的任务	还具有模拟调节联网通信，记录，打印
编程语言	梯形图	梯形图、流程图、语句表	梯形图、流程图、语句表图形语言，BASIC 等高级语言

第二节　PLC 系统的组成

PLC 系统主要由硬件系统和软件系统组成。

图 4-2 是 PLC 系统结构示意图。

一、PLC 的硬件系统

PLC 系统的硬件主要由 CPU、存储器、输入、输出模块、I/O 接口、I/O 扩展机、电源模块及各种外围设备组成。

1. CPU　CPU 是 PLC 的核心组成部分，包括运算器和控制器，是 PLC 的控制运算中心。它按照 PLC 中系统程序所赋予的功能，主要完成两部分工作，一是对系统本身进行自动管理：诊断电源，检查 PLC 内部电路工作状态，编程过程中的语法错误等。二是监控输入、输出设备的状态，处理和运行用户程序，即以扫描的方式，不断采集和处理现场输入设备的状态或数据，作出逻辑判断，刷新系统的输出，实现输出控制，制表打印或数据通信等外部功能。

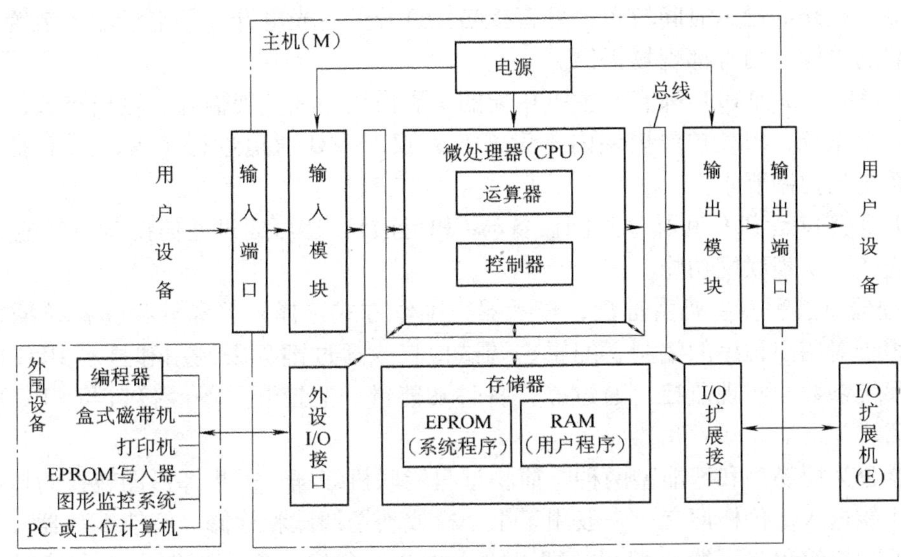

图4-2　PLC硬件结构简化框图

PLC中常用的CPU有：通用微处理器(如Z80、8086、80386等)，单片微处理器(如8039、8051、8096等)、位片式微处理器(如AM2901、AM2903、AMD29W等)。小型的CPU大多用8位通用微处理器和单片微处理器芯片，中型CPU大多用16位通用微处理器和单片微处理器芯片，大型CPU用高速位片式微处理器芯片。

2. 存储器　PLC配有两种存储器，系统程序存储器和用户程序存储器。系统程序存储器主要用来存放系统的管理和监控程序，对用户程序作编译处理的程序，以及PLC内部的各种状态参数，是一种只读存储器，由生产厂家提供，并固化在ROM、PROM、EEPROM中，用户无法更改或调用。用户存储器是一种可进行读/写操作的随机存储器RAM，用于存放用户根据生产过程和按工艺要求编制的应用程序或用户数据，并可通过编程器输入或随意修改用户程序。用户程序存储器通常以字(16bit)为单位表示存储容量。PLC产品资料中所指存储器的容量是指用户程序存储器容量。常用的存储器有CMOSRAM、EPROM、EEPROM，信息外存常采用盒式磁带和磁盘等。为防止掉电时不丢失存储的各种信息，采用锂电池或用大电容作后备电源。

3. 输入/输出模块(I/O模块)I/O扩展机　I/O模块是CPU与现场用户设备I/O之间联系的部件。输入模块，用以接收和采集外部信号，(开关量如按钮、开关、数字拨码盘开关；模拟量由电位器、传感器、变送器等)，并将其转换成CPU能接受和处理的数据。输出模块则是将CPU输出的控制信息转换成外部设备所需要的控制信号去驱动控制对象(如接触器、电磁阀、调节阀、调速装置、指示灯等)。

PLC提供有各种操作电平和驱动能力的I/O模块和各种用途的I/O功能模块。如输入/输出电平转换、电气隔离、串/并行变换、数据传送、数码校验、A/D或D/A变换，以及其他功能模块等。I/O模块一般都通过光电隔离和滤波，把PLC和外部电路隔开，提高PLC的抗干扰能力。各I/O点的通断状态用发光二极管显示。外部接线接在模块面板的接线端子上或用可拆卸的插座型端子板上，不需要断开外部连线，可迅速更换模块。输入回路的电源。交流输入方式适合于在有油雾、粉尘的恶劣环境下使用，输入电压有110V、220V两种。直流输入电路的延迟时间较短，可直接与接近开关、光电开关等电子输入装置连接。输出驱动负载的电源，由外部现场提供。

I/O 扩展机，每种 PLC 都有与主机相配的扩展模块用来扩展输入、输出点数，根据控制要求灵活组合系统，PLC 扩展模块内不设 CPU，仅对 I/O 通道进行扩展，它不能脱离主机独立实现系统的控制要求。

外设 I/O 接口是 PLC 和其他外围设备与 CPU 连接，还可通过通信接口与其他 PLC 或上位计算机连接，实现联网功能。

4. 编程器　编程器主要由键盘、显示器、工作方式选择开关和外存储器接插口等部件组成。它用于对用户程序的编制、编辑、调试检查或通过键盘去调用和显示 PLC 内部的一些状态和系统参数，实现监控。通过操作各种功能键、监控开关等经接口与 CPU 联系，完成人机对话。

编程器分为简易型和智能型两种。简易型只能联机编程，需将梯形图转换为机器语言助记符号后才能送入，价格便宜，一般用于小型机或现场调试和检修。智能编程器又称图形编程器，它可联机编程又可脱机编程，即可输入指令表程序，又可直接生成和编辑梯形图程序，具有 LCD 或 CRT 图形显示功能，通过屏幕对话，使用方便直观，但价格较高。

PLC 现场工作时，可以不需要编程器，一般只在程序输入和检修时使用，因此，一台编程器可供多台 PLC 享用。

5. 其他外围设备　根据系统软件控制需要，通过自身的专用通信接口，连接其他外围设备，如盒式磁带机、EPROM 写入器、打印机、图形监控器等。

6. 电源　PLC 使用的电源可以是交流电压 110/220V，也可以是直流电压 24V。对电源的稳定度要求不高，其内部配有稳压电源，有些型号的 PLC 还可向外部传感器(接近开关、光电开关等)，提供 24V 直流电源。

二、PLC 的软件系统

PLC 的软件系统由系统程序和用户程序组成。

1. 系统程序　PLC 的系统程序有三种类型

(1) 系统管理程序　由它决定系统的工作节拍，包括 PLC 运行管理(各种操作的时间分配安排)、存储空间管理(生成用户数据区)和系统自诊断管理(如电源、系统出错、程序语法、句法检验等)。

(2) 用户程序编辑和指令解译程序　编辑程序能将编程语言变为机器语言，以便 CPU 操作运行。

(3) 标准子程序与调用管理程序　为提高运行速度，在程序执行中某些信息处理(如 I/O 处理)或特殊运算等是通过调用标准子程序来完成的。

2. 用户程序　PLC 备有多种多样的编程语言，供用户根据系统配置和控制要求，编辑用户程序。不同的 PLC 厂家，不同系列 PLC 采用的编程语言也不尽相同。常用的编程语言有梯形图、语句表(指令表)、功能表图等。

(1) 梯形图　梯形图是 PLC 应用最广，最受电气工程技术人员欢迎的一种编程语言，它与继电-接触器原理图相似，设计思路基本一致，容易转化，具有形象、直观、实用的特点。见图 4-3a、b。

梯形图是将PLC的内部元素(软继电器)的触点和线圈的内部接线由编程器送入的程序来实现。亦称为软接线。

(2) 语句表　语句表又叫做指令表，它是用指令的助记符，并按程序执行顺序逐句编写成语句表，或指令表程序。指令表和梯形图完成同样控制功能，两者存在一定对应关系，如图4-3。不同的PLC厂家使用的助记符也不相同，所以同一梯形图写成对应的语句表也不尽相同。

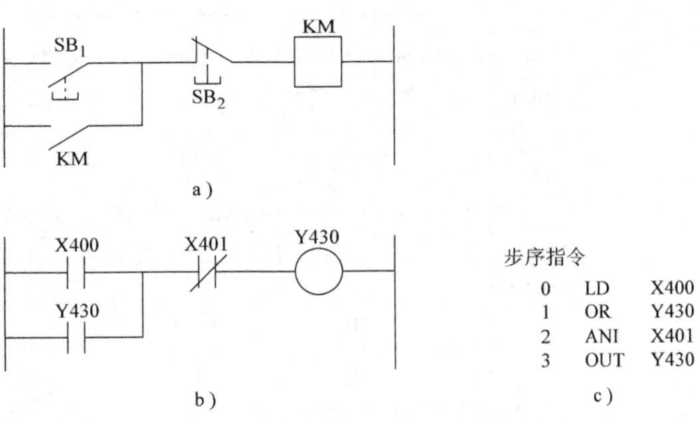

图4-3　PLC的编程语言比较

a) 电气原理图　b) 梯形图　c) 语句表

(3) 功能表图　功能表图又称为状态转换图，用来表达一个顺序控制的过程。它将一个完整的控制过程分成若干个状态，各状态具有不同动作，状态间有一定的转换条件，条件满足则状态转换，上一个状态结束则下一个状态开始。

(4) 高级语言　为了增加PLC的运算功能和数据处理能力，方便用户，大中型PLC已利用高级语言来编程，如BASIC、C语言等。

上述几种编程语言中，最常用的是梯形图和语句表。

三、PLC主机中各类继电器的地址编号及作用

不同厂家生产的不同型号PLC其主机内部的作用原理可以按功能不同，用各类继电器来等效，各继电器的地址编号也各不相同，不过它们在产品使用说明书中均有提供内部继电器的地址编号表，供用户编制程序时使用。

下面以ACMY-S256型PLC进行介绍。

ACMY-S256型PLC主机中各类继电器地址编号及结构示意图见图4-4。

1. 各类继电器的地址编号　ACMY-S256型PLC其内部继电器按地址编号，继电器地址是由四位十进制数据来表示的。

继电器号从左到右的第一位为各种继电器的识别号，第一、二位为通道号，各类继电器的识别及通道号见表4-5。

每一通道16个内部继电器(16点)可任意选用。

继电器号以第三、四位为某一通道内的继电器号(00~15)。

单用主机时，输入为32点，输出为24点。输入继电器选用10~11通道，输入继电器号的分配为1000~1015、1100~1115，共32点；输出继电器选用20~21通道，输出继电器号的分配为2000~2015、2100~2107，共24点。

主机带扩展Ⅰ时，输入为64点、输出为48点，输入继电器选用10~13通道，输入继电器号的分配为1000~1315，共64点；输出继电器选用20~23通道，输出继电器号的分配为2000~2107、2200~2307，共48点。

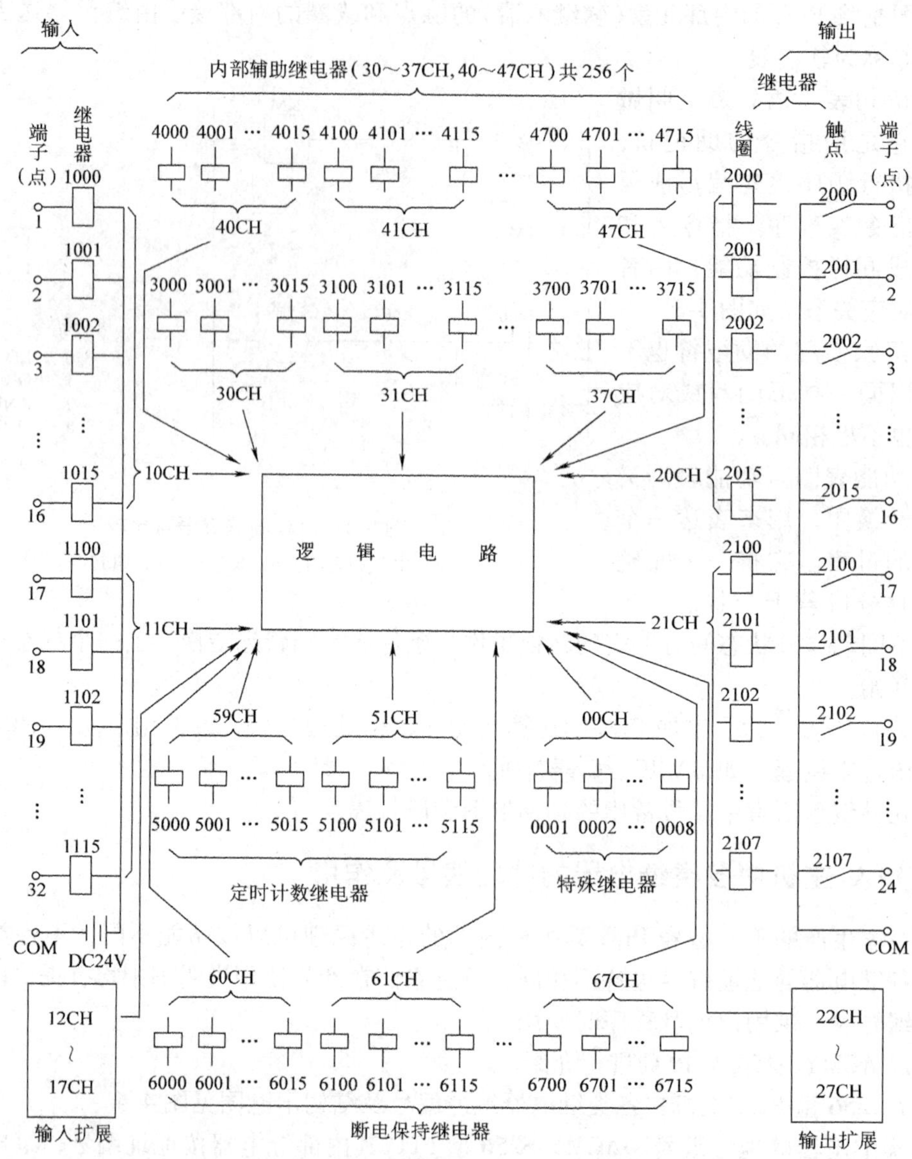

图 4-4　ACMY-S256 主机中各类继电器示意图

表 4-5　继电器的识别号及通道号

继电器类型	识 别 号	通 道 号
特殊继电器	0	00
输入继电器	1	10～17
输出继电器	2	20～27
辅助继电器	3	30～37
	4	40～47
延时/计数继电器	5	50～52
断电保持继电器	6	60～67

若用户特殊需要订购40点或32点主机，则输入、输出继电器编号为：

40点：输入继电器号的分配为1000~1107，共24点；

输出继电器号的分配为2000~2015，共16点。

32点：输入继电器号的分配为1000~1015，共16点；

输出继电器号的分配为2000~2015，共16点。

延时继电器和计数继电器的识别号和通道号相同，但二者之间不得重号使用。例如延时继电器用5000号，则计数继电器就不能再用5000号。

ACMY-S256主机中各类继电器地址编号见表4-6~表4-11。

2. 主机各继电器的作用　ACMY-S256主机中有输入继电器、输出继电器，它们与外部用户输入设备和输出设备直接连接。此外，还有一些内部继电器，它们不直接控制外围设备，而是作为控制其他继电器使用的。这些继电器是：辅助继电器、延时继电器、特殊继电器、断电保持继电器等。

表4-6　输入继电器区域(共128点)

名　称		继电器地址通道							
	范围	10CH	11CH	12CH	13CH	14CH	15CH	16CH	17CH
输入继电器	1000~1715	00	00	00	00	00	00	00	00
		01	01	01	01	01	01	01	01
		02	02	02	02	02	02	02	02
		03	03	03	03	03	03	03	03
		04	04	04	04	04	04	04	04
		05	05	05	05	05	05	05	05
		06	06	06	06	06	06	06	06
		07	07	07	07	07	07	07	07
		08	08	08	08	08	08	08	08
		09	09	09	09	09	09	09	09
		10	10	10	10	10	10	10	10
		11	11	11	11	11	11	11	11
		12	12	12	12	12	12	12	12
		13	13	13	13	13	13	13	13
		14	14	14	14	14	14	14	14
		15	15	15	15	15	15	15	15
		主机		扩Ⅰ		扩Ⅱ		扩Ⅲ	

表 4-7　输出继电器区域(共 128 点)

名　称		继电器地址通道							
	范　围	20CH	21CH	22CH	23CH	24CH	25CH	26CH	27CH
输出继电器	2000~2715	00	00	00	00	00	00	00	00
		01	01	01	01	01	01	01	01
		02	02	02	02	02	02	02	02
		03	03	03	03	03	03	03	03
		04	04	04	04	04	04	04	04
		05	05	05	05	05	05	05	05
		06	06	06	06	06	06	06	06
		07	07	07	07	07	07	07	07
		08	(08)	08	(08)	08	(08)	08	(08)
		09	(09)	09	(09)	09	(09)	09	(09)
		10	(10)	10	(10)	10	(10)	10	(10)
		11	(11)	11	(11)	11	(11)	11	(11)
		12	(12)	12	(12)	12	(12)	12	(12)
		13	(13)	13	(13)	13	(13)	13	(13)
		14	(14)	14	(14)	14	(14)	14	(14)
		15	(15)	15	(15)	15	(15)	15	(15)
		主机		扩Ⅰ		扩Ⅱ		扩Ⅲ	

注：( )中是扩Ⅳ和扩Ⅴ的输出点。
扩Ⅳ是 2108~2115，2308~2315，共 16 点。
扩Ⅴ是 2508~2515，2708~2715，共 16 点。

表 4-8　内部辅助继电器区域(共 256 点)

名　称		继电器地址通道							
	范　围	30CH	31CH	32CH	33CH	34CH	35CH	36CH	37CH
内部继电器	3000~3715	00	00	00	00	00	00	00	00
		01	01	01	01	01	01	01	01
		02	02	02	02	02	02	02	02
		03	03	03	03	03	03	03	03
		04	04	04	04	04	04	04	04
		05	05	05	05	05	05	05	05
		06	06	06	06	06	06	06	06
		07	07	07	07	07	07	07	07
		08	08	08	08	08	08	08	08
		09	09	09	09	09	09	09	09
		10	10	10	10	10	10	10	10
		11	11	11	11	11	11	11	11
		12	12	12	12	12	12	12	12
		13	13	13	13	13	13	13	13
		14	14	14	14	14	14	14	14
		15	15	15	15	15	15	15	15

表 4-9　内部辅助继电器区域(共 256 点)

名　称		继电器地址通道							
	范　　围	40CH	41CH	42CH	43CH	44CH	45CH	46CH	47CH
内部继电器	4000~4715	00	00	00	00	00	00	00	00
		01	01	01	01	01	01	01	01
		02	02	02	02	02	02	02	02
		03	03	03	03	03	03	03	03
		04	04	04	04	04	04	04	04
		05	05	05	05	05	05	05	05
		06	06	06	06	06	06	06	06
		07	07	07	07	07	07	07	07
		08	08	08	08	08	08	08	08
		09	09	09	09	09	09	09	09
		10	10	10	10	10	10	10	10
		11	11	11	11	11	11	11	11
		12	12	12	12	12	12	12	12
		13	13	13	13	13	13	13	13
		14	14	14	14	14	14	14	14
		15	15	15	15	15	15	15	15

表 4-10　延时/计数继电器区域(共 48 点)

名　称		继电器地址通道							
	范　　围	50CH	51CH	52CH					
延时计数继电器	5000~5215	00	00	00					
		01	01	01					
		02	02	02					
		03	03	03					
		04	04	04					
		05	05	05					
		06	06	06					
		07	07	07					
		08	08	08					
		09	09	09					
		10	10	10					
		11	11	11					
		12	12	12					
		13	13	13					
		14	14	14					
		15	15	15					

注：此区域为 TIM CNT 共用，二者之间不得重号使用，52CH 共用 16 点是用户以外置方式设置计时、计数。

表 4-11　断电保持继电器区域(共 128 点)

名　称		继电器地址通道							
	范　围	60CH	61CH	62CH	63CH	64CH	65CH	66CH	67CH
断电保持继电器	6000~6715	00	00	00	00	00	00	00	00
		01	01	01	01	01	01	01	01
		02	02	02	02	02	02	02	02
		03	03	03	03	03	03	03	03
		04	04	04	04	04	04	04	04
		05	05	05	05	05	05	05	05
		06	06	06	06	06	06	06	06
		07	07	07	07	07	07	07	07
		08	08	08	08	08	08	08	08
		09	09	09	09	09	09	09	09
		10	10	10	10	10	10	10	10
		11	11	11	11	11	11	11	11
		12	12	12	12	12	12	12	12
		13	13	13	13	13	13	13	13
		14	14	14	14	14	14	14	14
		15	15	15	15	15	15	15	15

(1) 输入继电器(X)　输入继电器的作用是供 PLC 接收外部输入信号。其电路见图 4-5，其中图 4-5a 是 PLC 输入的实际电路结构图，它有 32 个输入单元 X_{00} ~ X_{31}，对应有 32 个输入端 00~31(即 32 个输入点)。现以 X_{00} 单元为例说明其电路的工作情况，当输入端 00 接收到按钮接通的信号时，光敏二极管 VD_1、VD_2 导通。VD_2 作输入信号指示用，在 VD_1 发光的激励下，光敏晶体管 VT 导通，驱动内部电路接通或断开。这里 VD_1、VT 的导通相当于继电器线圈接通；内部电路的通断相当于继电器触点的通断，R、C 构成输入滤波电路。因此，每个输入单元电路都可以等效成一个输入继电器，其等效电路见图 4-5b。

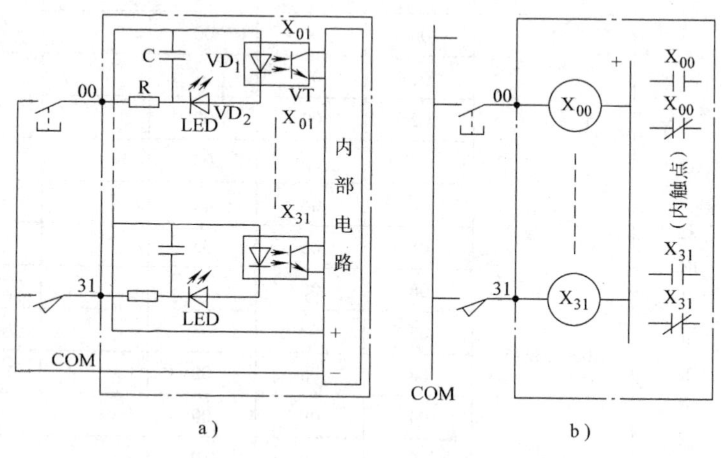

图 4-5　输入继电器电路

a) 实际电路结构图　b) 等效电路图

由图 4-5b 可见，输入继电器的线圈连接到输入端。它具有多对常开触点和常闭触点，这些触点可在 PLC 内选择使用。输入继电器只能由外部输入信号驱动，而不能由 PLC 内任何继电器触点来驱动。

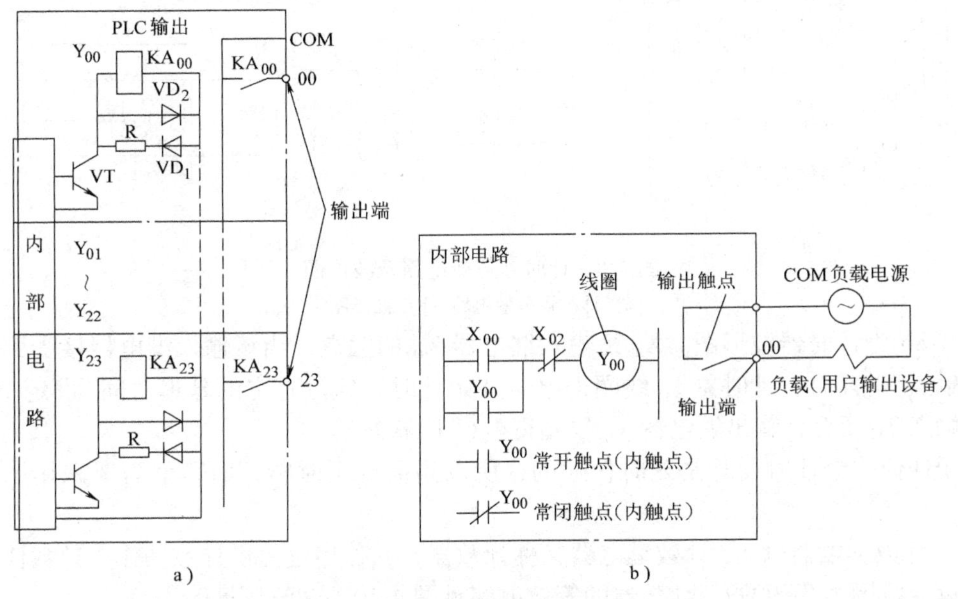

图 4-6　输出继电器电路

a）实际电路结构图　b）等效电路

（2）输出继电器(Y)　输出继电器的作用是将 PLC 的输出信号传给外部负载。其电路见图 4-6，其中图 4-6a 是 PLC 输出的实际电路结构图。它有 24 个输出单元 Y_{00} ~ Y_{23}，对应有 24 个输出端 00~23(即 24 个输出点)。现以 Y_{00} 单元为例说明其电路的工作情况。当晶体管 VT 基极接收内部电路的信号时，VT 导通随之光敏二极管 VD_1 导通(VD_1 作输出信号指示用)，继电器 KA_{00} 线圈接通，其输出常开触点 KA_{00} 闭合，可以接通外部负载电路，这里输出单元 Y_{00} 作为一个输出继电器，其等效电路见图 4-6b。由图可见，输出继电器的输出触点连接到输出端，它还具有多对常开触点和常闭触点，这些触点可在 PLC 内选择使用。输出继电器的工作是根据程序的执行情况而定。

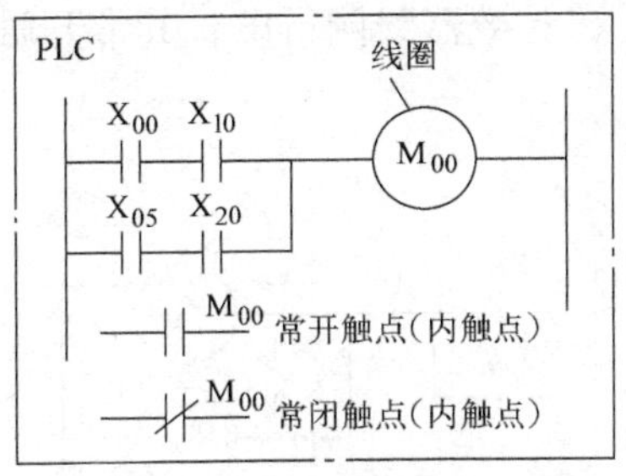

图 4-7　辅助继电器等效电路

（3）辅助继电器(M)　辅助继电器又称中间继电器，在 PLC 内起传递信号的作用。它也是由集成电路构成，其等效电路见图 4-7。

辅助继电器的线圈由 PLC 内各元素的触点来驱动，它与输出继电器线圈的驱动方式相同。

辅助继电器具有多对常开触点与常闭触点，这些触点可以在 PLC 内选择使用。但是，外部负载不能由这些触点直接驱动，它可由 PLC 内部继电器驱动。

（4）延时继电器(T)　延时继电器又称计时器，其作用是提供延时操作。延迟时间程序设定，设定范围为 0~999.9s。计时器由集成电路组成，其等效电路见图 4-8a。计时器的线圈由 PLC 内各元素的触点来驱动。它具有多对常开触点和常闭触点，这些触点可以在 PLC

内选择使用。

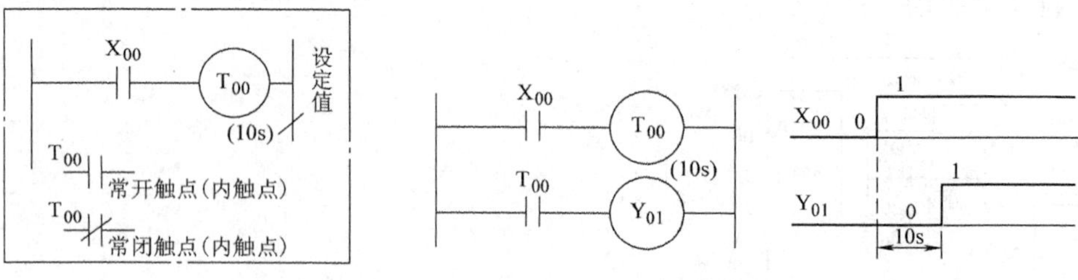

图 4-8 计时器等效电路及波形图

a) 计时器等效电路 b) 波形图

图 4-8b 为计时器波形图。X_{00}是输入继电器 X_{00}的触点，当该输入继电器接受到输入信号后，触点 X_{00}闭合，计时器 T_{00}线圈得电，开始计时。经过整定的延迟时间(设定 10s)后，其常开触点 T_{00}闭合，输出继电器 Y_{01}线圈得电("1"状态)。

由于任何一个计时器都是延时接通的，所以当需要延时断开时，就需要采用图 4-9 的电路。

(5) 计数继电器(C) 计数继电器又称计数器，其作用是提供计数操作，计数值由程序设定，设定范围为 0~9999。计数器的等效电路见图 4-10。其波形见图 4-11。

计数器有一个脉冲输入端，它接受触点 X_{10}送入的脉冲信号(触点 X_{10}由断开到闭合,即由"0"状态到"1"状态,每变换一次,输入一个脉冲信号)。当送入的脉冲数达到设定的计数值时，计数器线圈得电，其常开触点闭合，常闭触点断开。

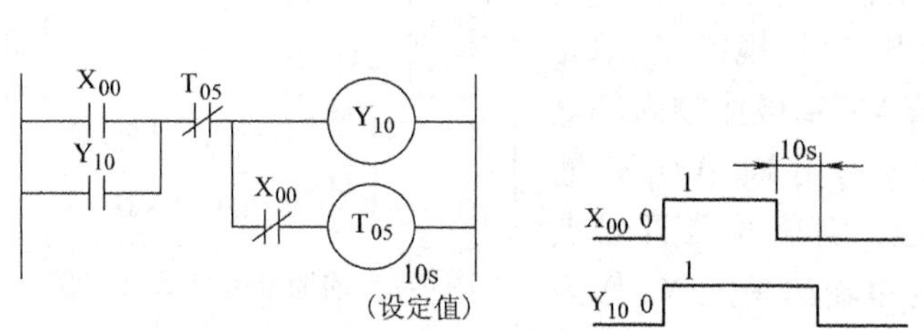

图 4-9 延时断开的计时器的电路及波形

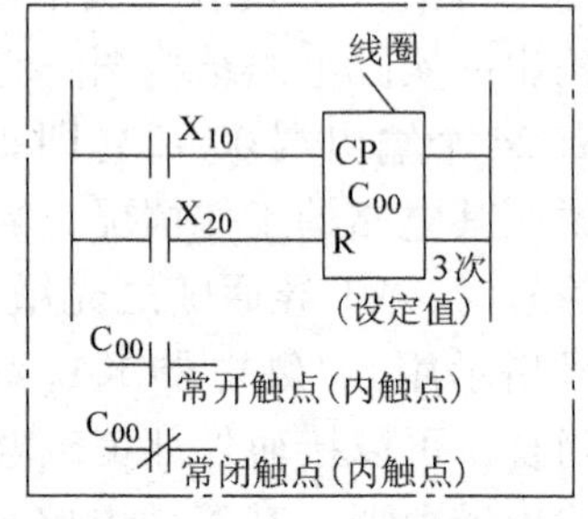

图 4-10 计数器等效电路

计数器有一个清零端 R。当 R 端上的触点 X_{20}接通时，输入清零信号，使计数器清零，线圈失电，触点复位。

图 4-11 为计数器电路及波形图，设定计数值为 3。当触点 X_{10}由断开到闭合经过三次变化，即送入三个脉冲信号后，计数器动作，其常开触点 C_{00}闭合，使输出继电器 Y_{00}线圈得电("1"状态)。当触点 X_{20}接通("1"状态)时，计数器接受清

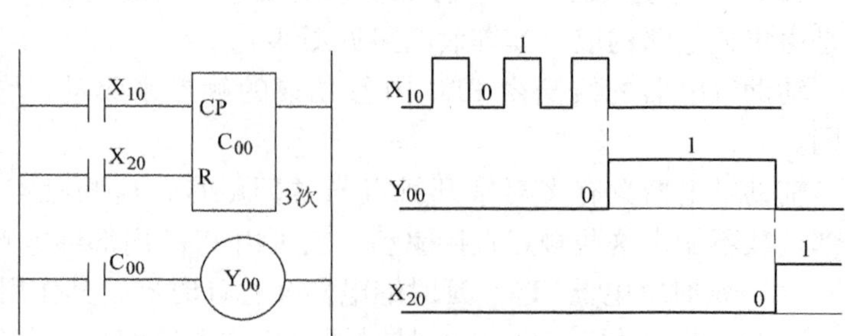

图 4-11 计数器电路及波形

零信号，其常开触点断开，使输出继电器 Y_{00}线圈断电(“0”状态)。

(6) 特殊继电器(M)　特殊继电器和辅助继电器都用同一符号 M 来表示，但编号不同，可以由编号加以区别。特殊继电器是提供特殊用途的继电器。ACMY-S256 内设有以下八种用途的特殊继电器:

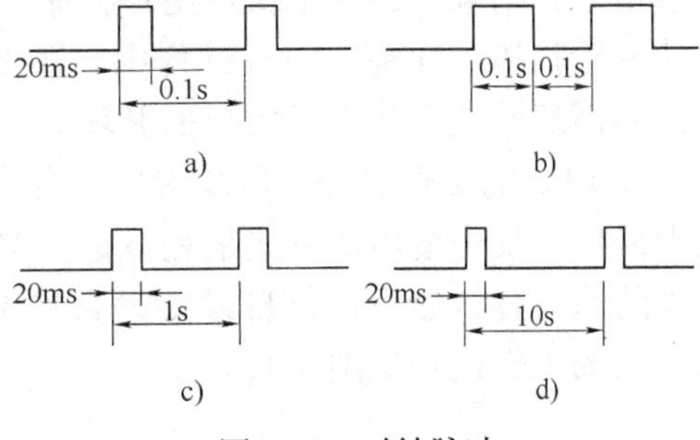

图 4-12　时钟脉冲

a) 0. 1s 时钟脉冲　b) 0. 2s 时钟脉冲

c) 1s 时钟脉冲　d) 10s 时钟脉冲

1) 继电器 0001。它能提供周期为 0. 1s 的时钟脉冲，见图 4-12a。

2) 继电器 0002。它能提供周期为 0. 2s 的时钟脉冲，见图 4-12b。

3) 继电器 0003。它能提供周期为 1s 的时钟脉冲，见图 4-12c。

4) 继电器 0004。它能提供周期为 10s 的时钟脉冲，见图 4-12d。

5) 继电器 0005。运行开始时发出一个负单脉冲，见图 4-13a。

6) 继电器 0006。运行开始时发出一个正脉冲，见图 4-13b。

7) 继电器 0007。运行开始接通(0007 继电器得电)。

8) 继电器 0008。全部输出禁止。如果程序中该继电器工作，则全部输出继电器将被自动切断，但是，其他继电器将继续工作。

(7) 断电保持继电器(M)　断电保持继电器也用(M)表示，但可用编号区别。断电保持继电器供 PLC 在停电时保持数据使用。例如，在编程序时，没有使用该继电器，PLC 在运行过程中停电，此时输出继电器和其他辅助继电器全部失电。在这种情况下，当来电后 PLC 恢复工作时，除去已闭合的输入条件外，其他条件不能保持。有些控制对象需要保持停电前的条件，就利用断电保持继电器维持存储的数据，以便在 PLC 恢复供电工作时继续执行中断的工作程序。

在图 4-14 中，如果触点 X_{10}接通，去驱动 M_{00}，使其断电保持继电器 M_{00}的常开触点闭合，使 M_{00}在自保状态，即由停电引起 X_{10}断电时 M_{00}可以始终保持着停电前的状态，直至电源恢复。

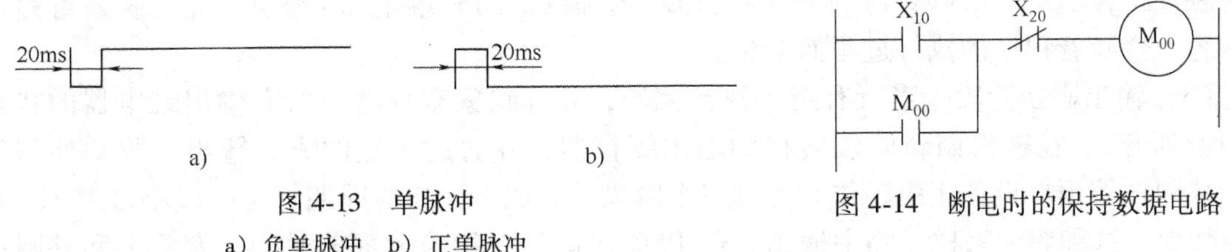

图 4-13　单脉冲

a) 负单脉冲　b) 正单脉冲

图 4-14　断电时的保持数据电路

四、PLC 的工作原理

1. PLC 的工作方式　PLC 采用的是周期性循环扫描的工作方式。用户首先根据控制要求编制好程序，然后输入到 PLC 的用户程序存储器中。指令在存储器中按步序号顺序排列。

PLC 运行工作时，CPU 对用户程序作周期性循环扫描，在无跳转指令的情况下，CPU 从第一条指令开始顺序逐条地执行用户程序，直到用户程序结束，然后又返回第一条指令，开始新的一轮扫描。在每次扫描过程中，还要完成对输入信号的采集和对输出状态的刷新等工作，周而复始地重复上述的扫描循环。

2. PLC 的工作过程　PLC 对用户程序的执行过程是通过 CPU 的周期循环扫描，并采用集中采样、集中输出的方式来完成的。当 PLC 开始运行时，首先清除输入、输出寄存器状态表的原内容，然后进行自诊断，自检 CPU 及 I/O 组件，确认其工作正常后，开始扫描。PLC 扫描工作过程见图 4-15。

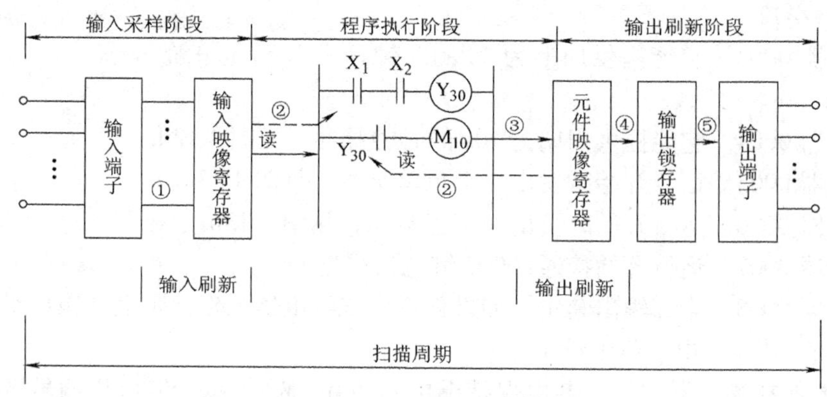

图 4-15　PLC 扫描工作过程

PLC 循环扫描分三个阶段：

(1) 输入采样阶段　首先按顺序采样所有输入端子，并将输入点的状态或输入数据存入内存中各对应的输入寄存器的状态表，即输入刷新，随即关闭输入端口。接着进入程序执行阶段。在程序执行阶段，即使输入状态有变化，输入寄存器的内容也不会改变。此时，输入状态信号变化了的状态也只能在下一个扫描周期的输入采样阶段被读入。

(2) 程序执行处理阶段　在程序执行阶段 PLC 对用户程序，即按梯形图的次序(从左到右,从上到下)顺序扫描，在扫描每一条指令时，所需的输入状态可从输入寄存器中读入，从元件映象寄存器读入当前的输出状态，然后按程序进行相应的逻辑运算，运算结果再存入元件映象寄存器中。所以对每一个元件(PLC 内部的输出软继电器)来说，元件映象寄存器的内容，会随着程序的执行过程而变化。

(3) 输出刷新阶段　当所有指令执行完毕，元件映象寄存器中所有输出继电器的状态(接通/断开)，在输出刷新阶段转存到输出锁存器，并通过一定的方式输出，驱动外部负载，控制被控用户设备相应动作。经过三个阶段，完成一个扫描周期。对一般小型 PLC，I/O 点数少，这种集中采样、集中输出，使 PLC 在运行中的绝大部分时间，实质上和外围设备是隔离的，从根本上提高了 PLC 的抗干扰能力，提高了可靠性。但由于这种周期扫描方式，在一个扫描周期中，只对输入状态采样一次，对输出刷新一次，即存在着输入/输出的滞后现象。一般 PLC 的响应延迟只有几毫秒、几十毫秒，因此对一般的工业系统来说影响不大。

第三节　PLC 控制的指令系统与编程格式

PLC 是按照用户控制要求编写的程序来进行工作的。程序的编制就是用一定的编程语言把一个控制任务描述出来，并实现控制功能。本节介绍梯形图和指令表编程。

一、梯形图

梯形图是一种图形语言，它沿用了继电器的触点、线圈、串并联等术语和图形符号，并增加了一些继电-接触器控制没有的符号。梯形图比较形象、直观、容易接受。见图 4-3b)。

梯形图有以下特点：

1）梯形图按从左到右，自上而下的顺序排列。每一个逻辑起始于左母线，然后是触点的各种连接，最后是线圈与右母线相连，整个图形呈梯形。

2）梯形图中的继电器不是继电器控制电路中的物理继电器，它实质上是存储器中的每一触发器，称为“软继电器”，相应某位触发器为“1”状态，表示该继电器线圈通电，其常开触点闭合，常闭触点断开。梯形图中继电器的线圈又是广义的，除了输出继电器，内部辅助继电器线圈外，还包括定时器、计数器、移位寄存器等。

3）梯形图中一般情况下(除有跳转指令和步进指令的程序段外)，某个编号的继电器线圈只能出现一次，而继电器触点则可无限引用。

4）输入继电器用于接收 PLC 的外部输入信号，而不能由内部其他继电器的触点驱动。因此，梯形图中只出现输入继电器的触点，而不出现输入继电器的线圈。输入继电器的触点表示相应的外部输入信号的状态。

5）PLC 在解算用户逻辑时就是按照梯形图从左到右，自上而下的先后顺序逐行进行处理，即按扫描方式顺序执行程序，因此，不存在几条并列支路的同时动作，这在设计梯形图时可以减少许多约束关系的联锁电路，从而使电路设计大大简化。

二、指令和程序的一般概念

图 4-16 为两种编程方式。图 a 是一个输出继电器 2000 的逻辑控制电路梯形图程序，图 b 是该电路的指令程序。

由此可见：

1）一个程序由若干行组成。每一行就是一条指令。每一条指令让 PLC 执行某一方面的操作功能，例如指令序号 0001 是命令 PLC 执行和常开触点 2000 并联的操作功能。全部指令的集合就称为程序。

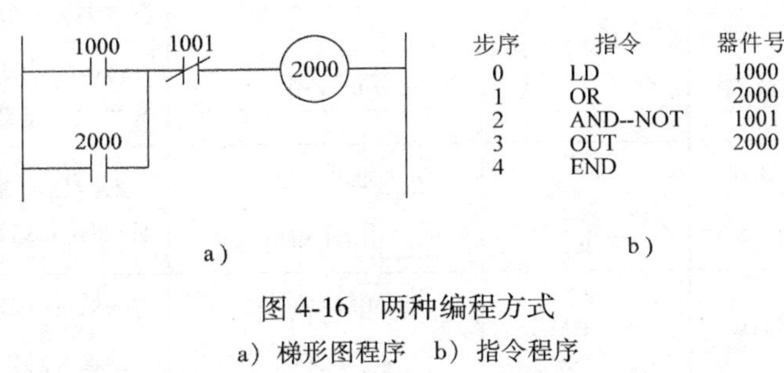

步序	指令	器件号
0	LD	1000
1	OR	2000
2	AND--NOT	1001
3	OUT	2000
4	END	

图 4-16　两种编程方式
a）梯形图程序　b）指令程序

2）每条指令由三部分组成：

第一部分为指令序号或称步序。PLC 按指令序号顺序执行各条指令 ACMY-S256 的指令序号范围为 0000~0999(程序容量为 1000 步)。

第二部分为操作码(或称指令名称)，它规定 PLC 执行某一特定的操作，0002 号的

AND-NOT 指令，它规定 PLC 执行串联一个常闭触点的操作功能。

第三部分为数据。它指明操作码的地址，即继电器的地址编号或(器件号)，也可以是定时器/计数器的预置数。

三、ACMY-S256 型 PLC 的指令及编程格式

1. 基本指令

(1) LD(load 取)指令

功能：逻辑操作开始。即将常开触点与母线联系。每一个从常开触点开始的逻辑行都使用这一指令。

(2) OUT(输出)指令

功能：输出逻辑运算结果。即把逻辑操作的结果输出到一个指定的继电器，该继电器可能是输出继电器、辅助继电器、断电保持继电器等。

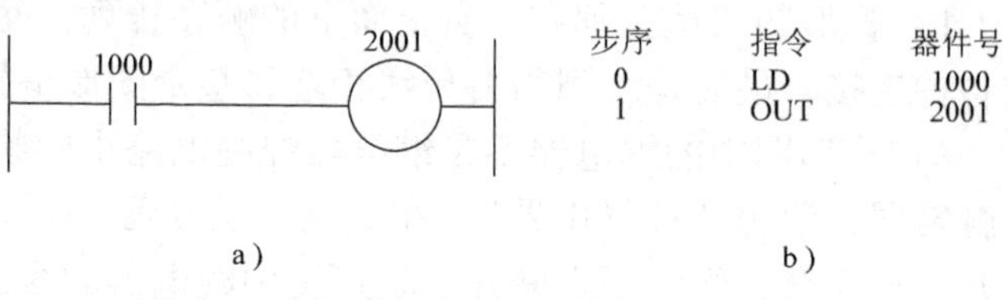

图 4-17 LD、OUT 的使用

上述两条指令的使用见图 4-17。

表 4-12 列出了 ACMY-S256 型 PLC 的 21 条指令。

表 4-12 ACMY-S256 指令一览表

指令	逻辑符号	编程操作	功能	数据类型
LD		LD 继电器号	读入逻辑行中第一个常开触点	所有继电器编号
LD-NOT		LD NOT 继电器号	读入逻辑行中第一个常闭触点	
AND		AND 继电器号	在本逻辑行中串入一个常开触点	
AND-NOT		AND NOT 继电器号	在本逻辑行中串入一个常闭触点	
OR		OR 继电器号	在本逻辑行中并入一个常开触点	
OR-NOT		OR NOT 继电器号	在本逻辑行中并入一个常闭触点	
AND-LD		ANDLD	将中间结果和前一个中间结果进行“与”运算(串联)	无数据
OR-LD		OR LD	将中间结果和前一个中间结果进行“或”运算(并联)	
OUT		OUT 继电器号	本逻辑行输出(接通继电器线圈)将逻辑运算结果取反后输出	输入、定时/计数器编号不可用
OUT-NOT		OUT NOT 继电器号		
TIM	TIM	TIM 继电器号 # 预置数	接通定时继电器 预置时间 0.1~999.9s	定时/计数继电器
CNT	CP R CNT	CNT 继电器号 # 预置数	接通减计数器 预置数据值 1~9999	

（续）

指　令	逻辑符号	编程操作	功　　能	数据类型
END	—[END]	[END]	程序结束	无数据
IL	—[IL]	[IL]	母线转移指令，形成分支母线	
ILC	—[ILC]	[ILC]	分支母线结束指令	
JMP	—[JMP]	[JMP]	跳转开始指令	无数据
JME	—[JME]	[JME]	跳转结束指令	
SFT	IN CP　SFT R	[SFT] 起始继电器号 [#] 结束继电器号	移位寄存器作移位操作	① 不可用输入定时/计数器 ② 必须在同一类地址内
KEEP	S　(KEEP)　R	[KEEP] 继电器号	保持继电器	不可输入定时/计数器
DIFU	—[DIFU]	[DIFU] 继电器号	对输入信号的上升沿进行微分，产生一个扫描周期的输出脉冲	
DIFD	—[DIFD]	[DIFD] 继电器号	对输入信号的下降沿进行微分，产生一个扫描周期的输出脉冲	

(3) LD-NOT(取非)指令

功能：负逻辑操作开始。即将常闭触点与母线联系。每一个以常闭触点开始的逻辑行都使用这一指令，见图 4-18。

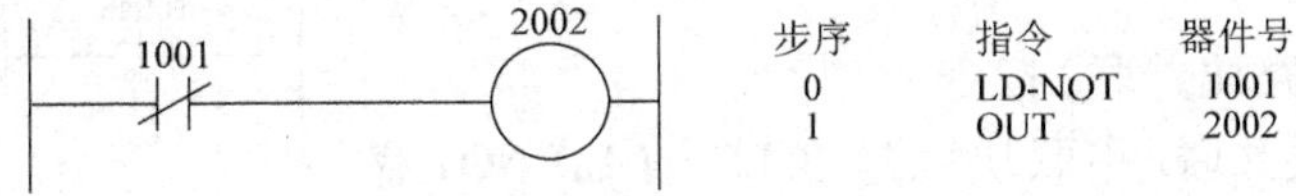

图 4-18　LD-NOT OUT 的使用

(4) AND(与)指令

功能：逻辑与操作，即串联常开触点，见图 4-19。

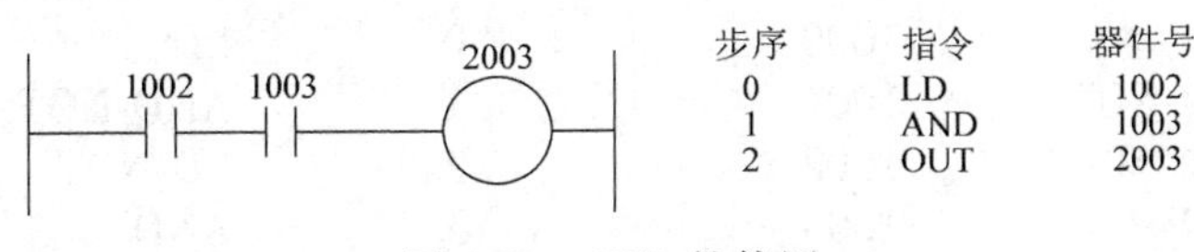

图 4-19　AND 的使用

(5) AND-NOT(与非)指令

功能：逻辑与非操作，即串联常闭触点，见图 4-20。

(6) OR(或)指令

功能：逻辑或操作，即并联常开触点，见图 4-21。

(7) OR-NOT(或非)指令

步序	指令	器件号
0	LD	1004
1	AND-NOT	1005
2	OUT	2004

图 4-20　AND-NOT 的使用

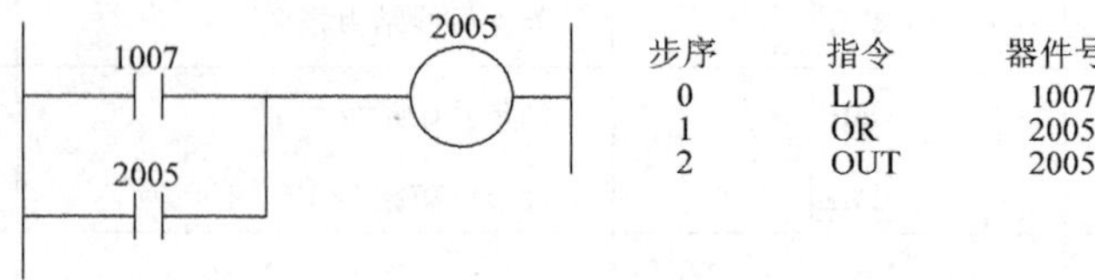

图 4-21　OR 的使用

功能：逻辑或非操作，即并联常闭触点，见图 4-22。

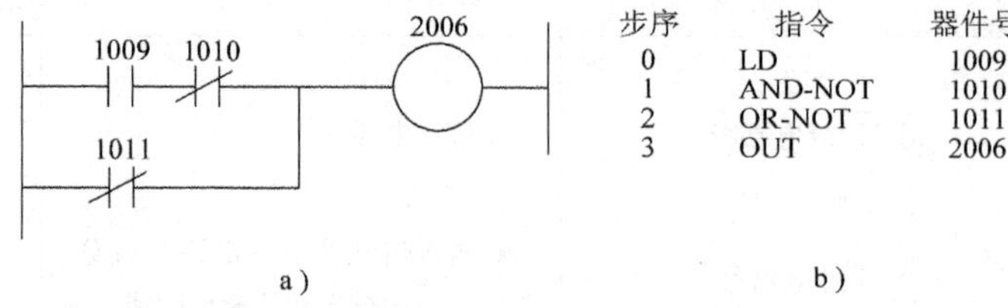

图 4-22　OR-NOT 的使用

说明：

1）OR、OR-NOT 是用于并联连接一个触点的指令，并联多个串联的触点不能用此指令。

2）OR 和 OR-NOT 指令引起的并联，是从 OR 或 OR-NOT 一直并联到前面最近的 LD 或 LD-NOT 指令上，并联的数量不受限制。

（8）OR-LD(电路块并联)指令

功能：将串联块并联(串联块就是以 LD 或 LD-NOT 做起的一个串联触点组)，并联块的个数没有限制，见图 4-23。

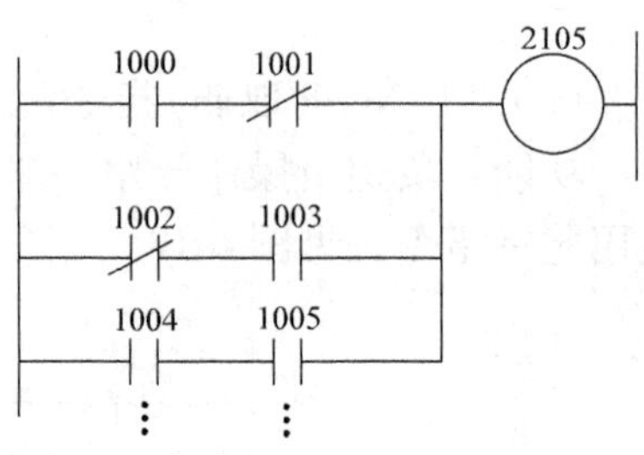

图 4-23　OR-LD 的使用

编程方法(一)

步序	指令	器件号
0	LD	1000
1	AND-NOT	1001
2	LD-NOT	1002
3	AND	1003
4	OR-LD	——
5	LD	1004
6	AND	1005
7	OR-LD	——
:	:	:
:	:	:
	OUT	2105

编程方法(二)

步序	指令	器件号
0	LD	1000
1	AND-NOT	1001
2	LD-NOT	1002
3	AND	1003
4	LD	1004
5	AND	1005
:	:	:
:	OR-LD	——
:	OR-LD	——
:	:	:
:	OUT	2105

说明：

1）上面列出的两种方法中，采用方法(一)编制的程序是并联每一个串联电路块后，加 OR-LD 指令。方法(二)编制的程序是将 OR-LD 指令集中起来使用。

2）OR-LD 指令是一条独立的指令，它不带任何器件号。

(9) AND-LD(电路并联块串联连接指令)

功能：将并联块串联(并联块就是以 LD 或 LD-NOT 做起的一个并联触点组)。串联的个数没有限制，见图 4-24 所示。

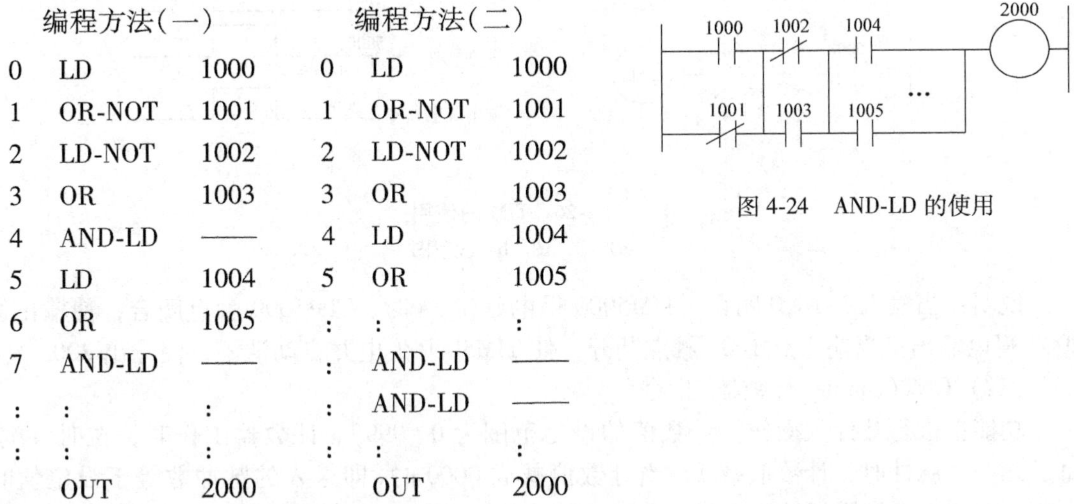

编程方法(一)			编程方法(二)		
0	LD	1000	0	LD	1000
1	OR-NOT	1001	1	OR-NOT	1001
2	LD-NOT	1002	2	LD-NOT	1002
3	OR	1003	3	OR	1003
4	AND-LD	——	4	LD	1004
5	LD	1004	5	OR	1005
6	OR	1005	:	:	:
7	AND-LD	——	:	AND-LD	——
:	:	:	:	AND-LD	——
:	:	:	:	:	:
	OUT	2000		OUT	2000

图 4-24　AND-LD 的使用

上面列出了两种编程格式，其中格式(一)为一般写法。如果采用格式(二)，那么，若为 n 次 LD、LD-NOT，则在最后就要写上(n-1)次 AND-LD。

(10) END(结束)指令

功能：结束程序，在程序的最后使用，见图 4-25。

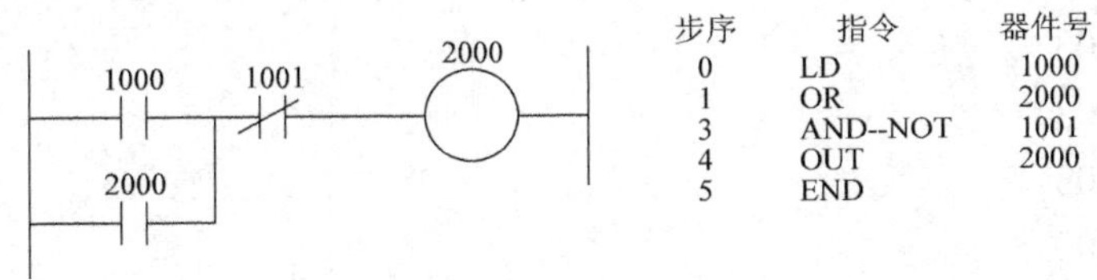

步序	指令	器件号
0	LD	1000
1	OR	2000
3	AND--NOT	1001
4	OUT	2000
5	END	

图 4-25　END 的使用

(11) TIM(time 延时)指令

功能：实现导通延时操作。本指令可以象一个通电延时型的时间继电器作用一样作为导通延时的定时器。TIM 的时间设定范围为 0.1s~999.9s，以 0.1s 为单位。时间设定值是以单位时间数来表示，若时间设定值为 30，则设定时间为 30×0.1s=3s。

使用 TIM 指令时的梯形图、波形图见图 4-26(说明:为了简单,编程格式中的步序号等省略不写。)

编程格式

LD　　　　1000

AND-NOT　1001

```
TIM    5000
#      0030
LD     5000
OUT    2003
END
```

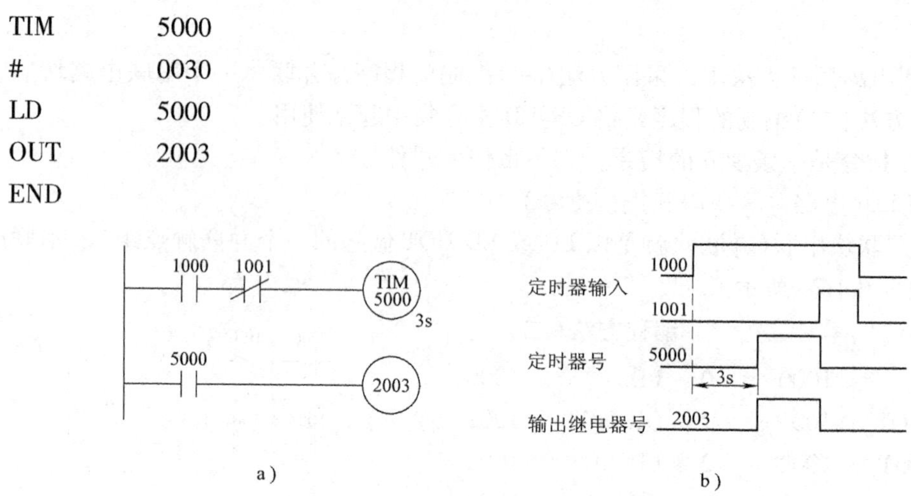

图 4-26　TIM 的使用

a）梯形图　b）波形图

说明：当输入点 1000 闭合，TIM5000 得电延时 3s 时，TIM5000 触点闭合，使输出线圈 2003 得电输出。当输入点 1001 触点断开，使 TIM5000 失电并自动清零，使输出 2003 失电。

（12）CNT(counter 计数器)指令

功能：进行减计数操作。计数值的设定范围为 0~9999。计数器工作时，在时钟端 CP 每送入一个脉冲时，计数值减 1，当计数值减成 0000 时(即送入的脉冲数等于设定值时)，产生一个输出。计数器输出通过一个输出继电器送到外围设备。R 为计数器复位端。

使用 CNT 指令时的梯形图、波形图见图 4-27，编程格式如下：

编程格式

```
LD     1001
LD     1005
CNT    5003
#      0003
LD     5003
OUT    2000
END
```

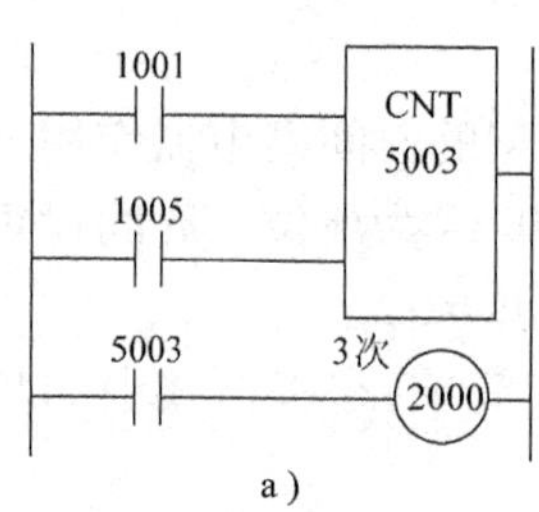

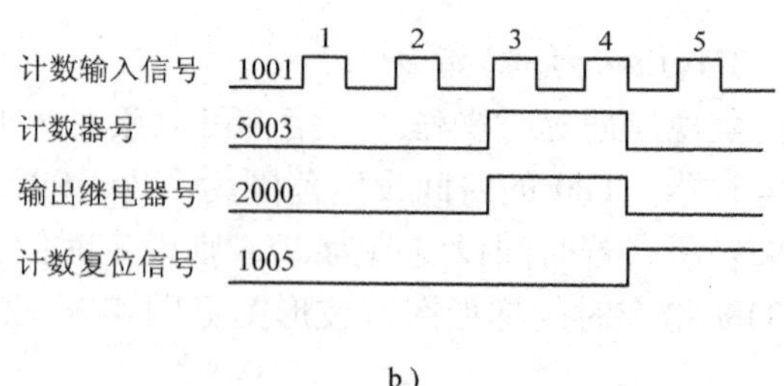

图 4-27　CNT 的使用

a）梯形图　b）波形图

说明：输入 1001 接通 3 次时，计数器触点 5003 闭合使输出继电器 2000 得电输出。输入继电器 1005 闭合时，计数器复位，2000 失电。

2. 专用指令

(1) IL(InterLock 分支)指令。

(2) ILC(InterLock clear 消除分支)指令。这两条指令成对使用(否则会出错)，又称为母线转移指令。

功能：用于分支回路中。IL 指令用在分支处形成新母线。分支回路结束后用 ILC 指令返回(消除分支)，见图 4-28。

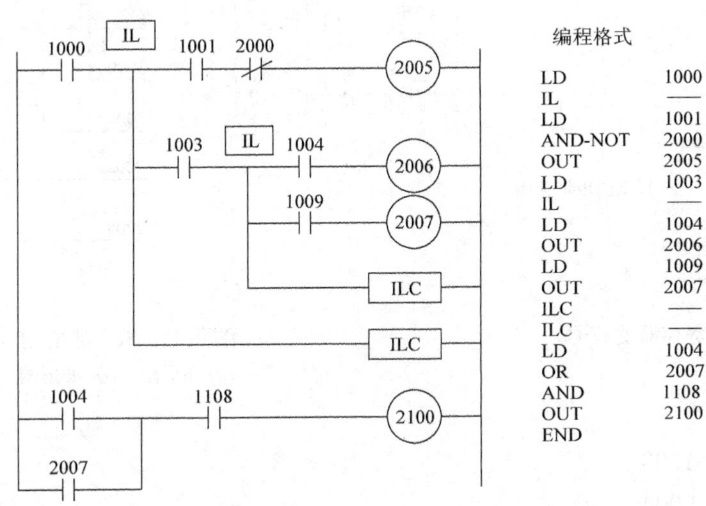

图 4-28　IL、ILC 的使用

(3) JMP(Jump 跳步)指令。

(4) JME(Jump end 跳步结束)指令。这两条指令成对使用(否则会出错)。

功能：见图 4-29，当 JMP 逻辑行的触点 1000 闭合状态时，JMP 和 JME 两指令间的程序中的每个输出均保持在跳步前的状态不变(即略过这部分指令)，执行 JME 以下的指令，当触点 1000 断开状态时，JMP、JME 不起作用，按顺序执行所有的指令。

(5) SFT(Shift 移位)指令

功能：相当于一个移位寄存器。将输入端的数据“1”(接通)或“0”(断开)输入到移位寄存器中，并将此数据按照设定的继电器地址进行移位。

移位寄存器的符号见图 4-30。

它有三个输入端：数据输入端 IN、时钟输入端 CP 和复位输入端 R。使用移位指令时，必须设定第一个继电器的地址(在上符号中的 2000)。最后一个继电器的地址(在上符号中的 2108)可以设定的地址为：2000~2715，3000~3715，4000~4715，6000~6715。设定的地址必须在同一区域(如2000~2715 或 3000~3715)，否则出错。

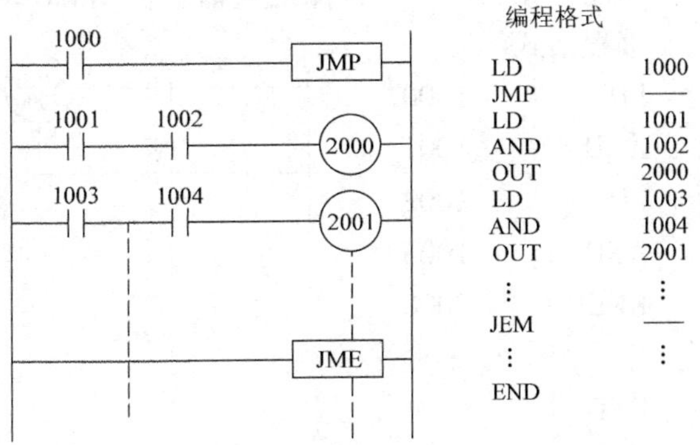

图 4-29　JMP、JME 的使用

移位指令将输入端的数据移到设定的第一个继电器(第一步)。时钟端每来一个脉冲，数据位移一步，即把数据移到下一个继电器。数据移位到最后一步时，则数据便移到了设定的最后一个继电器。

若设定的地址为2000~2008，则SFT指令的梯形图及波形图见图4-31。图中的特殊继电器0004提供10s时钟脉冲，作为移位寄存器的CP脉冲输入。

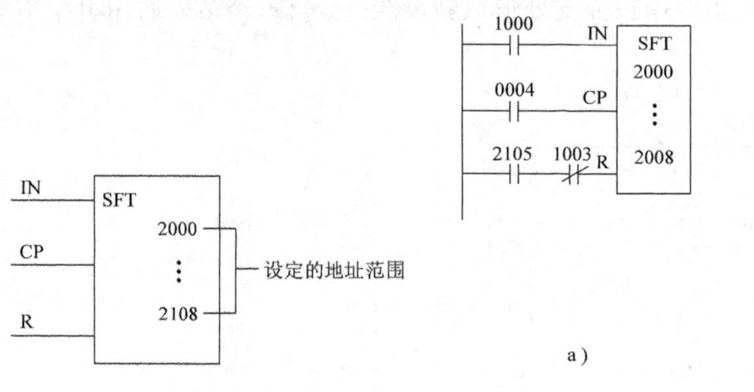

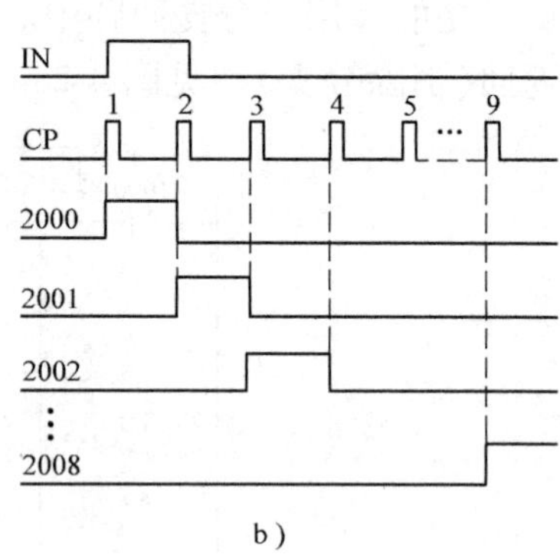

图4-30　移位寄存器的符号

图4-31　SFT的使用
a) 梯形图　b) 波形图

编程格式

LD	1000
LD	0004
LD	2105
AND-NOT	1003
SFT	2000
#	2008
END	

(6) KEEP(保持)指令

功能：相当于一个自保继电器。使用KEEP指令的梯形图、波形图见图4-32。

编程格式

LD	1000
AND	1001
LD	1002
AND	1003
KEEP	2000
⋮	⋮
END	

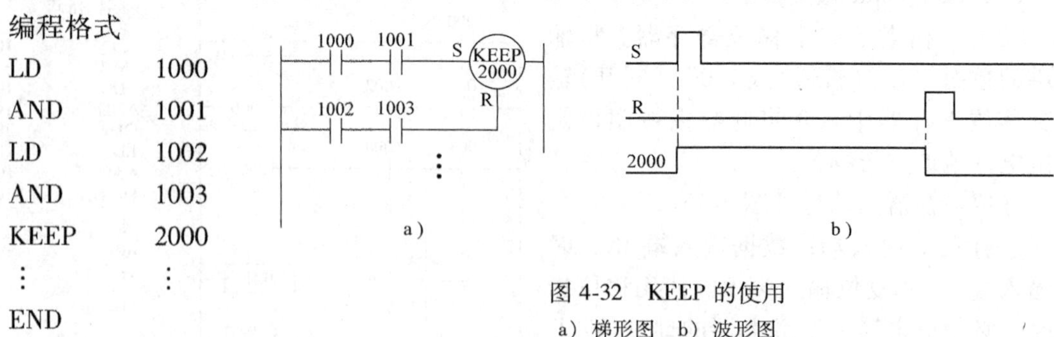

图4-32　KEEP的使用
a) 梯形图　b) 波形图

当置位端S接通(输入信号)时，使设定的继电器2000接通并保持，即使S端的信号消失，继电器接通的状态仍然被保持住，只有当复位端R接通时，继电器2000才断开。

(7) DIFU(上升微分)指令

功能：对输入信号的上升沿微分，并把微分结果送到继电器。

使用 DIFU 指令时的梯形图、波形图见图 4-33。

编程格式

```
LD        1000
DIFU      2000
 ⋮         ⋮
END
```

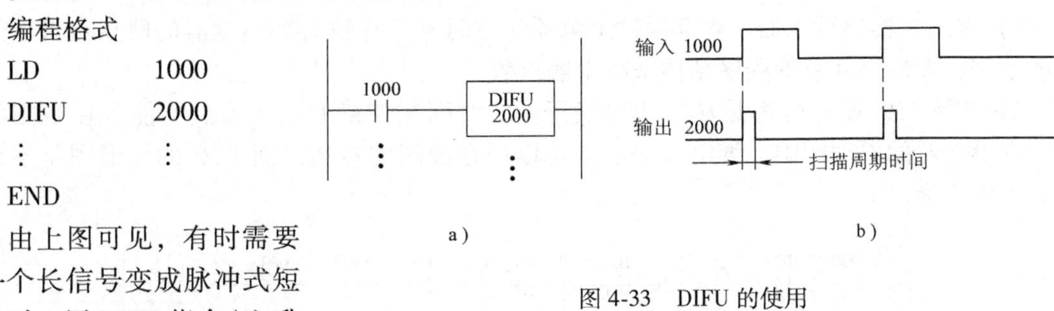

图 4-33　DIFU 的使用

a) 梯形图　b) 波形图

由上图可见，有时需要把一个长信号变成脉冲式短信号时，用 DIFU 指令(上升沿微分)。指定继电器输出是一个脉冲信号，其脉冲宽度为一个执行周期(20ms)，即输出触点的动作将持续一个执行周期。

(8) DIFD(下降微分)指令

功能：对输入信号的下降沿微分，并把微分结果送到指定的继电器。

使用 DIFD 指令时的梯形图、波形图见图 4-34。

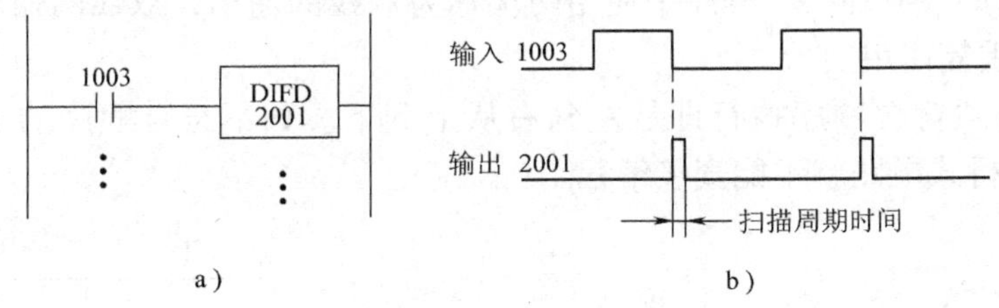

图 4-34　DIFD 的使用

a) 梯形图　b) 波形图

编程格式

```
LD        1003
DIFD      2001
 ⋮         ⋮
END
```

DIFD 指令的控制原理与 DIFU 相似。

(9) OUT-NOT(输出非)指令

功能：逻辑运算结果的非输出，见图 4-35。

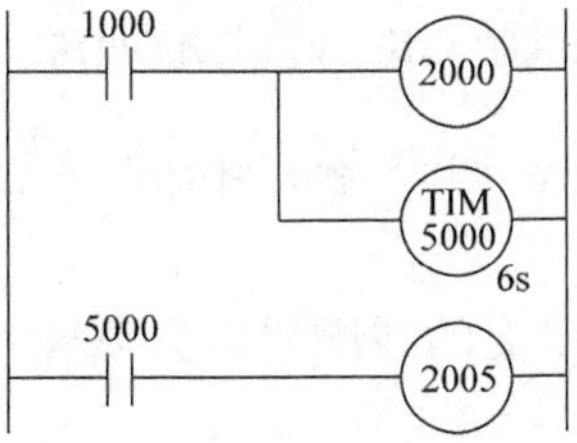

1000　2000　TIM 5000　6s　5000　2005

编程格式

```
LD        1000
OUT       2000
TIM       5000
#         0060
LD        5000
OUT-NOT   2005
END
```

图 4-35　OUT-NOT 的使用

ACMY-S256 型 PLC 机除上述介绍的 21 条指令外，还有 9 条数据指令，限于篇幅本教材不再介绍。

第四节　编程方法及编程器的使用

学习了 PLC 的指令系统后，就可以根据系统的控制要求编制程序，然后通过编程器输入 PLC 中，为此，我们必须掌握编程的基本原则，编程技巧和编程器的使用。

一、编程的基本原则

1）输入、输出继电器、内部辅助继电器、定时器、计数器等继电器的触点数可以无限制的使用，无需用复杂的程序结构来减少触点数目。

2）梯形图的每一行都是从左边母线开始，线圈接在最右边。触点不能放在线圈的右边。在继电器的原理图中，继电器的触点可以加在线圈的右边，而PLC的梯形图是不允许的，见图4-36。

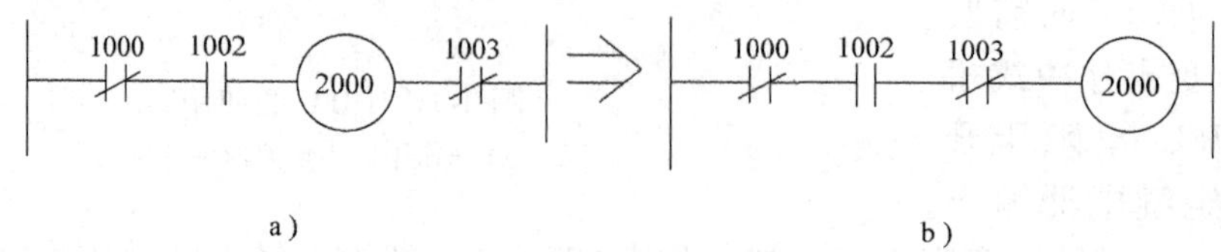

图4-36　规则2的说明

a）不正确的电路　b）正确的电路

3）线圈不能直接与左边母线相连。如果需要，可以通过一个没有使用过的内部辅助继电器的常闭触点来连接，见图4-37。

4）同一编号的线圈在一个程序中使用两次称为双线圈输出，双线圈输出容易引起误操作。应避免线圈重复使用。

5）梯形图必须符合顺序执行即从左到右从上到下。如不符合顺序的电路不能直接编程。如图4-38的桥式电路就不能直接编程。

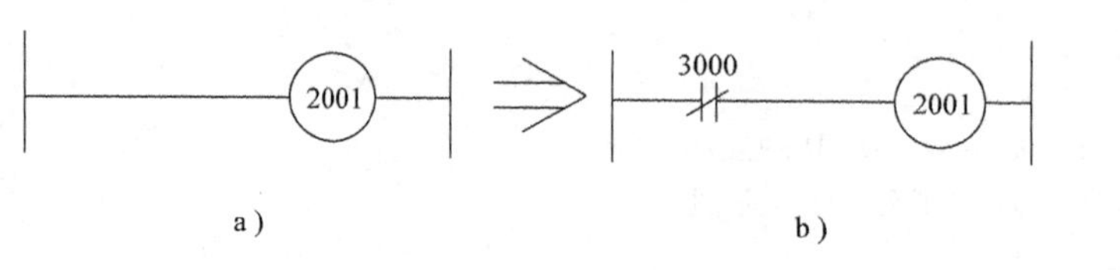

图4-37　线圈与左边母线的相连

a）不正确的电路　b）正确的电路

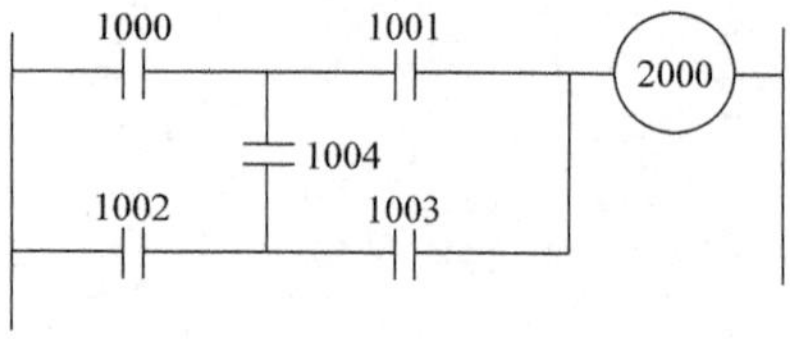

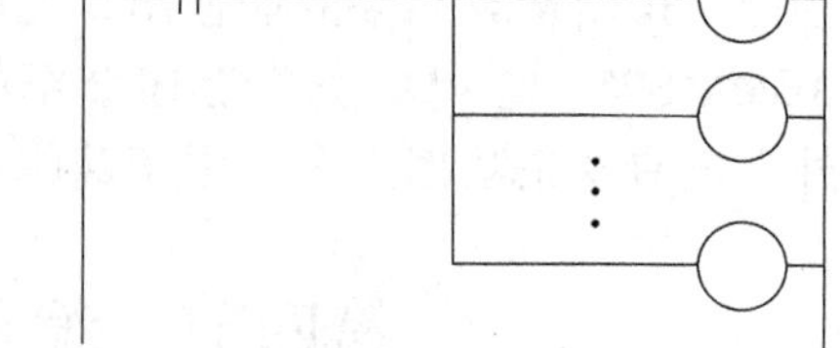

图4-38　不能直接编程的电路

6）在梯形图中，串联触点和并联触点使用的次数没有限制，可无限次的使用，见图4-39。

7）两个或两个以上的线圈可以并联输出，见图4-40。

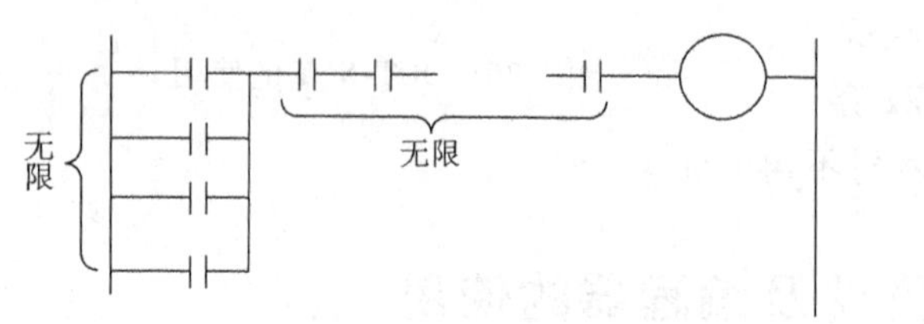

图4-39　串、并联触点的使用

图4-40　线圈的并联输出

二、程序的简化

PLC 程序的编写必须遵守上述的基本原则。对于较复杂的程序，可将它分成几个简单的程序段，每一段从最左边的触点开始，由上而下向右边进行编程，最后把程序段逐段连接起来，见图 4-41。

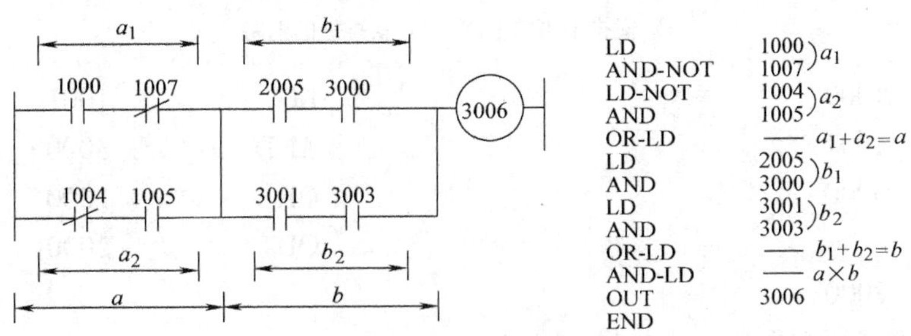

图 4-41　逐段编程

复杂电路程序分段见图 4-42，把图 4-42 的梯形图程序分为 a_1、a_2、a_3、a_4、a、b_1、b_2、b 几个程序段。在划分程序段时，按从上到下，从左到右来划分的原则，然后进行逐段编程。

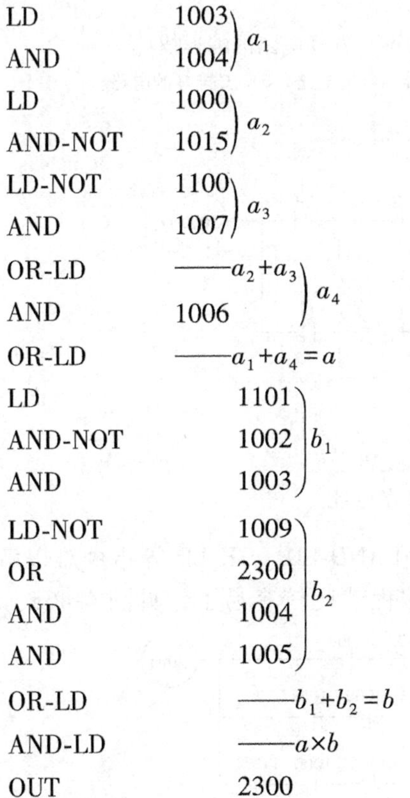

```
LD        1003 ⎫ a1
AND       1004 ⎭
LD        1000 ⎫ a2
AND-NOT   1015 ⎭
LD-NOT    1100 ⎫ a3
AND       1007 ⎭
OR-LD     ——a2+a3 ⎫ a4
AND       1006    ⎭
OR-LD     ——a1+a4=a
LD            1101 ⎫
AND-NOT       1002 ⎬ b1
AND           1003 ⎭
LD-NOT        1009 ⎫
OR            2300 ⎬ b2
AND           1004 ⎪
AND           1005 ⎭
OR-LD         ——b1+b2=b
AND-LD        ——a×b
OUT           2300
```

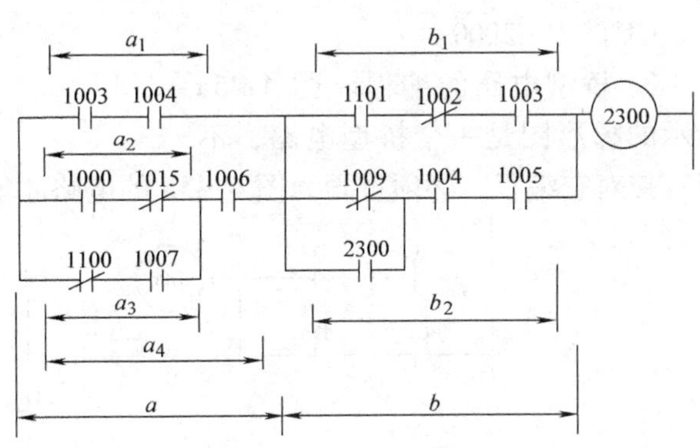

图 4-42　复杂电路程序分段

三、编程技巧

1. 把串联触点较多的支路编在梯形图上方(图 4-43a、b)。

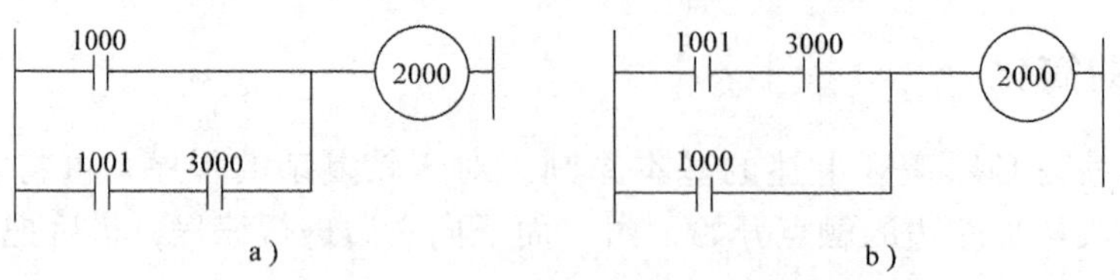

图 4-43　串联触点较多支路的编程技巧

a）安排不当的电路　b）安排好的电路

LD	1000	LD	1001
LD	1001	AND	3000
AND	3000	OR	1000
OR-LD		OUT	2000
OUT	2000		

2. 并联电路应放在左边(图 4-44a、b)。

LD	1001	LD	1002
LD	1002	OR	1003
RO	1003	AND	1001
AND-LD	——	OUT	2000
OUT	2000		

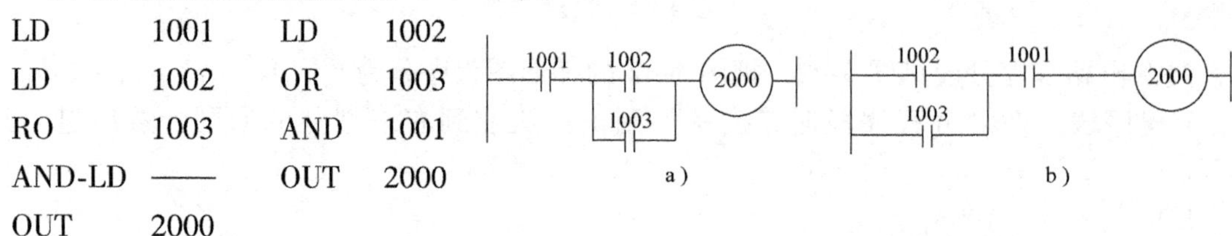

图 4-44　并联电路的编程技巧

a）安排不当的电路　b）安排好的电路

3. 桥型电路的编程　图 4-45a 所示的梯形图是一个桥型电路，不能直接对它编程，必须重画为图 4-45b 的电路才能编程。

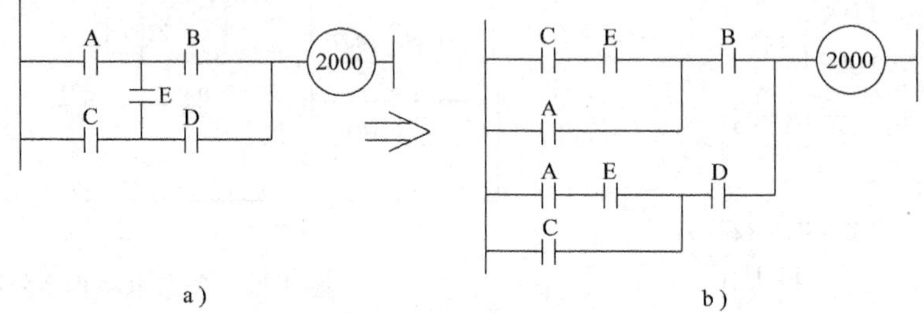

图 4-45　桥型电路的编程技巧

a）安排不当的电路　b）安排好的电路

4. 复杂电路的处理　如果电路的结构比较复杂，用 AND-LD、OR-LD 等指令难以解决，可重复使用一些触点，画它的等效电路，然后再进行编程就比较容易了，见图 4-46a、b 和

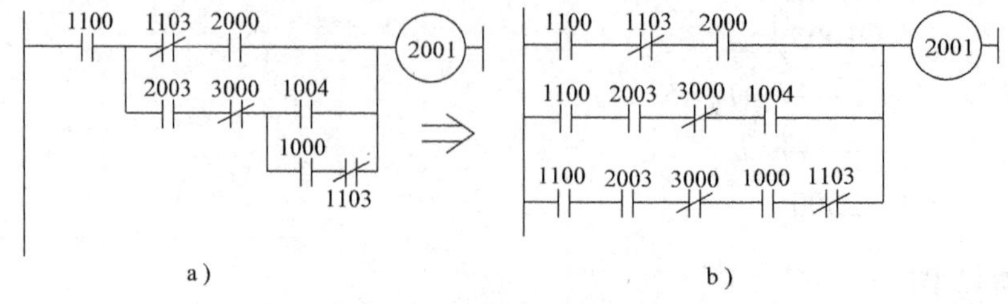

图 4-46　复杂电路的编程技巧(一)

a）安排不当的电路　b）安排好的电路

图 4-47a、b。

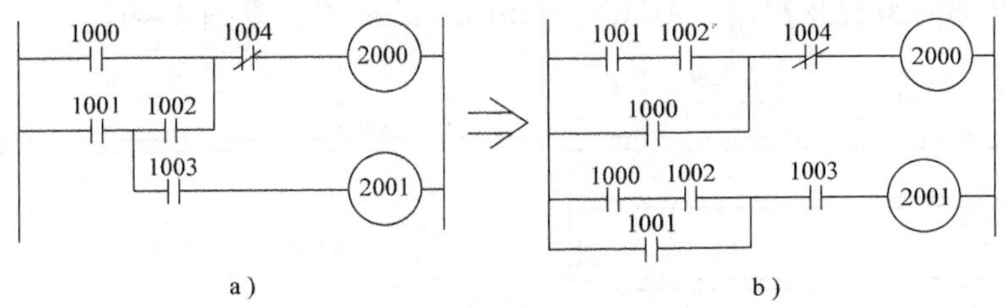

图 4-47　复杂电路的编程技巧(二)

a) 安排不当的电路　b) 安排好的电路

四、常闭触点输入的处理

PLC 是继电器控制柜的理想替代物，在实际应用中，常遇到老产品和旧设备的改造，用 PLC 取代继电器控制柜。原有的继电器控制图已经设计完毕，并且实践证明设计合理，由于继电器电气原理图与 PLC 梯形图类似，我们可以将继电器原理图转为相应的梯形图，但在转变中必须注意输入的常闭触点的处理。

还是以三相异步电动机起动、停止控制电路为例。图 4-48a 为继电器控制原理图，图 4-48b、c 为 PLC 控制的梯形图(图 b 是错误的)。

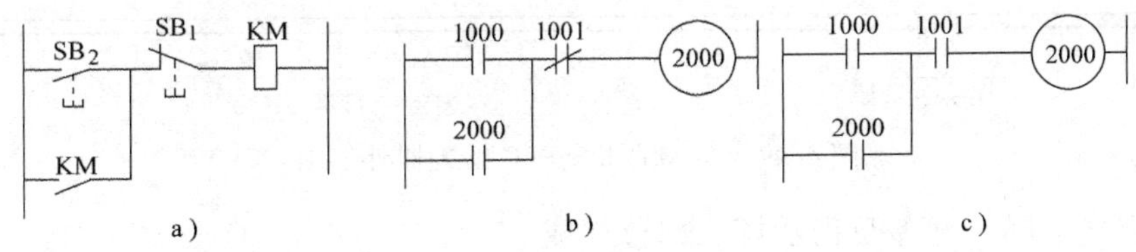

图 4-48　输入常闭触点的编程

a) 控制器控制原理图　b) 错误的电路　c) 正确的电路

若当编制的梯形图如图 4-48b 时，将程序送入 PLC，并运行这一程序，会发现输出继电器 2000 线圈不能接通，电动机不能起动。因为按下起动按钮 SB_2 时，1000 线圈接通，1000 常开触点闭合，此时 1001 线圈早已接通，梯形图中 1001 的常闭触点早已断开，因此 2000 无法接通，必须将 1001 的常闭触点改为常开触点才能满足起动、停止的要求，见图 4-48c。

由此可见，如果输入为常开触点，编制的梯形图与继电器原理图一致，如果输入为常闭触点，编制的梯形图与继电器原理图相反，一般为了与继电器原理图习惯相一致，在 PLC 中尽可能采用常开触点作为输入。

五、编程器的使用

1. 编程器的功能

1）将用户程序编入主机的存储器 RAM 内。主机有了用户程序，才能按程序的控制要求进行控制。

2）通过编程器可以读出、修改和清除主机中的用户程序。

3）在监控 MONITOR 状态下，监视各 I/O 点以及内部继电器的工作状态，为调试程序提供方便。

2. 编程器外部的组成及作用 ACMY-S256PLC 编程器，见图 4-49。

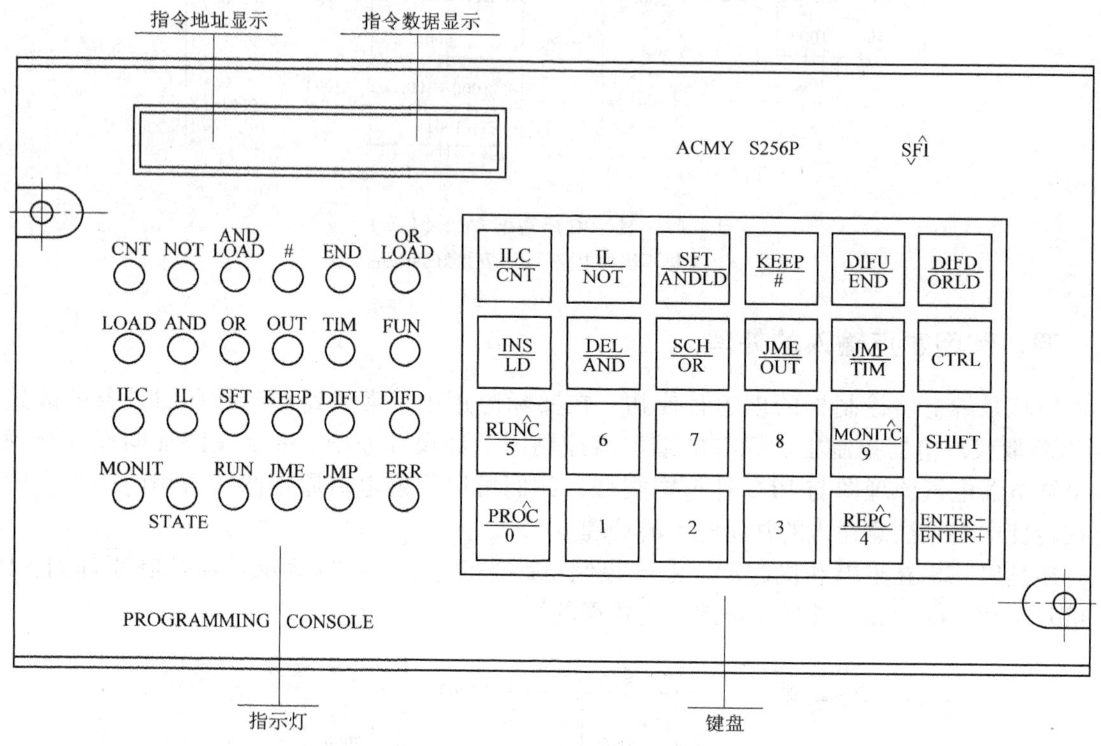

图 4-49 ACMY-S256PLC 编程器外部图

它由数字显示屏、键盘及指示灯三部分组成。

(1) 数字显示屏 它由两块四位发光数码管组成，左侧的四位是显示程序的指令(语句)的地址(即步序号)，右侧的四位显示指令的数据(器件号)。

指令地址是以用户通过键入的先后顺序排列的，每键入一条指令，地址自动增 1，并准备接受下一条指令。

指令数据主要是各 I/O 点地址、内部继电器地址以及 CNT 和 TIM 指令的设定值，但也有一些指令不带数据，如 AND-LD、OR-LD、END、IL/ILC、JMP/JME 等。

(2) 键盘 它由 24 只按键组成。其中有 0~9 的 10 只数字键，其余 14 只均为指令键和功能键。

指令键用以键入指令，如 LD、AND、OR、OUT 等键。

功能键用作编程时的辅助键，如 CTRL(Control 控制)、SHIFT(移位)、ENTER(进入)键等。

键盘中有 16 只双功能键，每一只双功能键有两行符号，如 JMP/TIM 键等，当单独按此键时，下行指令 TIM 被键入，对应的 TIM 指令灯亮。欲键入上行指令 JMP，必须将此键与 SHIFT 键同时按下，此时 PLC 执行上行指令 JMP，用符号表示为：

$$\text{SHIFT}+\frac{\text{JMP}}{\text{TIM}}=\text{JMP}$$

(3) 指示灯 它由 24 只发光二极管组成。其中有 20 只为指令指示灯，如 LD、NOT

等，其余的4只为状态指示灯，即MONIT(监控)，STATE(状态)，RUN(运行)，ERR(Error错误)。

在每键入一条指令时，对应的指示灯亮，如键入OR指令后，OR灯亮。

MONIT灯亮，表示PLC处于监控运行状态。

STATE灯亮，表示在监控状态下显示屏所指的I/O或内部继电器处在接通状态。但是STATE指示灯和主机上I/O状态指示灯是不同的。例如输入点1000在接通状态下主机状态灯1000亮，若目前监控状态下指令是LD-NOT 1000，则STATE灯熄灭。

RUN灯亮，表示主机处于运行用户程序状态。

ERR灯亮，表示编程或运行用户程序出错。主机进入监控状态或运行状态的操作将在后面介绍。

3. 编程操作

编程操作前，必须把ACMY-S256P编程器插入主机外设插入口(注意:插拔编程器必须在停电时进行,带电插拔可能会冲掉程序或损坏设备)。

(1) 开机　接上电源后，将主机上的电源开关拨向ON位，主机接通电源，此时显示屏上显示出SFI-256的字样，同时，编程器上的24只灯有规律地闪光，主机执行口令(PASS WORD)程序。此时主机未进入编程状态，按键不起作用，必须通过口令，即同时按下CTRL和0的键后，主机才进入编程状态。设置口令的目的是为了防止不相关的人员随便操作。

在同时按下CTRL和0键时，主机的CPU指示灯亮，表示主机已进入编程状态，编程器的显示屏上的指示灯显示出0000号地址内容。

如显示屏显示出0000，而无指令指示灯亮，则表示0000号地址中无内存。

如显示屏显示出0000 1000，且LD和NOT指示灯亮，则表示主机有内存，即0000号地址中存放着指令，只要按一下ENTER-/ENTER+键，此时，如果在屏上显示出0001 1103且OR指示灯亮，则表示0001号地址中存放着指令OR1103。

这样不断按ENTER-/ENTER+键，即可检查主机内存的整个用户程序。

(2) 清除全部程序　如果要清除原来主机内存的用户程序，重新写入新程序，只需同时按下CTRL、SHEFT、2三个键，并且重复按一次，则内存的程序全部清除，此时便可从地址0000号(即第一条指令)开始写入新的程序。

(3) 写入(键入)程序　利用编程器键盘上的按键，即可将程序写入主机内存，每写一条指令，相应的指示灯亮，并且显示屏上将显示该指令的地址和数据。

写入程序时应注意以下几点：

1) 应按照程序中指令逐条键入，每键入一条指令后，必须按一下“ENTER+”键，地址才能自动增1，此时才能将下一条指令内存键入，否则键入无效。

2) 注意双功能键的使用，单独按其一个双功能键，则键入的是双功能键的下行指令；如需键入的是双功能键的上行指令，则必将此双功能键与“SHIFT”键同时按下，例如，欲键入KEEP，必须将KEEP/#键与SHIFT键同时按下。

3) 有些指令无数据键入，如AND-LD、OR-LD、END等。

4) 如因误操作机器不能接受的语句时，“ERR”指示灯亮，此时需同时按下“OTRL”键和“0”键，则“ERR”灯灭，然后再继续编程。

有时按键动作失误会发生死机现象，即按任何按键都不响应，此时应关断电源、后再接通电源，重新开机即可消除死机现象。

5）程序末尾未键入 END 指令或程序中间某一地址无语名，作为出错处理。

6）如果需要查看某地址的内容，或者要从某地址继续下去，可用“SHIFT”键将指令地址移到指定的地址上。

例如需要查看 0010 地址的内容，或者要从 0010 地址继续编程下去，只需一直按住“SHIFT”键，同时键入地址 0010，则指令地址移到 0010，并且显示屏显示出该条指令的内容。

如果显示屏显示当前的地址不在起始位置 0000，而编程又需从 0000 地址开始，则可用“SHIFT”键仿照上面的方法将指令地址移到 0000，然后再进行编程。

表 4-13 是某一程序写入操作的实例，表中列出了该程序各条指令的按键操作方法以及写入每一条指令时显示屏和指示灯显示的情况。

表 4-13 程序写入操作实例

程序	按键操作	显示屏显示	指示灯
0 LD 1000	LD 1 0 0 0 ENTER	0000 1000	LD
1 OR 2001	OR 2 0 0 1 ENTER	0001 2001	OR
2 AND NOT 1001	AND NOT 1 0 0 1 ENTER	0002 1001	AND NOT
3 OUT 2001	OUT 2 0 0 1 ENTER	0003 2001	OUT
4 TIM 5005	TIM 5 0 0 5 ENTER	0004 5005	TIM
5 # 0100	# 0 1 0 0 ENTER	0005 0100	#
6 LD 2001	LD 2 0 0 1 ENTER	0006 2001	LD
7 IL	SHIFT IL/NOT ENTER	0007	IL
8 LD NOT 5005	LD NOT 5 0 0 5 ENTER	0008 5005	LD NOT
9 OUT 2002	OUT 2 0 0 2 ENTER	0009 2002	OUT
10 LD NOT 2002	LD NOT 2 0 0 2 ENTER	0010 2002	LD NOT
11 OUT 2003	OUT 2 0 0 3 ENTER	0011 2003	OUT
12 ILC	SHIFT ILC/CNT ENTER	0012	ILC
13	END ENTER	0013	END

六、主机工作状态的变换

使用编程器，可以使主机工作在不同的工作状态。主机有三种工作状态，即编程状态、运行状态和运行监控状态。

1. 编程状态　主机进入编程后才能进行编程，前面已介绍过，主机电源开关拨向ON位，主机接通电源后，只需同时按下“CTRL”和“0”键，即可使主机进入编程状态，此时，主机上的“CPU”工作灯发亮。

2. 运行状态　要使主机按照编好的程序运行，必须使主机进入运行状态。

从编程状态进入运行状态，只需按下“CTRL”和RUNC/5键即可，此时主机上的“CPU”工作灯亮，同时“RUN”工作灯闪光。

从运行状态回到编程状态，也只需再同时按下“CTRL”和RUNC/5键即可，此时RUN灯熄灭。

说明：若主机未插入编程器，则当电源开关接通时，主机立即进入运行状态，执行主机RAM内的程序。如果主机已插入EPROM，主机按EPROM内的程序运行。

3. 监控运行状态　主机在监控运行状态下，可以用“ENTER+”键逐条检查各条指令的运行情况，或用“SCH”(Search搜索)和“SHIFT”键寻找任一条指令，检查该指令的运行情况(“SCH”键的用法后面介绍)。因此，可以监控I/O点以及内部继电器的通断状态。

从编程状态进入运行监控状态，只需同时按下“CTRL”和“MONITC/9”键即可，此时主机上的“CPU”工作灯亮，同时“RUN”工作灯闪亮，编程器上MONIT灯亮。

从运行监控状态回到编程状态，也只需要再同时按下“CTRL”和“MONITC/9”即可。

七、程序的调试

通过编程器将程序写入主机内的RAM后，应进行调试，经过调试确认无误后，才能正式运行，调试的步骤方法是：

1. 校对程序　用“ENTER-/ENTER+”键对程序的全部指令自下而上或自上而下地逐条进行校对。如发现某一条指令有错时，应重新键入正确的指令，若需要校对程序中的某一条指令的内容，显示屏及指示灯就显示该指令的内容。

2. 进行输入输出状态的模拟试验　输出端不接负载，输入端接模拟开关(如小型钮子开关)用以模拟信号。

用编程器使主机进入运行状态。进入运行状态后，在不同输入状态下观察输入状态灯的情况，输出状态灯亮的情况应与程序指令的要求一致。

3. 联机调试　经过输入输出状态的模拟试验，确认程序无误后，便可将主机与用户设备连接，进行联机调试。在开机后，使主机进入运行状态，此时，如果ERR灯未亮，RUN灯闪光，表明程序正常运行。如果被控的机械设备工作不正常则表明输入输出设备有故障，应着重检查输入输出设备以及它们和PLC之间的联接情况，或查看程序是否有不妥之处。

八、程序的修改

写入主机的程序经过调试后认为需要修改原程序时，也可以通过编程器来进行。程序的修改包括在原程序中插入新的指令以及删除原程序中的某一指令。

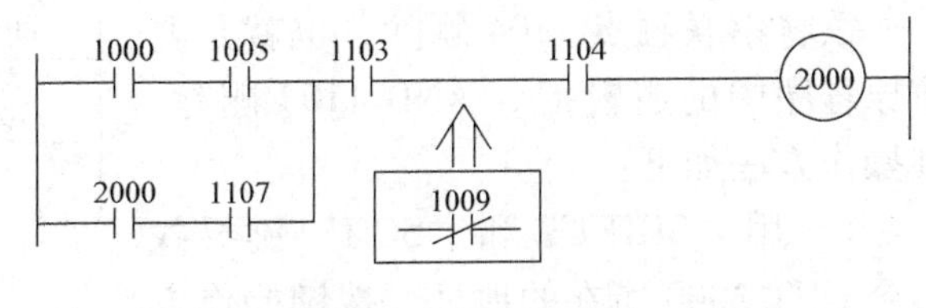

图4-50　插入新指令

1. 插入新指令　例如图4-50的梯形图中，欲在触点1103与1104之间串入常闭触点 1009，也就是要在原程序的逻辑与操作指令（AND 1104）之前插入一个新指令（AND-NOT 1009）。其操作方法如下：

1）用“SHIFT”和“SCH”键寻找指令 OUT 2000 所在的地址，按键操作及显示见表 4-14。

表 4-14　寻找 OUT 2000 按键操作及显示

按键操作	显示屏显示	指示灯
SHIFT + SCH/OR　OUT 2 0 0 0	2000	OUT
SHIFT + SCH/OR	0314　2000	OUT

找到指令 OUT 2000 的地址为 0314。

2）用“SHIFT”和“ENTER-”键找到串联触点 1104 所对应的指令，按键操作及显示见表 4-15。

表 4-15　寻找触点 1104 按键操作及显示

按键操作	显示屏显示	指示灯
SHIFT + ENTER－/ENTER＋	0313　1104	AND

显示屏显示的数字表明串联 1104 所对应的指令地址是 0313。

3）用“SHIFT”和“INS”（Insert 插入）欲将新插入的指令（AND-NOT 1009）插入。按键操作及显示见表 4-16。

表 4-16　插入新指令 AND-NOT 1009 按键操作及显示

按键操作	显示屏显示	指示灯
SHIFT + INS/LD	0313	
AND　NOT　1 0 0 9	0313　1009	AND　NOT

这样，0313 的地址被插入的 AND-ONT 1009 占用，后面的程序指令所在地址自动增 1，如指令 AND 1104 从 0313 移到 0314，指令 OUT 2000 从 0314 移到 0315。

2. 删除某一指令　见图 4-51 的梯形图。

欲将串联触点 1104 删除，也就是要将原程序中的逻辑指令 AND 1104 删除。其操作方法如下：

1）用“SHIFT”和“SCH”键寻找指令 OUT 2000 所在的地址，按键操作方

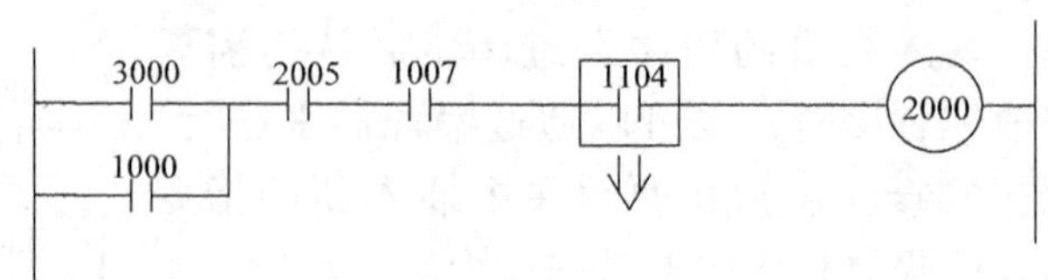

图 4-51　删除指令

法同表 4-14。

2）用“SHIFT”和“ENTER-”键找到欲删除的指令 AND 1104 所在的地址，按键操作及显示见表 4-17。

表 4-17　寻找指令 AND 1104 的按键操作及显示

按键操作	显示屏显示	指示灯
SHIFT + ENTER- / ENTER+	0410　　1104	AND（亮）

显示器显示的数字表明欲删除的指令 AND 1104 所在的地址是 0410。

3）用“SHIFT”和“DEL”（Delete 删去）键进行操作，按键操作及显示见表 4-18。

表 4-18　删去指令 AND 1104 的按键操作及显示

按键操作	显示屏显示	指示灯
SHIFT + DEL / AND	0410	

指令 AND 1104 被删除后，后面的程序指令所在的地址自动减 1，如指令 OUT 2000 从 0411 移到 0410。

第五节　可编程序控制器的应用

通过上述内容的学习，在掌握了 PLC 基本工作原理和编程方法的基础上，就可以根据控制要求，应用 PLC 构成实际控制系统。

一、典型电路应用示例

例 1　三相笼型异步电动机正转、停、反转、停的控制电路。继电-接触器控制原理图见图 4-52。

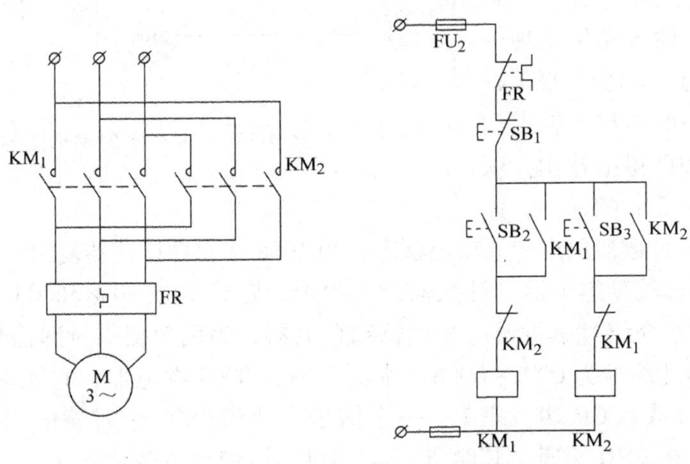

图 4-52　三相笼型异步电动机正反转控制电路

1. 电路的工作原理　正转时，按下正转按钮 SB_2，正转接触器 KM_1 吸合，电动机正转；欲停止时，按下 SB_1，正转接触器释放，电动机正转停；欲使电动机反转，按下 SB_3，反转接触器 KM_2 吸合，电动机反转，按 SB_1 反转接触器释放，电动机反转停。

2. 应用 PLC 先进行 I/O 接口的分配见图 4-53。

输入		输出	
SB_2	1000	KM_1	2000
SB_3	1001	KM_2	2001
SB_1	1002		

图 4-53　I/O 分配图

为了简化程序，减少输入的点数，将 FR 和 SB_1 串联输入。

3. 梯形图的设计　见图 4-54。

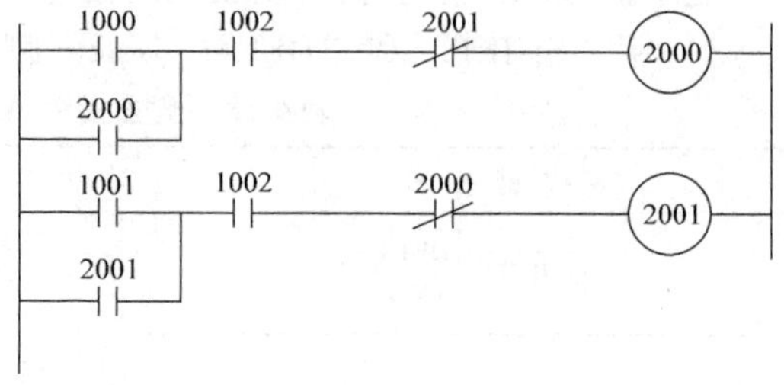

图 4-54　三相笼型异步电动机正反转控制的梯形图

4. 程序编制

0	LD	1000	6	OR	2001
1	OR	2000	7	AND	1002
2	AND	1002	8	AND-NOT	2000
3	AND-NOT	2001	9	OUT	2001
4	OUT	2000	10	END	
5	LD	1001			

例 2　定时/计数指令的组合运用。

利用定时器和计数器配合，设计 24h 的定时输出(60s×1440)，见图 4-55。

控制原理说明：当 1007 闭合，定时器 5100 得电，延时 60s 使 5100 触点动作，其常开触点接通计数器 CP 端(即计数一次)，常闭触点 5100 断开使定时器 TIM 5100 线圈失电复位，又恢复上述的工作过程，一直循环，计数器 5005 输入端每出现一个 CP 信号，数据逐个减少，直至减为 0 时，计数器 5005 的常开触点动作使输出继电器 2100 得电输出，获得延时(60s×1440) = 24h 的输出，此时如果再来 CP 信号计数器仍维持原输出状态；当 1008 接通后计数器复位。

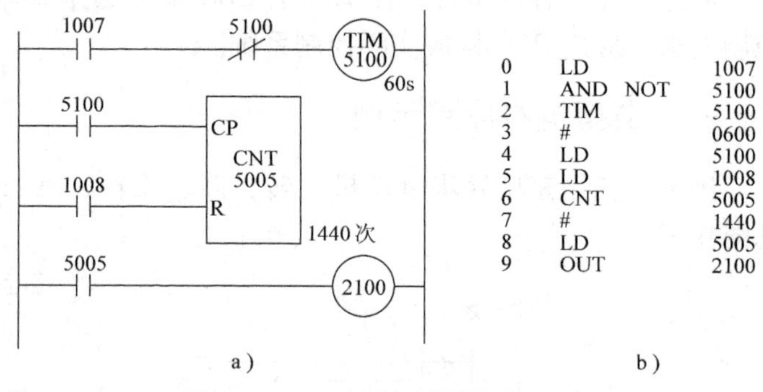

图 4-55　24h 的定时梯形图与程序

a) 梯形图　b) 程序

例 3　专用内部辅助继电器与计数器配合使用，定时 10h(10s×3600)，见图 4-56。

说明：前面已经介绍过该机设有 8 只特殊继电器，为用户提供特殊信号。特殊继电器的识别号为“0”，地址编号为 0001~0008，本例中用到 0004 继电器，它能提供 10s 时钟脉冲。10s 时钟脉冲输入计数器 CP 端，即 10s 一个信号，计满 3600 个时(10s×3600 = 10h)。计数器输出，使输出线圈 2010 接通，其触点闭合(未画出)带动负载。

例 4　两个计数器串联计数一百万次(1000×1000)，见图 4-57。

0	LD	1000
1	AND	0004
2	LD	1001
3	CNT	5115
4	#	3600
5	LD	5115
6	OUT	2010

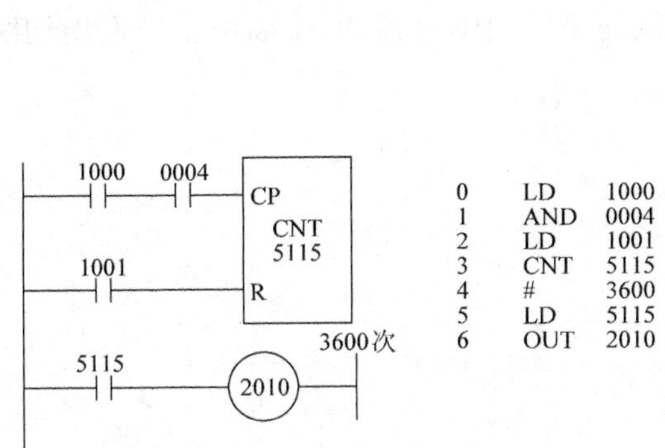

图 4-56　10h 的定时梯形图与程序

0	LD	1000
1	LD	1001
2	OR	5001
3	CNT	5001
4	#	1000
5	LD	5001
6	LD	1002
7	CNT	5002
8	#	1000
9	LD	5002
10	OUT	2003

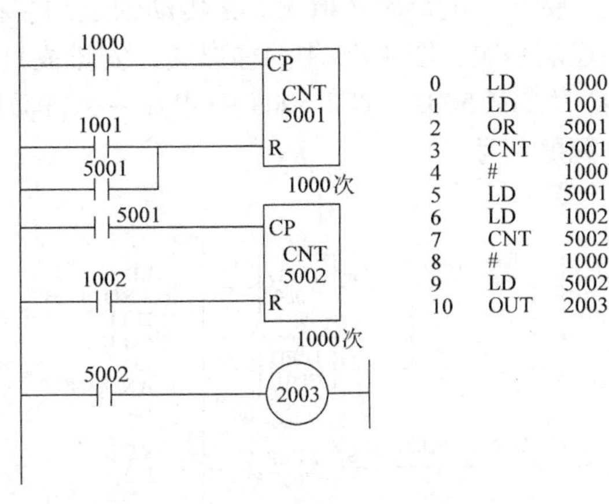

图 4-57　计数一百万次的梯形图与程序

工作原理：由于每一个计数器最大的计数值为 9999 次，现将 5001 计数器设定 1000 次，每计数 1000 次，5001 计数器的常开触点闭合，其中一个触点接通使计数器 5002 计数一次，另一个触点接通 5001 计数器的 R 端复位，以便再次从头计数，直至 1000×1000 次，计数器 5002 的常开触点闭合，使 2003 输出，获得计数一百万次的信号。

例 5　跳转指令的应用。

1）自动循环和点动调整的切换。可利用方式选择开关，见图 4-58a。结合跳转指令 JMP 和 JME 选择自动循环或点动调整。当方式选择开关置自动循环时，输入继电器 1000 常开触点闭合，常闭触点断开，执行自动程序，跳过点动调整程序。当选择点动方式时，则前面的共同程序执行完毕即跳过自动程序而执行点动程序，然后继续执行共同程序。

2）高速计数。见图 4-58b，当需要高速计数时，可以利用跳转指令，跳过其他与高数无关的程序。仅执行与计数有关的程序，这样可以缩短扫描周期，满足高速计数的要求。

a)　　b)

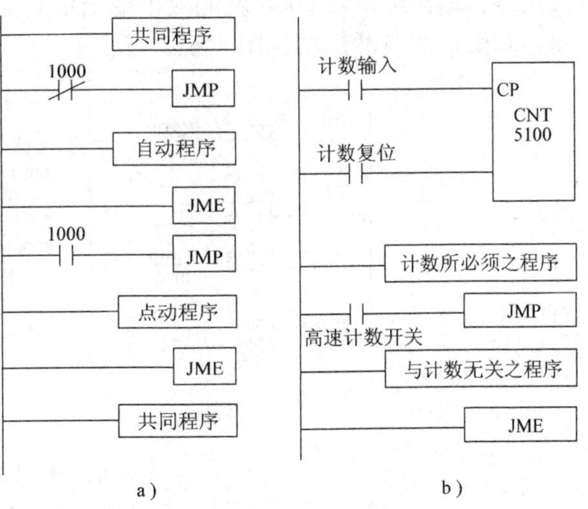

图 4-58　跳转指令的用法

a）自动与点动切换　b）高速计数

例 6　消除开关抖动的影响。行程开关或压力继电器在动作过程中的抖动，在继电-接触器系统中，因电磁惯性一般不会造成误动作，但 PLC 不断以高速循环扫描，抖动信号会被检测造成误动作。图 4-59 的方法可消除这种影响。

说明：

图 4-59 使用 DIFD 与 KEEP 指令配合可以消除开关闭合时产生的抖动。指定继电器 2000 输出一个脉冲信号，其脉宽为一个执行周期(20ms)，即输出触点的动作将持续一个执行周期。使 KEEP 2002 保持可靠动作。

例 7　电机堵转检测。在传动轴上加装接近开关，见图 4-60 中 1003，轴转动一周，开关通断一次，图 4-60 中的梯形图，安排成只有在 1003 的通断状态维持 2s 不变(反映电机堵转)时 TIM 5002，TIM 5003 中才有一个被激励，从而使输出继电器 2001 断电，以发出切断电源的信号。

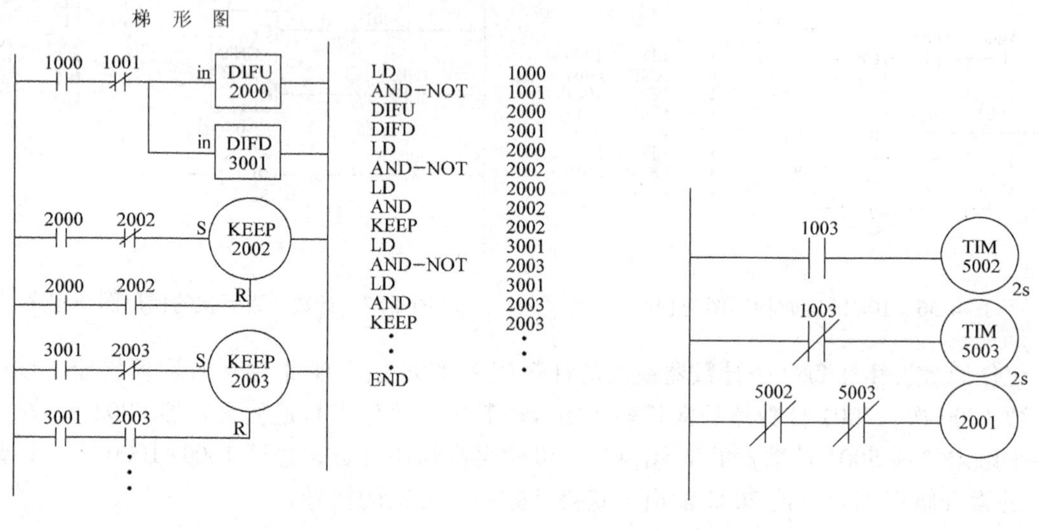

图 4-59　消抖梯形图与程序

图 4-60　电机堵转检测

例 8　一个二进制分频器。

这是个利用内部特殊继电器配合 KEEP 指令编程的实例。

工作原理：利用 PLC 其内部特殊继电器 0003 所提供的 1s 时钟脉冲(即频率为 1Hz)作为输入信号，输出继电器 2000 就能提供输出信号为 2s 的时钟脉冲信号，实现这一个二进制分频器，其梯形图及波形图见图 4-61a、b。

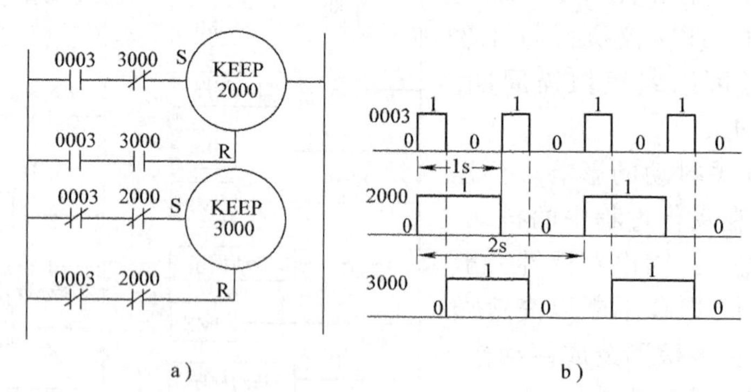

图 4-61　二进制分频器

a) 梯形图　b) 波形图

程序编制

0	LD	0003	6	AND	2000
1	AND-NOT	3000	7	LD-NOT	0003
2	LD	0003	8	AND-NOT	2000

3	AND	3000	9	KEEP	3000
4	KEEP	2000	10	END	
5	LD-NOT	0003			

二进制分频器工作过程如下：

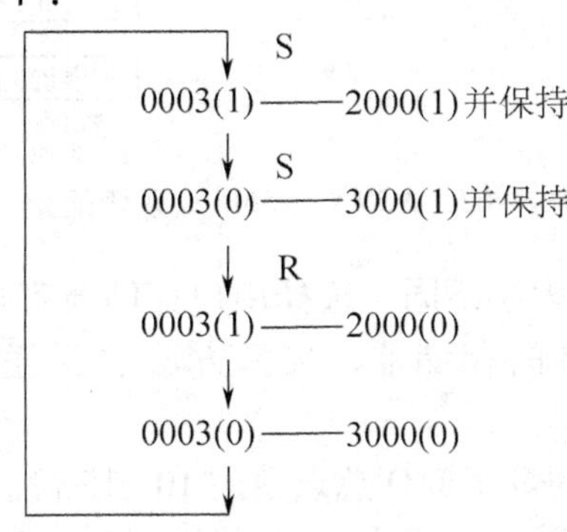

二、PLC 应用设计

结合实际工程，将 PLC 用于实际控制系统中的工作，叫 PLC 的应用设计。主要包括系统设计、软件程序设计、施工设计和安装调试等内容。

1. 系统设计

（1）工艺分析　首先对被控对象的工艺过程、工作特点、控制系统的控制过程、功能和特征进行分析，明确输入输出物理量属开关量还是模拟量(要注意有些连续变化的量,如温度、压力、液位等,在控制系统中只取其上限值和下限值作为控制量,常常可以按开关量处理)，明确划分控制的各个阶段及各阶段的特点，阶段之间转换的条件，画出完整的功能表图或控制流程图。

（2）控制方案的选定　在分析被控对象的基础上，根据 PLC 的技术特点，与继电器-接触器系统、微机系统进行比较，优选控制方案。如果被控制系统具有以下特点，则宜选用 PLC。

1）输入输出以开关量为主，可以有少量模拟量。

2）输入输出点数较多。这是一个相对的概念，在 20 世纪 70 年代，人们普遍认为 I/O 点数应在 70 点以上选用 PLC 才合算，到了 20 世纪 80 年代初，降为 40 点左右，现在随着微机技术的发展，PLC 价格性能比的提高，当总点数超过 20 点时就可以考虑选用 PLC 了。

3）工艺变化或控制系统有扩充的可能。

4）要求控制系统可靠，先进。

5）现场人员有条件掌握 PLC 的使用。

（3）机型选择和硬件配置

1）功能范围。各机型 PLC 功能有些差别，选择机型时要根据系统的实际需要选用合适的型号，以免大材小用造成浪费，或者功能范围不符合应用要求。

2）I/O 点数。统计系统设计中，输入输出的种类及数量决定选用 I/O 模块的种类及数量，一般都有一定数量的扩展单元可供用户配置(当 I/O 点数太多时,可选用中大型 PLC)。ACMY-S256PLC 可有下列几种配置方式见图 4-62。

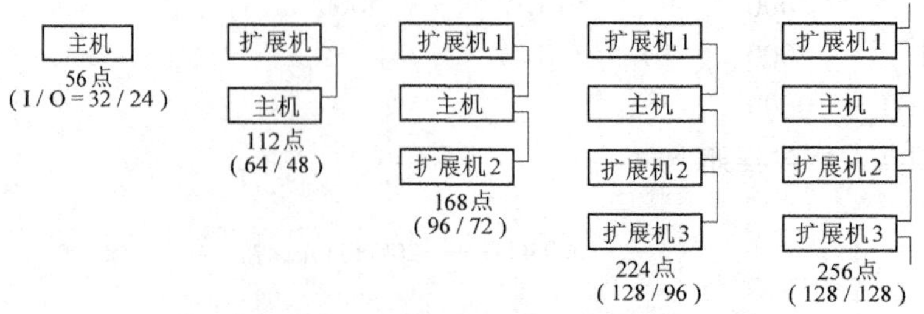

图 4-62　ACMY-S256PLC 系统配置

3）存储器容量。根据系统大小不同，选择用户存储器容量不同的 PLC，一般厂商提供 1K、2K、4K、8K、16K 等容量的存储器，选择方法主要凭经验估算。下面介绍两种估算方法：

PLC 内存容量(指令条数)约等于 I/O 总点数的 10～15 倍。

指令条数=6(I/O)+2(Tm+Ctr)。式中 I/O 为输入输出总点数，Tm 为定时器总数，Ctr 为计数器总数。必要时可加 20%的裕量。

(4）处理时间。PLC 从接受到输入信号到产生输出信号所需要的时间称为处理时间。处理时间的长短不仅决定于 CPU 的循环扫描周期，还与输出继电器的机械滞后，输入信号的到来时刻在扫描周期中的时机，以及程序语句的安排等因素都有密切关系。理论和实践证明，当 PLC 的扫描周期为 20ms 时，一个交流输入信号的处理可达 60ms 左右，这对一般工业控制系统来说已足够灵敏；但对某些控制要求来说还不够理想，例如，对于运动速度为 500mm/s 的物体，要求定位精度是 10mm，那么 PLC 必须至少在 10mm/(500mm/s)= 20ms 之内有所反应才能满足要求。这时需选用具有中断功能的 PLC 或采用快速响应的模块。

2. 软件程序的设计　上几节已逐步介绍了程序设计的方法。这里再补充和强调几点：

1）对那些已成熟的继电-接触器控制电路的生产机械，在改用 PLC 控制时，只要把原有的控制电路作适当的改动，使之成为符合 PLC 要求的梯形图。

2）原来继电-接触器电路中分开画的交流控制电路和直流执行电路，在 PLC 梯形图中要合二为一。

3）PLC 梯形图中，只有输出继电器可以控制外部电路及负载。

4）每一个逻辑行的条件指令(常闭、常开触点)，其数目不限，但是每一个触点都要占用一个指令字，而指令字越多，需要 PLC 的内存容量越大。

5）每一个相同的条件指令可以使用无数次，而不像硬继电器只有有限的触点可供使用。

6）接通外部执行元件的输出指令地址号(输出继电器编号)可以再次作为转换条件指令使用。

7）一些简单，独立的控制电路(如机床中切削液泵电动机的控制电路)，可以不进入 PLC 程序控制。

3. 施工设计　和一般电气施工设计一样，PLC 控制系统的施工设计也要完成以下工作：完整的电路图、电气元件清单、电气柜内电器位置图、电器安装接线互连图。此外，还要作好并注意以下几点：

(1）画出电动机主电路以及不进入 PLC 的其他电路。

（2）画出 PLC 输入输出端子接线图

1）按照现场信号与 PLC 软继电器编号对照表的规定，将现场信号线接在对应的端子上。

2）输入电路一般由 PLC 内部提供电源，输出电路需根据负载额定电压外接电源。

3）输出电路要注意每个输出继电器的触点容量及公共端(COM)的容量。

4）接入 PLC 输入端的有触点电器元件一般尽量用常开触点。

5）执行电器若为感性负载，交流要加阻容吸收回路，直流要加续流二极管。

6）输出公共端要加熔断器保护，以免负载短路引起 PLC 的损坏。

（3）画出 PLC 的电源进线图和执行电器供电系统图

1）电源进线处应设置紧急停止 PLC 的外接继电器控制。

2）若用户电网电压波动较大或附近有大的磁场干扰源，需在电源与 PLC 间加隔离变压器或电源滤波器。

（4）电气柜结构设计及柜内电器位置图　PLC 的主机和扩展单元可以和电源断路器、变压器主控继电器以及保护电器一起安装在控制柜内，既要防水、防尘、防腐蚀，又要注意散热，若 PLC 的环境温度大于 55℃时，要用风扇强制冷却。PLC 的柜壁间的距离不得小于 100mm，与顶盖、底板间距离要在 150mm 以上。

（5）画现场布线图　PLC 系统应单独接地，其接地电阻应小于 100Ω，不可与动力电网共用接地线，也不可接在自来水管或房屋钢筋构件上，但允许多个 PLC 机或与弱电系统共用接地线，接地极应尽量靠近 PLC 主机。敷设信号线时，要注意与动力线分开敷设(最好保持 200mm 以上的距离)，分不开时要加屏蔽措施，屏蔽要有良好接地，信号线要远离有较强的电气过渡现象发生的设备(如晶闸管整流装置,电焊机等)。

4. 总装调试

1）将已设计好的程序用编程器输入到 PLC 用户存储器中。

2）模拟板调试。按实际的控制要求，用开关和灯泡模拟控制对象，进行程序功能的调试。

3）实物模拟试验。采用现场实际使用的检测元件和执行机构组成模拟控制系统，检验控制器的实际负载能力。

4）现场调试。现场安装完毕后进行现场调试，这时应对某些参数(如定时器预置值,传感器的位置与信号大小)进行现场整定或调整。

5）安全检查。最后系统的所有安全措施如接地、保护、互锁等环节作彻底检查。

至此，即可投入考验性试运行，一切正常后，再把程序写入到 EPROM 中去，使其固化。

三、实用控制电路的软件程序设计举例

电路的软件程序设计归纳有如下几个步骤：

1. 系统分析　确定被控系统必须完成的动作及完成这些动作的顺序。确定各个控制装置之间的相互关系。

2. I/O 分配　确定哪些外部设备信号是送入到 PLC，哪些外部设备是接收来自 PLC 信号的，并将 PLC 的输入，输出口与之对应进行分配。

3. 设计梯形图　梯形图体现了按照正确的顺序所要求的全部功能及其关系。在画梯形图时，要注意每个从左母线开始的逻辑行必须终止于一个继电器的线圈或定时器，计数器

等。与实际继电器电路不一样，梯形图右边的母线有时可以不画。

4. 编程　将设计好的梯形图写入到 PLC 的存储器中，一般采用编程器来实现。而使用编程器时，必须先将梯形图编码，也就是把梯形图转变成指令，使之成为 PLC 能识别的语言。

举例

例 9　图 4-63 为三相异步电动机Y-△减压起动控制电路的主电路和用 PLC 对该电动机进行控制的输入输出连接图。

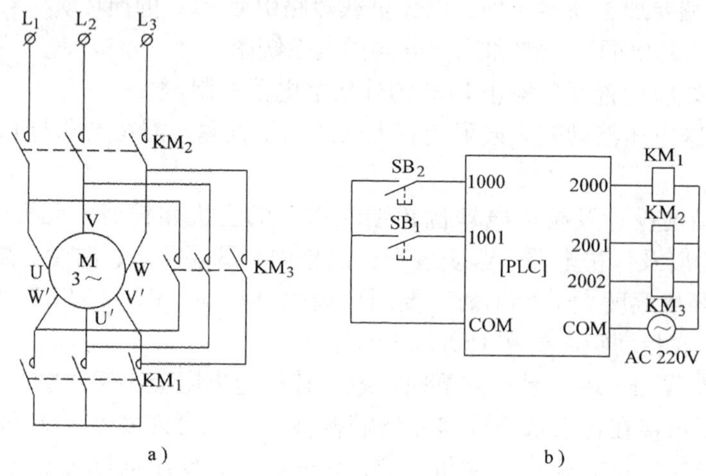

图 4-63　Y-△减压起动主电路和 PLC 输入输出连接图

1. 系统分析　图 4-63 为一个控制三相异步电动机的主电路。在起动时首先使接触器 KM_1、KM_2 的常开触点闭合，使电动机的定子绕组接成Y形。电动机起动旋转后，通过时间控制，待转速上升到一定数值，再使接触器 KM_1 的常开触点从接通到断开，而接触器 KM_3 的常开触点闭合，使电动机的绕组改为△形联结，达到Y形起动△形旋转的目的。

2. 进行 I/O 分配　I/O 连线图见图 4-63。

3. 梯形图及编程　梯形图及程序见图 4-64。

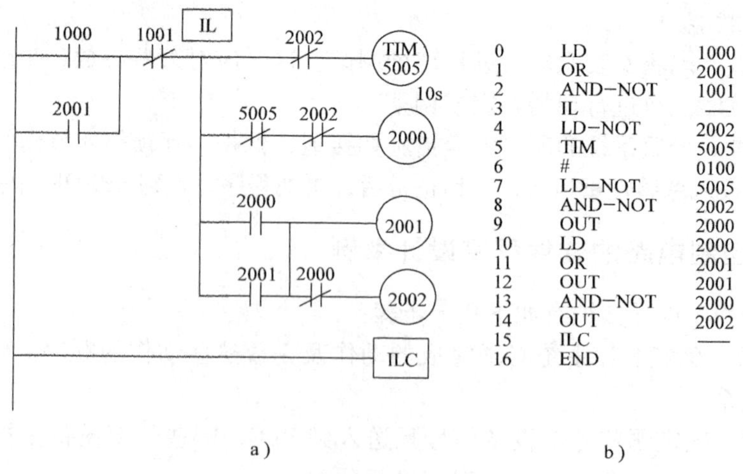

图 4-64　Y-△减压起动梯形图与程序

a) 梯形图　b) 程序

根据梯形图，对其工作原理作如下说明。

按下起动按钮 SB_2，接点 1000 接通，定时器 TIM 开始计时，同时 2000 线圈接通，接触器 KM_1 线圈通电，其常开触点闭合，电动机定子绕组成Y形联结。2000 的常开触点闭合，常闭触点断开，使 2001 线圈接通，而保证 2002 线圈断开。这时 2001 的两个触点接通，其中一个与 1000 接点并联，完成自锁；另一个触点为 2002 线圈的接通做好准备。2001 线圈的接通，使接触器 KM_2 通电动作，接通电动机电源，电动机以Y形联结开始旋转。10s 以后定时器 TIM5005 的常闭触点断开，2000 线圈随之失电，KM_1 失电，电动机定子绕组的Y形联结被切断。2000 的常闭触点恢复闭合，2002 线圈接通，接触器 KM_3 通电动作，电机绕组作△形联结，进入正常工作。2002 的一个常闭触点使定时器复位，另一个触点保证 2000 线圈不再接通。

例 10　液体搅拌控制系统。

一个两种液体的混合搅拌装置见图 4-65。图中：H、I、L 为液面传感器，当液面达到传感器的位置后传感器送出 ON 信号，低于传感器位置时，传感器为 OFF 状态。Y_1、Y_2、Y_3 为三个电磁阀，分别是送入液体 A 与 B，以及放出搅拌好的混合液 C，M 为搅拌电动机。

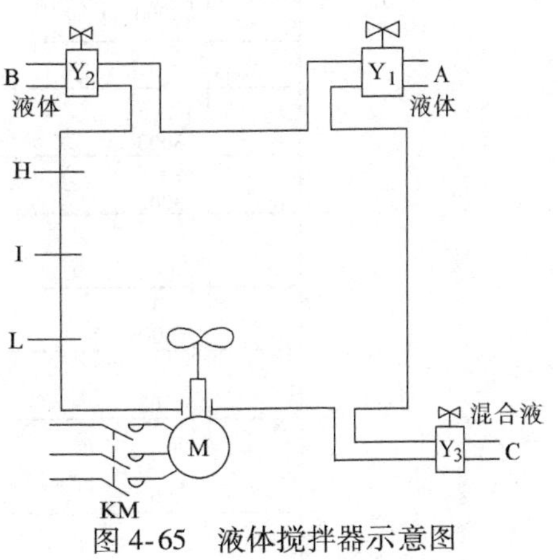

图 4-65　液体搅拌器示意图

控制要求：

起动搅拌器之前，容器是空的，各阀门关闭($Y_1=Y_2=Y_3$)，传感器 H=L=I=OFF，搅拌电动机 M=OFF。

搅拌器开始工作时，先按下起动按钮，阀门 Y_1 打开，开始注入液体 A。当液面经过传感器 L 时使 L=ON，并继续注入液体 A，直到液面达到 I 时，I=ON，使 $Y_1=OFF$，$Y_2=ON$，即关闭阀门 Y_1，停送液体 A，打开阀门 Y_2，开始送入液体 B。

当液面达到 H 时，关闭阀门 Y_2，起动搅拌电动机 M，即 $Y_2=OFF$，M=ON，开始搅拌 20s。搅拌均匀后，停止搅拌，即 M=OFF，打开阀门 Y_3，即 $Y_3=ON$，开始放出混合液体。

当液面低于传感器 L，即 L=OFF，经延时 2s，容器中的液体放空，关闭阀门 Y_3，即 $Y_3=OFF$，自动开始下个操作循环。

若在工作中按下停止按钮，搅拌器不立即停止工作，只有当前混合操作处理完毕后才停止操作，即停在初始状态上。

下面进行 I/O 分配，见图 4-66。

液体搅拌器 PLC 控制系统的梯形图和程序清单见图 4-67。

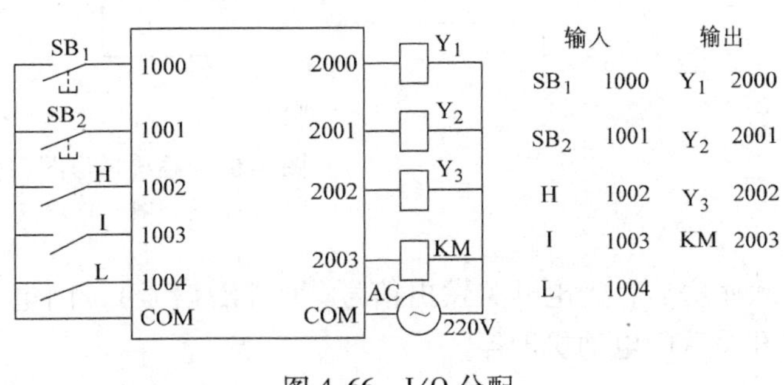

输入		输出	
SB_1	1000	Y_1	2000
SB_2	1001	Y_2	2001
H	1002	Y_3	2002
I	1003	KM	2003
L	1004		

图 4-66　I/O 分配

例 11　汽车库自动门控制设计。自动门的示意图见图 4-68。

1. 系统分析　当汽车到达汽车库房前面，超声波开关接收到来车的信号，开门上升，当升到顶点碰到上限开关，门停止上升，当汽车

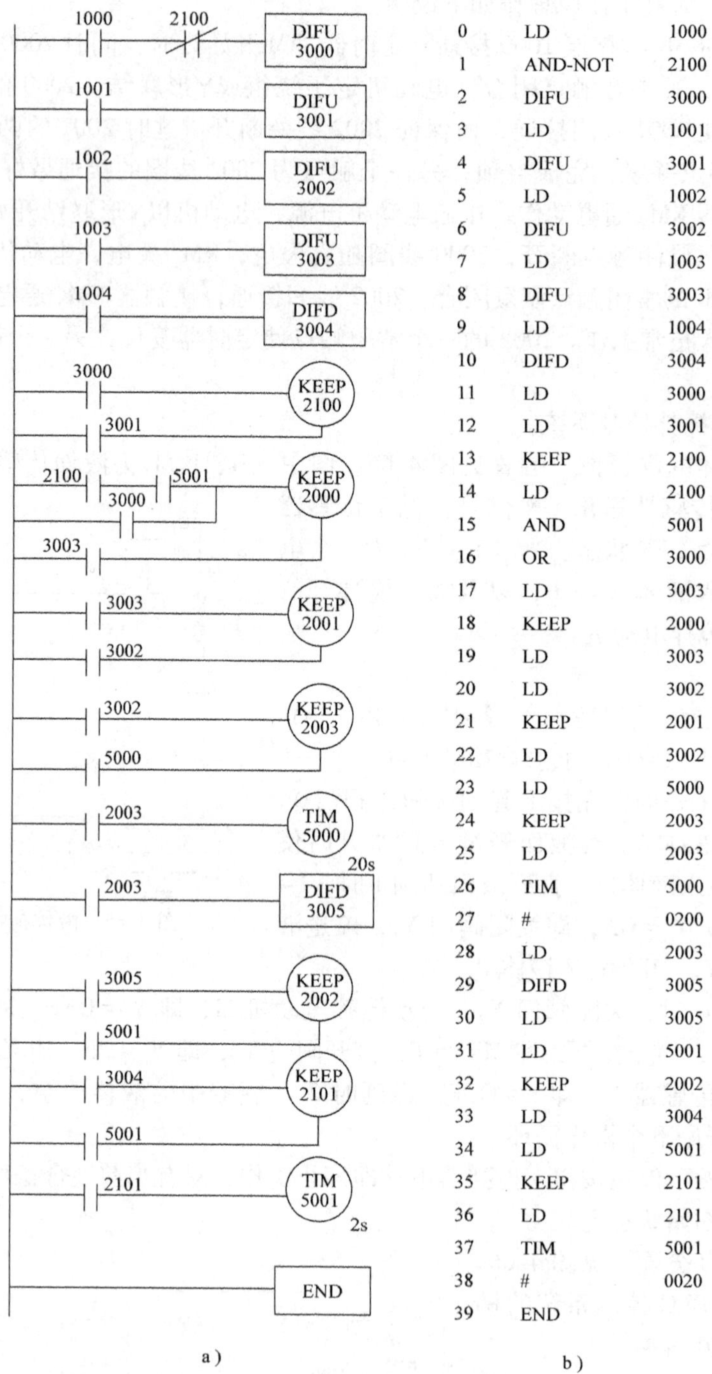

图 4-67　系统梯形图和程序

a）梯形图　b）程序

驶入库房后，光电开关发出信号（下跳沿信号），门电动机反转，门下降，当下降碰到下限位开关后门电动机即停。

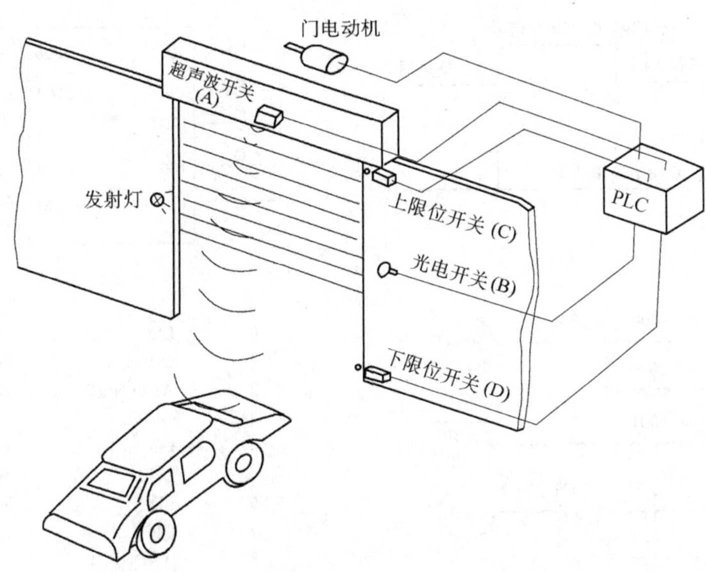

图 4-68　自动门示意图

2. I/O 分配

输入:	继电器号	输出	继电器号
超声波开关(A)	1000	门上升	2000
光电开关(B)	1001	门下降	2001
门上限位开关(C)	1002		
门下限位开关(D)	1003		

光电开关输入输出信号波形见图 4-69a，I/O 分配连接图见图 4-69b。

3. 程序的设计　自动门控制系统的梯形图见图 4-69c。指令程序见图 4-69d。

说明：此例主要介绍 DIFD 指令的应用。

例 12　设计一台包装机的计数控制电路。此电路用来对装配线上的产品进行检测和计数。

要求当电路检测五个产品通过时，产生一个输出信号，用来接通一个电磁阀线圈 2s，以控制下一道工序的进行。

根据题意可以进行 I/O 分配：

1）输入设备。限位开关(SQ)或光电开关(用于检测产品通过，每通过一个产品时，限位开关或光电开关接通一次，即产生一个脉冲信号)，连接的输入点为 1010，输入继电器为 1010。

2）输出设备。电磁阀线圈(Y)，连接的输出点为 2005，输出继电器为 2005。

3）计数器 5010，用以对通过的产品计数。

4）计(定)时器 5000，用以控制输出继电器接通的时间，也就是控制电磁阀线圈接通的时间。

5）辅助继电器 3000，用以产生计数器的清零信号，使计数器复位，同时驱动输出继电器及定时器线圈。

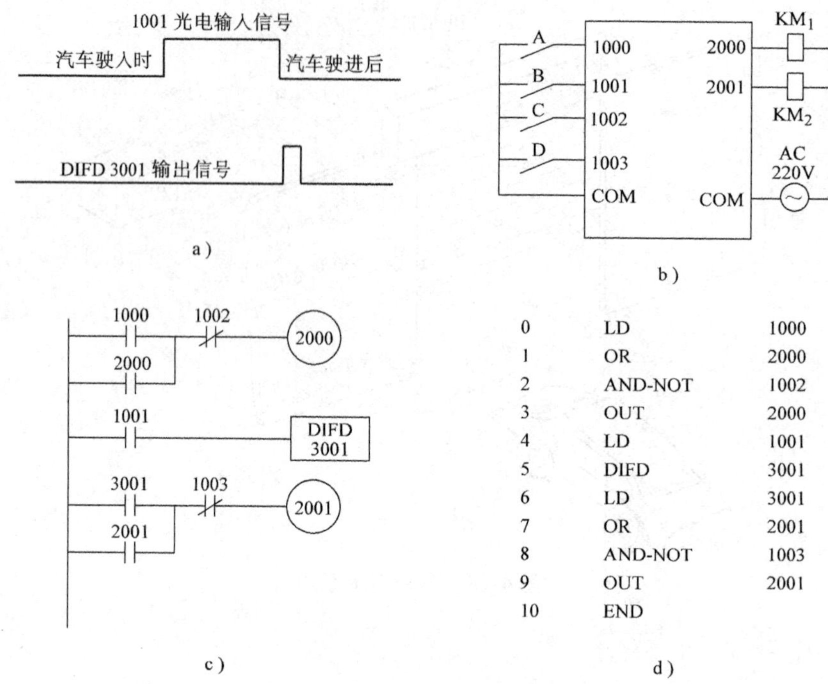

图 4-69　自动门控制系统

a）光电开关输入输出信号波形图　b）I/O 连接　c）梯形图　d）指令程序

PLC 外部输入输出电路及梯形图，见图 4-70a、b。

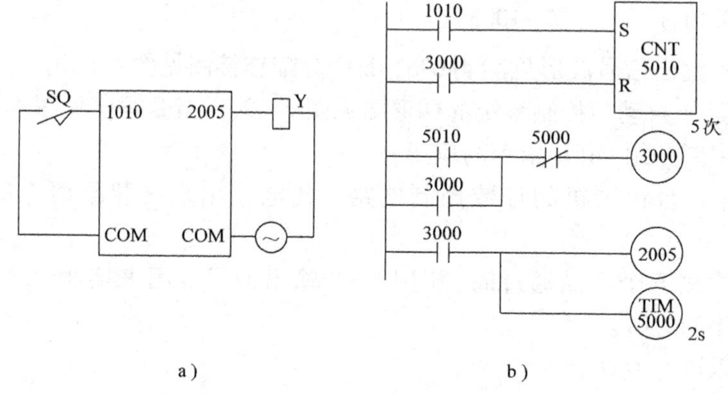

图 4-70　计数控制电路 I/O 分配和梯形图

a)　外部输入输出电路　b）梯形图

程序

0	LD	1010	1	LD	3000
2	CNT	5010	3	#	0005
4	LD	5010	5	OR	3000
6	AND-NOT	5000	7	OUT	3000
8	LD	3000	9	OUT	2005

```
10    TIM       5000     11    #         0020
12    END
```

四、梯形图的功能表图设计法

在工业控制领域，顺序控制的应用面很广，尤其在机械制造行业，几乎无例外地采用顺序控制实现加工的自动循环。

用 PLC 实现顺控，可有多种方法，其一是先设计出继电-接触器控制电路，再转化成梯形图；其二是利用 PLC 中 SFT 指令，由移位寄存器来实现顺控；另外，某些 PLC 还设置了步进梯形指令，如 F_2 系列 PLC 的 STL 指令。这里介绍一种功能表图设计梯形图的方法，它类似于 STL 指令，可适用于只有最基本指令的任何简易型 PLC，尤其在设计较复杂的控制系统时，可免去先设计继电-接触器控制电路的困难和麻烦。利用功能表图设计梯形图，逻辑严密，方法规范，简单易行。

1. 用功能表图描述系统的控制过程

(1) 功能表图的组成、种类及其逻辑表达式　图 4-71 是功能表图的一般形式。矩形框表示生产过程的一个工步；$\boxed{x_i}$ 代表第 i 工步的状态，$x_i=1$ 就执行旁边框内规定的动作，$x_i=0$就不执行。带箭头的有向连线表示状态转化的路线(按习惯从上向下、从左向右转化时可省去箭头)；有向连线中间的短划线称为转换，旁边的文字 a、b 表示转换条件。

由若干工步、转换和有向连线组成的整体，就是功能表图。

顺序控制的基本特点是：各工步按顺序执行，上一工步执行结束，转换信号出现时，立即开通下一工步，同时关断上一工步。图 4-71 中 $x_i=1$ 是第 i 步开通的前导信号，待转换条件满足时($a=1$)；第 i 阶段立即开通(x_i 由 0 变 1)，同时关断前一工步(使 $x_{i-1}=0$)，转换条件 a 称为切换主令。由此可见，开启第 i 阶段($x_i=1$)的条件有两个；$x_{i-1}=1$ 与 $a=1$，关断第 $i-1$ 阶段(使 $x_{i-1}=0$)的条件是一个：$a=1$ 或 $x_i=1$(可以认为 $x_i=1$ 与 $a=1$ 等效)。

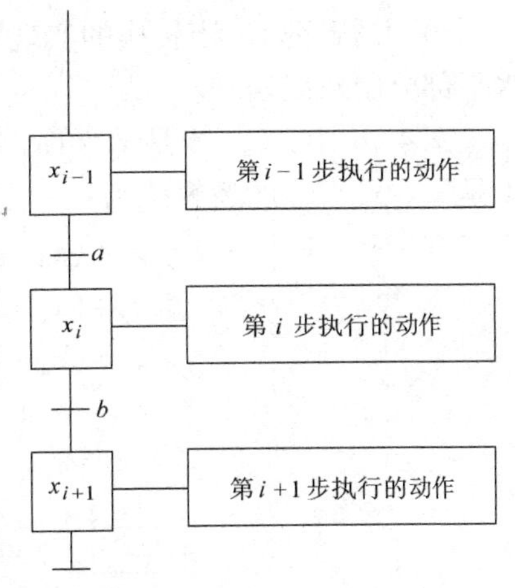

图 4-71　功能表图的组成

图 4-72 画出了电动机单方向串电阻减压起动，停车时串电阻反接制动的功能表图。

根据步与步之间进展的不同情况，功能表图有三种基本结构：

1) 单序列。反映按顺序排列的步相继激活这一种基本的进展情况，见图 4-71 和图 4-72。

根据图 4-71 功能表图第 i 步的开启和关断条件，运用逻辑式可以把第 i 步的状态表达如下：

$$x_i=(x_{i-1}\cdot a+x_i)\cdot\overline{b}=(x_{i-1}\cdot a+x_i)\cdot\overline{x}_{i+1}$$

式中左边的 x_i 表示第 i 步的状态；式中右边：

x_{i-1}——开启第 i 步的前导信号；

a——开启第 i 步的主令信号，即转换条件；

x_i——自锁信号；

$\bar{b}$——第 i 步的关断主令信号，

由于 $\bar{x}_{i+1}$ 与 $\bar{b}$ 是等效的，考虑到PLC的工作特点，通常以 $\bar{x}_{i+1}$ 作为关断第 i 步的主令信号。

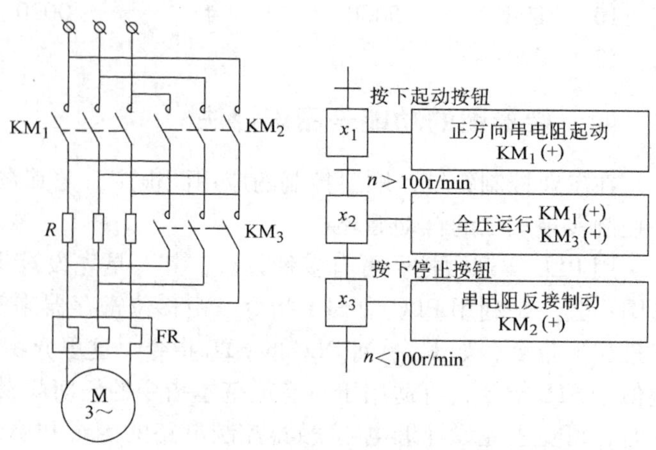

图 4-72 电动机控制的功能表图

2）选择序列一个活动步之后，紧接着有几个后续步可供选择的结构形式为选择序列见图 4-73。序列的各个分支都有各自的转换条件。

图 4-73 中 06 为活动步时，b、d、f 三个转换条件均为有效，但同时转换的可能几乎没有，所以它会作出排它性选择，只沿其中一个分支演化，正像铁路的道岔，扳道员只能选择其中一条。用逻辑式表示 06 步和 08 步的状态为：

$$x_{06}=(x_{05}\cdot a+x_{06})\cdot\overline{b+d+f}=(x_{05}\cdot a+x_{06})\cdot\bar{b}\cdot\bar{d}\cdot\bar{f}$$
$$=(x_{05}\cdot a+x_{06})\cdot\bar{x}_{07}\cdot\bar{x}_{08}\cdot\bar{x}_{09}$$
$$x_{08}=(x_{06}\cdot d+x_{08})\bar{e}=(x_{06}\cdot d+x_{08})\cdot\bar{x}_{10}$$

3）并行序列。当转换的实现导致几个分支同时激活时，采用并行序列。其有向连线的水平部分用双线表示。

图 4-74 中，$x_4\cdot b$ 是 x_5 和 x_7 的共同开启条件，而 x_4 必须在 x_5 和 x_7 都开启后才能关断。于是 x_4、x_5、x_7 的逻辑式为：

$$x_4=(x_3\cdot a+x_4)\overline{x_5\cdot x_7}=(x_3\cdot a+x_4)(\bar{x}_5+\bar{x}_7)$$
$$x_5=(x_4\cdot b+x_5)\bar{x}_6$$
$$x_7=(x_4\cdot b+x_7)\bar{x}_8$$

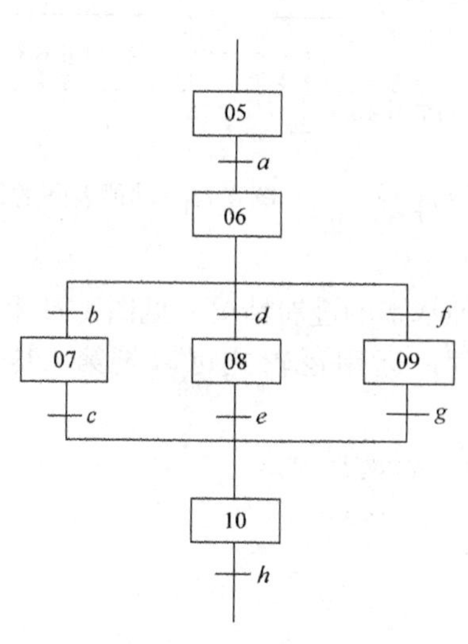

图 4-73 选择序列

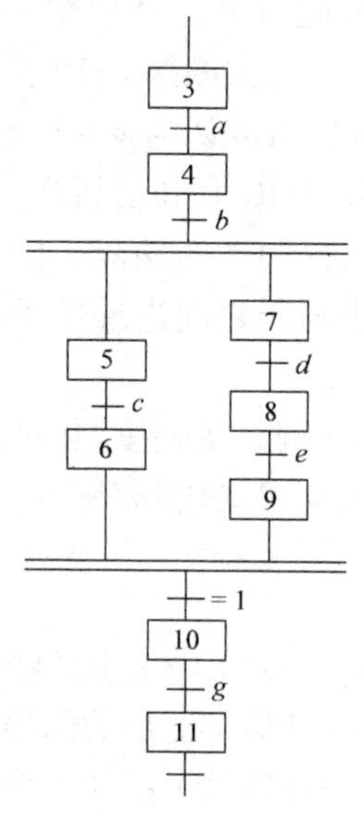

图 4-74 并行序列

并行序列的结束处，只有在 x_6 和 x_9 均为活动步且转换条件为真(=1 表示随时准备转换)时，才能开启 x_{10}并关断 x_6 和 x_9，于是：

$$x_6=(x_5 \cdot c+x_6)\overline{x}_{10}$$

$$x_9=(x_8 \cdot e+x_9)\overline{x}_{10}$$

$$x_{10}=(x_6 \cdot x_9+x_{10})\overline{x}_{11}$$

此处，x_6 和 x_9 具有相同的关断信号，但两个工步的动作一般不会正好同时结束，因此，并行序列各分支的最后一步通常不执行任何动作，其作用是实现各分支间的互相等待。

(2) 跳步、重复和循环　在生产过程中，有时要求在一定条件下停止执行某些原定动作，可用图 4-75a 所示的跳步序列。这是一种特殊的选择序列，当步 2 为活动步时，若转换条件 e 先变成真，则步 3. 4 不被激活而直接转入步 5。

由图可知，步 2 下面有步 3 和步 5 两个选择分支，而步 5 是步 4 和步 2 的合并，按选择序列的规律可写出有关工步的逻辑式：

$$x_2=(x_1 \cdot a+x_2)\overline{x}_3 \cdot \overline{x}_5 \qquad x_3=(x_2 \cdot b+x_3)\overline{x}_4$$

$$x_4=(x_3 \cdot c+x_4)\overline{x}_5 \qquad x_5=(x_4 \cdot d+x_2 \cdot e+x_5)\overline{x}_6$$

在一定条件下，生产过程需重复执行某几个工步的动作，可按图 4-75b 绘制功能表图。当步 7 为活动步时，如果 $i=0$ 而 $h=1$，序列返回到步 5，重复执行步 5、6、7，直到 $i=1$ 才转入步 8。它也是特殊的选择序列，有关工步的逻辑式为：

$$x_4=(x_3 \cdot d+x_4)\overline{x}_5 \qquad x_5=(x_4 \cdot e+x_7 \cdot h+x_5)\overline{x}_6$$

$$x_7=(x_6 \cdot g+x_7)\overline{x}_8 \cdot \overline{x}_5 \qquad x_8=(x_7 \cdot i+x_8)\overline{x}_9$$

在序列结束后，用重复的办法直接返回到初始步，就形成了系统的循环，见图 4-75c。

控制过程开始时的预备状态(如动力头在原位、液压泵已起动…)总是对应着序列的初始步。用双线矩形框来表示初始步。

(3) 初始阶段的激活　由图 4-78c 可看出，在循环过程中，初始步是由前一个循环的最后一步完成后激活的，因此，只要初始步的转换条件为真，就转入一个新的循环。

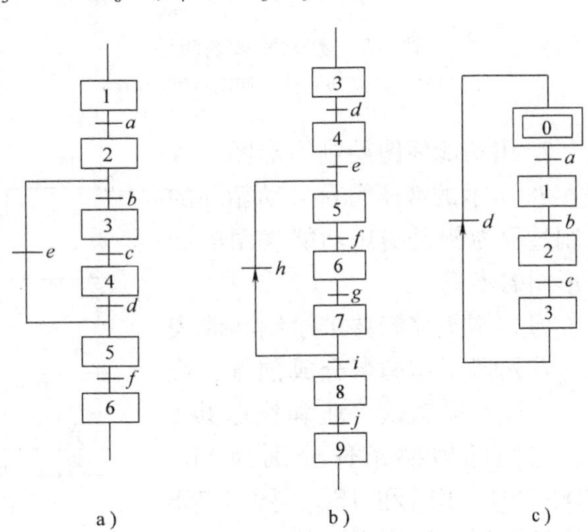

图 4-75　跳步、重复和循环
a) 跳步　b) 重复　c) 循环

但是，在第一个循环中，初始步怎样才能激活呢？通常采用的办法是另加一个短信号，专门在初始阶段激活初始步。它只在初始阶段出现一次，一旦建立了循环，它不能干扰其正常运行。具体讲，可以用按钮或 PLC 的起动脉冲获得这种短信号，我们用虚线矩形框来代表这个起动脉冲见图 4-76，于是，初始步的逻辑式为：

$$x_0=(\mathrm{L}+x_3\cdot d+x_0)\overline{x}_1$$

在特殊情况下，可以采用另加一只中间继电器的办法来获得起动脉冲，图4-76b中的继电器KA_2只在通电瞬间动作一下，其代价是继电器KA_1需在整个循环期间都吸合。

（4）空阶段　功能表图中不执行任何动作的工步，称为空阶段。图4-74的并行序列中，步6和步9通常属于空阶段。图4-77a由两个工步组成的循环中：

$$x_1=(x_2\cdot b+x_1)\overline{x}_2 \qquad x_2=(x_1\cdot a+x_2)\overline{x}_1$$

出现了一个信号既要作本工步的开启信号，又要作关断信号的情况，这将使各工步既不能开启也无法转换。解决的办法是插入一个空阶段3，见图4-77b，其逻辑式为：

$$x_1=(x_3\cdot b+x_1)\overline{x}_2 \qquad x_2=(x_1\cdot a+x_2)\overline{x}_3 \qquad x_3=(x_2\cdot b+x_3)\overline{x}_1$$

空阶段3只在极短的瞬间内激活，其作用是关断步2和开启步1。

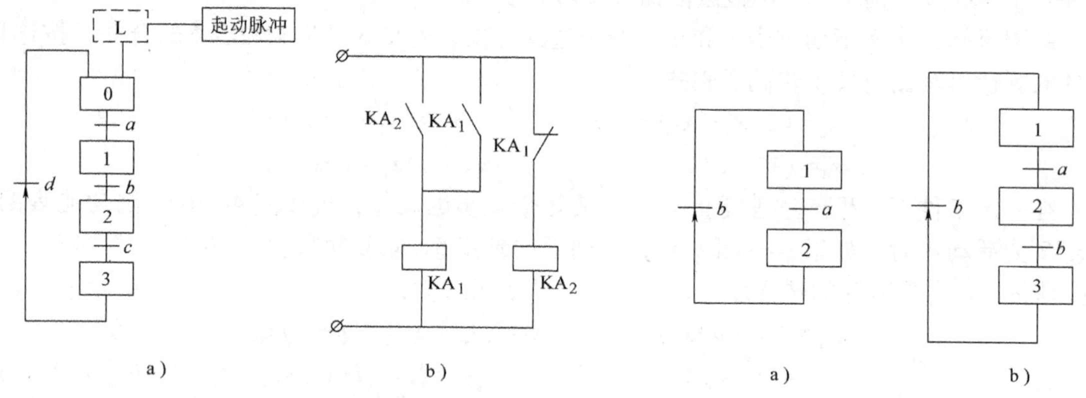

图4-76　初始阶段的激活

a）功能表图　b）获得起动脉冲的电路

图4-77　空阶段

2. 用功能表图绘制梯形图　以图4-78所示的液压滑台自动循环的控制过程为例说明用功能表图绘制梯形图的步骤：

（1）根据控制要求绘制功能表图　首先把工作循环分成预备、快进、工进、碰挡铁停止和快退共5步，它们的转换条件分别为SB、2SQ、3SQ、KP和1SQ。图4-78b画出了它的功能表图，并且填写了各步对应的动作及执行电器的工作情况。

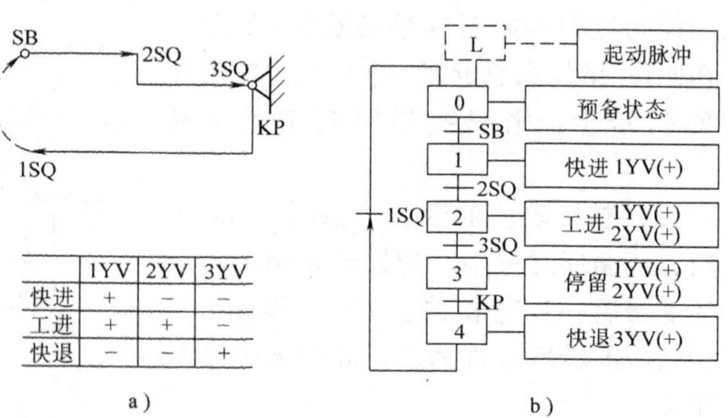

	1YV	2YV	3YV
快进	+	−	−
工进	+	+	−
快退	−	−	+

图4-78　液压滑台的功能表图

（2）编制现场信号与PLC软继电器编号对照表　根据图4-78液压滑台的功能图表，给标在功能表图上的各个现场信号或工步，分配一个PLC软继电器编号与之对应，列出对照表，见表4-19。

表 4-19　液压滑台的现场信号和 PLC 软继电器编号对照表

分　类	输入信号					输出信号			步序继电器					其他
信号名称	起动按钮	原位开关	转工进开关	工进到位开关	压力继电器	快进电磁阀	慢速阀	快退电磁阀	预备状态	一工步	二工步	三工步	四工步	激活初始步
现场信号	SB	1SQ	2SQ	3SQ	KP	1YV	2YV	3YV	x0	x1	x2	x3	x4	L
PLC 数据	1000	1001	1002	1003	1004	2000	2001	2002	4000	4001	4002	4003	4004	0006

分配继电器编号时，一定要以 PLC 内部继电器编号范围和系统配置情况为依据。例如 ACMY-S256 型 PLC，不带扩展单元时，其输出继电器共 24 个，编号范围只能在 2000～2015，2100～2107 之内，但究竟哪一个数据对应哪一个现场输出信号，则可由制表人任意选定。

(3) 工步状态的逻辑表达式　根据功能表图写出五个工步状态的逻辑式，或进一步按现场信号与 PLC 继电器编号对照表直接写出以 PLC 数据表达的逻辑式：

$$x_0=(\mathrm{L}+x_4\cdot 1\mathrm{SQ}+x_0)\overline{x}_1$$

或

$$4000=(0006+4004\cdot 1001+4000)\overline{4001}$$

$$x_1=(x_0\cdot \mathrm{SB}+x_1)\overline{x}_2$$

$$4001=(4000\cdot 1000+4001)\overline{4002}$$

$$x_2=(x_1\cdot 2\mathrm{SQ}+x_2)\overline{x}_3$$

$$4002=(4001\cdot 1002+4002)\overline{4003}$$

$$x_3=(x_2\cdot 3\mathrm{SQ}+x_3)\overline{x}_4$$

$$4003=(4002\cdot 1003+4003)\overline{4004}$$

$$x_4=(x_3\cdot \mathrm{KP}+x_4)\overline{x}_0$$

$$4004=(4003\cdot 1004+4004)\overline{4000}$$

(4) 各执行电器的逻辑表达式　由功能表图可知，三个执行电器的得电工作情况为：

1YV——步 1、步 2、步 3 均得电工作。

2YV——步 2、步 3 得电工作。

3YV——步 4 得电工作。

于是，它们的逻辑表达式为：

1YV——$x_1+x_2+x_3$　　或 2000＝4001+4002+4003

2YV——x_2+x_3　　2001＝4002+4003

3YV——x_4　　2002＝4004

(5) 根据逻辑式画梯形图　由电路的逻辑表达规律，可画出步序继电器和执行电器的梯形图，见图 4-79。

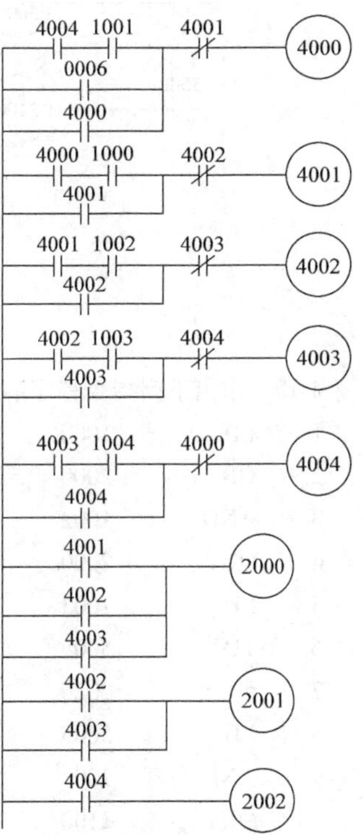

图 4-79　液压滑台的梯形图

思考题与习题

4-1　传统的继电接触器控制系统的主要缺陷是什么？

4-2　与继电接触器系统相比较，可编程序控制器的优点表现在哪些方面？

4-3　可编程序控制器由哪些部分构成的？各部分的作用是什么？

4-4　PLC 的一个扫描周期包括几个阶段？

4-5　一台 ACMY-S256 主机最多可接多少个输入信号？最多可接多少个负载？

4-6　一台 ACMY-S256PLC 机有哪几种软继电器？它们的用途分别有哪些？编号范围[即通道(CH)分配]如何？

4-7　PLC 的输入、输出继电器分别有何作用？

4-8　根据题 4-8 的梯形图编写程序。

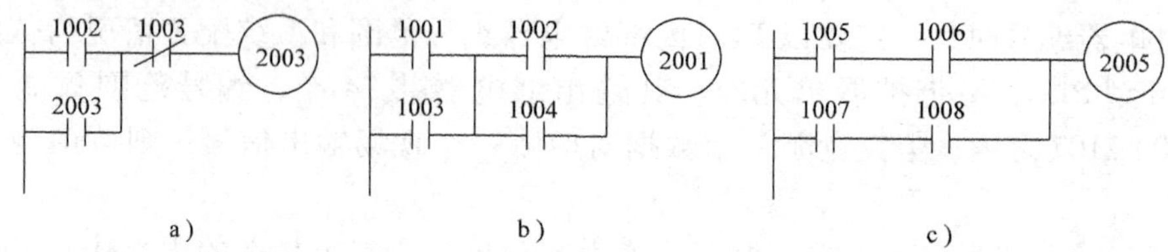

题 4-8 图

4-9　根据题 4-9 的梯形图编写程序。

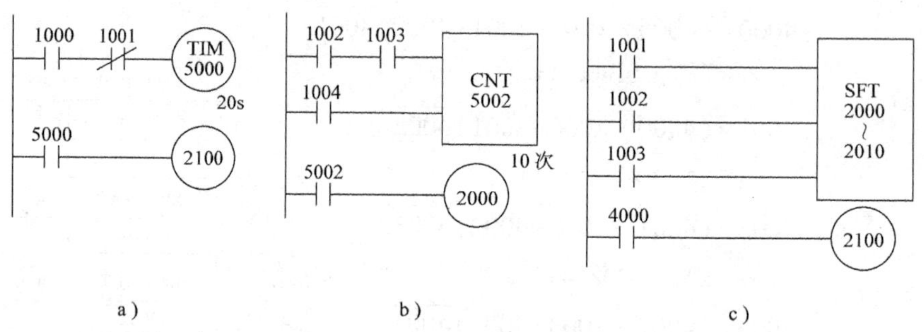

题 4-9 图

4-10　作出下列指令程序的梯形图。

1	LD	1000	11	LD-NOT	2100
2	OR	2000	12	AND-NOT	1005
3	AND	1002	13	OUT	2005
4	OUT	2000	14	LD	1006
5	LD	1003	15	LD	1007
6	TIM	5005	16	CNT	5009
7	#	0020	17	#	0060
8	LD	5005	18	LD	5009
9	AND-NOT	1004	19	OUT	2006
10	OUT	2100	20	OUT	2008
			21	END	

4-11　作出下列指令程序的梯形图。

1	LD	1002	14	LD	2000
2	AND	1003	13	DIFD	2007
3	LD	3000	16	LD	2007
4	AND	3001	17	OR	2001
5	OR-LD		18	AND-NOT	

6	OR	2005	19	OUT	2100
7	ADN	1004	20	LD	2100
8	AND-NOT	1005	21	TIM	5002
9	LD	1006	22	#	0050
10	AND	1007	23	LD	5002
11	OR	1008	24	OUT	2003
12	AND-LD		25	END	
13	OUT	2000			

4-12　根据题 4-12 图编写指令程序。

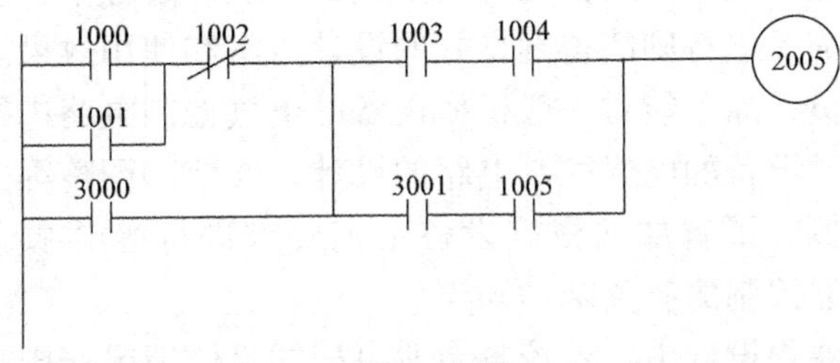

题 4-12 图

4-13　简化题 4-13 图中所示的梯形图。

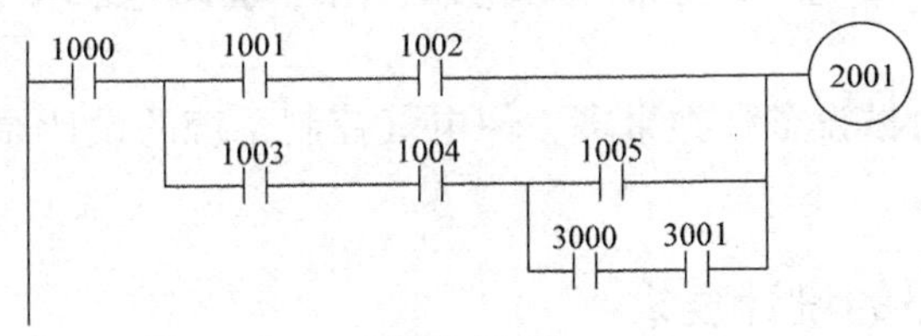

题 4-13 图

4-14　根据题 4-14 图编写指令程序。

4-15　PLC 有哪几种工作方式？分别执行哪些操作？

4-16　利用 ACMY-S256 型 PLC 机实现下述控制要求，分别绘出其梯形图。

1）电动机 M_1 先起动后，M_2 才能起动，M_2 能单独停机。

2）M_1 起动后，M_2 才能起动，M_2 能点动。

3）M_1 先起动后，经过 10s 后 M_2 能自行起动。

4）M_1 先起动后，经 15s 后 M_2 自行起动，当 M_2 起动后，M_1 立即停机。

5）起动时，M_1 起动后 M_2 才能起动；停止时，M_2 停止后；M_1 才能停机。

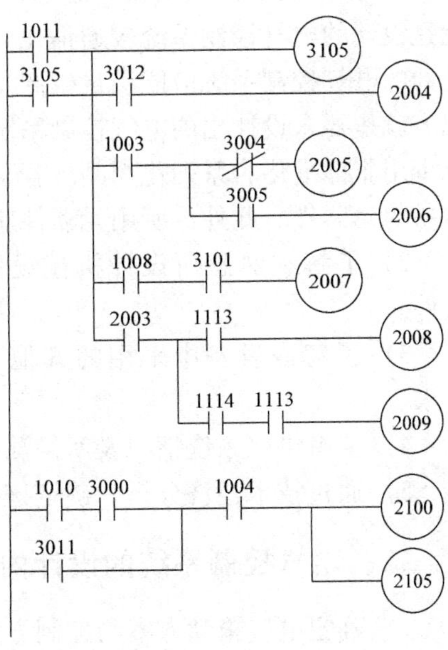

题 4-14 图

*第五章　电气控制电路设计

随着机械设备、工艺要求的不断提高，机械设备的结构和使用性能、动作程序、自动化程度等方面都与电气控制的自动化程度有着十分密切的关系。一台先进的设备，往往都配备有先进、合理的电气控制系统。在现代化的机械工程设计中，电气控制的设计越来越占有重要的地位，作为机械工程的技术人员在进行机械设备的设计过程中，能和电气控制系统设计同时考虑、相互依赖、交叉进行则能得到良好的设计方案和使用效果。为此，在学习完前面几章内容的工程技术人员，除了能对一般机械设备的电气控制电路进行分析外，通过本章的学习，还应能对一般机械设备的电气控制电路的设计、安装和调整等方面的知识有一定的了解。通过应用设计的实例，了解如何根据设备工艺要求进行继电-接触器控制系统的设计，并能应用可编程序控制器控制的有关基本知识。

本章所述内容，在课程设计中，各校各专业可根据具体情况安排有关内容和项目。

第一节　电气控制系统设计的基本要求和内容

工业生产中所用的机械设备种类繁多，但电气控制系统的设计原则、设计方法和步骤基本上相同。

一、电气控制电路的设计要求

1）必须树立正确的设计思想，即要有群众观点、工程实践观点和经济观点。群众观点就是设计的电气控制系统较通俗化，一般人员经过短期培训就能掌握操作，能进行维修，新设计的电气控制系统应能满足生产工艺要求，具有安全、可靠、维护方便的特点。工程实践观点就是要求设计出的电气控制系统所采用的电气元器件具有标准化、系列化的产品，不用或少用非标准化、系列化产品。若采用非标准化、系列化产品，应是结构简单、设计制造较容易的元器件。此外，所用元器件应便于安装和调整。还应注意经济性。

2）了解和熟悉所设计机械设备的总体技术要求、加工工艺过程和生产现场的工作条件。

3）了解该设备中采用的其他系统，如液压系统、气动系统对电气控制系统的技术要求。

4）了解供电系统情况及所需测量器具的种类等。

5）通过技术经济分析，确定该控制系统具有的自动化、专业化和通用化程度。

二、电气控制系统的设计内容

1）确定电气拖动方案与控制方案。

2）选择拖动电动机的结构形式、型号与容量。

3）设计电气控制系统原理图。

4）设计、绘制非标准电器元件和安装零件。

5）绘制电器位置图，电气系统互连图。

6）设计和选择电气设备元器件，并列出电器元件明细表。

7）编写电气控制系统工作原理和使用说明书。

设计中可根据被控制设备、机构的复杂程度，对以上各项内容可适当增减，直至达到设计要求。

第二节　电力拖动方案的确定原则与电动机的选择

一、电力拖动方案的确定原则

电力拖动方案的确定是以后电气设计内容的基础和先决条件。确定电力拖动方案的一般原则：

1. 确定机械设备传动系统的调速方式　根据机械设备对调速范围、调速精度、调速平滑性的要求来确定调速方案。

调速方式有机械调速和电气控制调速两种。机械调速是通过电动机驱动变速机构或液压传动装置来实现的，但其调速范围小，结构复杂，传动效率低。电气控制调速中对调速指标要求不高的设备，可采用结构简单、运行可靠、价格低廉、维护方便的三相笼型异步电动机拖动。若要进一步简化机械设备的传动机构，提高传动效率，扩大调速范围，可采用多速笼型异步电动机拖动。对于要求调速范围大，平滑性能好，起动、制动频繁，长期运行在低速范围的机械设备的拖动方案，应采用直流调速系统。目前常用的直流调速系统有晶闸管直流电动机调速系统和直流发电机—电动机组调速系统等。由于直流调速系统具有体积大、成本高、维修困难等缺点，只在调速指标要求高的场合使用。随着电子变流技术、微电子技术的发展，为交流调速传动奠定了技术基础，使之能与直流调速系统竞争。此外，还能采用能耗转差调速(即转子串电阻,电磁转差离合器,变定子绕组电压)，串级调速和变频调速等方法。但由于上述交流调速系统的控制设备其造价高，运行效率较低，技术较复杂，实际应用仍有较大的难度，还有待于进一步的研究与发展。

2. 拖动方式　拖动方式有以下两种：

单独拖动。一台设备只有一台电动机拖动，通过机械传动链将动力送到每个工作机构。

分立拖动。一台设备由多台电动机分别拖动各个不同的工作机构。

电力拖动发展的趋势是电动机逐步接近工作机构，形成多电动机控制的拖动方式，这样能缩短机械传动链，提高系统的传动效率，便于实现自动化，又能使总体结构简化。因此，传动方式的选择要根据设备的结构情况和生产工艺要求，确定应选用电动机的数量。

3. 调速性能与负载特性　在选择电动机调速方案时，要使电动机的调速特性与生产机械的负载特性相适应。电动机的调速特性是指电动机在整个调速范围内的转矩、功率与转速之间的关系，是恒功率输出还是恒转矩输出。而生产机械的负载特性有恒功率和恒转矩。当恒功率负载时，应采用恒功率的调速方案。当恒转矩负载时，同理应采用恒转矩的调速方案。否则，电动机的功能不能得到充分合理的应用。

4. 机械设备传动系统的起动、反向、制动的控制方案　机械设备运动部件传动系统的起动、停止、反向运转及制动的过程，采用控制电动机来实现较简单、容易。

一般情况下，若电动机容量小于供电变压器容量的20%，可采用直接起动控制的方法。否则，可采用减电压起动控制的方法。若要求具有较大起动转矩的设备，则可采用绕线转子异步电动机转子串电阻限流的拖动方案。

为了便于加工中测量、装卸工件或者更换刀具，要求传动系统能准确、迅速地停机时，可采用机械的或电气的制动方法。当传动系统工作循环较长，且不反向工作时，宜采用控制电路较简单的反接制动方法。若要求制动过程准确、平稳，且不允许有反转可能性时，则应采用能耗制动控制方法。对于高动态性能的设备，需采用反馈控制系统、步进电机系统以及其他较复杂的控制手段来满足起动、制动、反向、快速且平稳的要求。

5. 控制方案的选择　在确定了系统的传动形式之后，进行控制方案的选择时，应根据实际情况，实事求是地进行，既防止脱离实际，也应避免陈旧保守。在保证系统功能的情况下，使用的电气元件较少越好，控制电路越简单越好，以求增加系统工作的可靠性。

普通机床需要的控制元件数不多，其工作程序往往是固定的，使用中一般不需要改变原有程序，可采用有接点的继电-接触器控制系统（虽然该控制系统在电路结构上是呈“固定式”的），它具有控制功率较大、控制方法简单、价格便宜、易掌握和使用很广的特点。

在控制系统中需要进行模拟量处理及数字运算的，输入输出信号多，控制要求复杂或经常要求变动的，控制系统体积小、动作频率高、响应时间快的，均可根据情况采用可编程控制、数控及微机控制方案。

在生产自动线中，可根据控制要求和联锁条件的复杂程度不同，可采用分散控制或集中控制的方案。但各台单机的控制方案和基本控制环节应尽量一致，以便简化设计和制造过程。

为满足生产工艺的某些要求，在电气控制方案中还应考虑下述诸方面的问题。如采用自动循环或半自动循环，手动调整，动作程序变更，系统的检测，各个运动之间的联锁，各种安全保护，故障诊断，信号指示，照明等。

电气控制系统中控制方式的选择，可根据现场实际工作情况或因负载变化而出现的问题来确定。控制方式主要有时间控制、行程控制、速度控制、电流控制等。

简单的控制电路（电磁器件在五件以下）电源，可直接由电网供电。当控制电器较多（电磁器件在五件以上），电路分支较复杂，可靠性要求较高的，应采用控制变压器隔离和降压供电，或采用直流低压供电，这样可节省安装空间，便于与无触点元件联系，动作平稳，检修与操作安全。

二、电动机选择

正确地选择电动机是电气控制系统安全、可靠、经济和合理工作的保证，也是实现自动化控制的前提。选择电动机应遵守的基本原则是：

1）电动机的机械特性、起动特性和调速特性应适合于生产机械的特点，满足生产机械的要求。

2）电动机在工作过程中，其功率应被充分利用。

3）电动机的结构型式应适合生产机械周围环境的条件。

4）电动机的电流种类，是选用交流电动机，还是直流电动机，要根据生产机械的要求而定。

电动机选择合理，才能达到既经济又好用的目的。

电动机的选择主要是选择电动机的容量、电流种类、额定电压、额定转速和结构型式等。

1. 电动机容量的选择　正确地选择电动机的容量具有很重要的意义。因此，在为某一台生产机械选配电动机时，首先需考虑电动机的容量，即电动机的额定功率。如果电动机的容量选得过大，虽能保证设备的正常运行，但电动机经常处于不满负荷的情况下运行，功率不能充分利用，电效率和功率因数都不高，造成电力浪费和增加设备投资、运行费用。如果电动机的容量选得过小，除不能充分发挥生产机械的效能外，由于电动机负载过重，长期处于过载情况下工作，使电动机过早地损坏，以致烧毁，不能保证电动机和生产机械的正常运行。因此，必须合理地选择电动机的容量。但是，要合理、准确地选择电动机容量是比较困难的，因为多数机床或机械设备的负载情况比较复杂。以切削机床为例，切削用量变化很大，机床传动系统损失很难计算得十分准确等。因此，通常可采用调查、统计、类比或采用分析与计算相结合的办法来选择。

（1）分析计算法　分析计算法是按照机械功率估计电动机的工作情况，预选一台电动机，按电动机的实际负载情况作出负载图，并校验温升情况，确定预选电动机是否合适。若不合适再另行改选，再作负载图，再次校验温升，直至所选电动机合适为止。

该方法是根据电动机发热情况来确定电动机容量的大小。在温升允许的范围内，电动机绝缘材料的寿命约为15~25年。若温升超过允许范围，电动机的使用年限就要缩短，一般来说，超过允许温升8℃，使用年限就要缩短一半。电动机的发热情况还与负载的大小及运行时间的长短(运行方式)有关。

根据电动机的不同运行方式(长期运行、短时运行和重复短时运行)，其容量选择：

1）长期运行方式电动机容量的选择。在恒定负载条件下，长期运行的电动机其容量按下式计算：

$$P=\frac{\text{生产机械所需功率}}{\text{效率}} \tag{5-1}$$

在变动负载条件下长期运行的电动机，选择其容量时，常采用等效负载法，也就是假设一个恒定负载来代替实际的变动负载。这个负载的发热量应与变动负载的发热量相同，然后按上述恒定负载条件下选择电动机容量。

2）短期运行方式电动机容量的选择。短期运行方式电动机的温升在电动机工作期间未达到稳定值，而电动机停止运转时，电动机能完全冷却到周围环境的温度。电动机在短时间运行时，可以允许过载，工作时间越短允许过载也可越大，但最大的过载量必须小于电动机的最大转矩。

3）重复短时运行方式电动机容量的选择。专门用于重复短时运行方式的交流异步电动机为JZR和JZ系列。标准负载持续率为15%、25%、40%和60%四种，重复运行周期不大于10min。电动机的容量也应当用等效负载法来选择。

（2）调查统计类比法

1）统计分析法：我国机床制造厂对不同类型机床，常采用以下统计分析公式来计算机床主电动机的容量(单位为kW)：

车床 $$P=36.5D^{1.54} \tag{5-2}$$

立式车床 $$P=20D^{0.88} \tag{5-3}$$

式中 D——工件最大直径(m)。

摇臂钻床 $$P=0.0646D^{1.19} \tag{5-4}$$

式中 D——最大钻孔直径(mm)。

卧式镗床 $$P=0.004D^{1.7} \tag{5-5}$$

式中 D——镗杆直径(mm)。

龙门铣床 $$P=\frac{1.16B}{1.66} \tag{5-6}$$

式中 B——工作台宽度(mm)。

外圆磨床 $$P=0.1KB \tag{5-7}$$

式中 B——砂轮宽度(mm);

K——砂轮主轴用滚动轴承时，$K=0.8\sim1.1$；砂轮主轴用滑动轴承时，$K=1.0\sim1.3$。

当机床的主运动和进给运动由同一台电动机驱动时，则应按主运动电动机功率计算。若进给运动由单独一台电动机驱动，并具有快速移动功能时，则电动机功率应按快速移动所需功率来计算。快速移动所需要的功率，可由表5-1中所列数据选择。

表5-1 驱动机床运动部件所需电动机功率

机床类型		运动部件	移动速度/(m/min)	所需电动机功率/kW
卧式车床	$D_m=400$mm	溜板	6~9	0.6~1
	$D_m=600$mm	溜板	4~6	0.8~1.2
	$D_m=1000$mm	溜板	3~4	3.2
摇臂钻床 $d_m=35\sim75$mm		摇臂	0.5~1.5	1~2.8
升降台铣床		工作台	4~6	0.8~1.2
		升降台	1.5~2	1.2~1.5
龙门铣床		横梁	0.25~0.5	2~4
		横梁上的铣头	1~1.5	1.5~2
		立柱上的铣头	0.5~1	1.5~2

2）类比法：通过对长期运行的同类生产机械的电动机容量调查，对其主要参数、工作条件进行类比，从而确定电动机的容量。

2. 电动机电流种类选择　电动机电流种类的选择原则：

(1) 优先选用三相笼型异步电动机　三相交流电源是最普遍的动力电源，不必经过任何变动就可直接加到三相笼型异步电动机上使用。同时，三相笼型异步电动机还具有结构简单、价格便宜、维护方便、运行可靠等优点。

三相笼型异步电动机的缺点是起动和调速性能差。因此，在不要求电动机调速的场合或对起动性能要求不高的生产机械，如水泵、通风机、空气压缩机、传送带、一般的切削动力头、大型机床及轧钢机的辅助运动机构和一些小型机床都使用三相笼型异步电动机。

在要求有级调速的生产机械上，如电梯及某些机床可选用双速、三速、四速笼型异步电动机。在要求高起动转矩的一些生产机械，如纺织机械、压缩机及皮带运输机等，可选用具有高起动转矩的三相笼型异步电动机。

由于晶闸管变频调速和调压调速等新技术的发展，三相笼型异步电动机将大量应用在要求无级调速的生产机械上。

（2）选用绕线转子异步电动机　对要求有较大的起动、制动转矩及要求一定调速的生产机械，如桥式起重机、电梯、锻压机械等起动、制动比较频繁的设备，常选用绕线转子异步电动机。一般采用转子串接电阻的方法实现起动和调速，但其调速范围有限。近年来，使用晶闸管串级调速，大大扩展了绕线转子异步电动机的应用范围。在水泵、风机的节能调速，压缩机、不可逆轧钢机、矿井提升机、挤压机等生产机械上串级调速已被日益广泛地应用。

（3）选用直流电动机　它可以实现无级起动和调速，且起动和调速的平滑性好，调速范围宽、精度高。对于那些要求在大范围内平滑调速以及准确的位置控制等生产机械，如高精度数控机床、龙门刨床、可逆轧钢机、造纸机等，可使用他励或并励直流电动机。对于那些要求电动机起动转矩大、机械特性软的生产机械，如电车、重型起重机等可选用串励直流电动机。

3. 电动机额定电压的选择　当所选用电动机的额定电压低于供电的电源电压时，电动机将由于电流过大而被烧毁，或因电动机绕组绝缘被击穿而损坏。所选电动机的额定电压若高于供电电源电压，电动机或不能起动，或由于电流过大而减少其使用寿命，以致被烧毁。

对于交流电动机，其额定电压应与电动机运行场地供电电网的电压相一致。直流电动机一般是由车间交流供电电压经整流器整流后的直流电压供电，选择电动机的额定电压时，要与供电电网的电压及不同形式的整流电路相配合。当直流电动机由不带整流变压器的晶闸管可控整流电路直接供电时，要根据不同形式的整流电路选择电动机额定电压。

4. 电动机额定转速的选择　电动机额定转速选择的合理与否，对电力拖动系统的技术指标和经济指标都有较大的影响。相同容量的电动机，额定转速越高的，其额定转矩就越小，从而电动机的尺寸、重量和成本也小。因此，选用高速电动机比较经济。但是，由于生产机械速度一定，电动机转速越高，减速机构的传动比也越大，使减速机构庞大，机械传动机构复杂。因此，在选择电动机额定转速时，必须全面考虑电动机和机械两方面的因素。

断续工作方式或经常正反转的机械设备，要求电动机频繁起动、制动，希望起动和制动越快越好。对于额定转速低的电动机，按说起动和制动应快，但低速电动机的体积大，因此其机械惯性大，又会延缓起动制动过程。通常，电动机的额定转速选在750~1500r/min较为合适。

5. 电动机形式的选择　电动机按其工作方式可分为连续工作制、短时工作制和断续周期工作制三类。原则上，不同工作方式的负载，应选用对应工作制的电动机，但亦可选用连续工作制的电动机来代替。

电动机的结构形式按其安装方式的不同，可分为卧式与立式两种。卧式的转轴是水平安放的，立式的转轴则与地面垂直，两者的轴承不同，因此不能混用。在一般情况下，应选用卧式的。立式电动机的价格较贵。对于深井水泵及钻床等，为了简化传动装置，才采用立式电动机。电动机一般两边都有伸出轴，一边可安装测速发电机，另一边与生产机械相连。

为了防止周围的介质对电动机的伤害，或因电动机本身故障而引起的灾害，电动机必须根据不同环境选择适当的防护型式。按电动机的防护形式不同可分为以下几种类型电动机。

（1）开启式　这类电动机价格便宜，散热好，但容易渗透水气、铁屑、灰尘、油垢等，影响电动机的寿命和正常运行。因此，它只能用于干燥及清洁的环境中。

（2）防护式　这类电动机可防滴、防雨、防溅，并能防止外界物体从上面落入电动机内部，但不能防止潮气及灰尘侵入。因此，适用于干燥和灰尘不多且没有腐蚀性和爆炸性气体的环境。在一般情况下均可选用此形式的电动机。

（3）封闭式　这类电动机分为：自扇冷式、他扇冷式及封闭式三种。前两种可用于潮湿、多腐蚀性、多灰尘及易受风雨侵蚀等环境中。第三种常用于浸入水中的机械（如潜水泵电动机）。此种电动机价格较贵，一般情况下尽量少用。

（4）防爆式　这种电动机应用在有爆炸危险的环境中。

第三节　电气控制电路的设计

一、设计电气控制电路的原则和内容

机械设备的电力拖动方案和电动机选定之后，就可以进行电气控制的电路设计。

1. 电路设计的原则

1）电气控制电路应最大限度地满足机械设备加工工艺过程的要求。设计前要深入现场收集资料，了解设备工作性能，结构特点和实际工作情况。

2）控制电路应能安全、可靠地工作。

3）在保证控制功能要求的前提下，控制电路应简单、造价低。

4）控制电路应便于操作和维修。

2. 电路设计的内容

（1）确定控制电路的电流种类和电压数值。

（2）主电路设计　主电路是指从供电电网到被控制对象（如电动机、电磁铁等）的动力装置的电路。

主电路的设计主要考虑电动机的起动、正反向运转、制动、变速等的控制方式及其保护环节的电路。

（3）辅助电路设计　辅助电路在电气控制系统中起着逻辑判断、记忆、顺序动作、联锁保护及信号显示等的作用。辅助电路含有控制电路、执行电路、联锁保护环节、信号显示及安全照明等电路。

1）控制电路的设计主要考虑如何实现主电路控制方式的要求和满足生产加工工艺的自动或半自动化及手动调整，动作程序更换，检测或测试等的控制要求。

2）执行电路是用于控制执行元件中的电路。常见的执行元件有：电磁铁、电磁离合器、电磁阀等，它们是将电磁能、气动压力能、液压能转换为机械能的电磁器件线圈的控制电路。

3）联锁保护环节　电气控制系统中各电路除了要保证生产工艺过程所必须的联锁、顺序控制等电路外，还应考虑在出现不正常情况，甚至事故情况下，确保操作人员的安全、防止生产机械和电气设备的损坏，或即使发生误操作时也不至于造成扩大事故范围的联锁保护电路的环节。

常见的联锁保护措施有：短路保护、过载保护、过电流保护、过电压保护、零电压或欠电压保护、失（欠）磁保护、终端或超程保护、超速保护、油压保护及联锁保护等等。电气

控制系统电路中，联锁保护环节一般不单独设立环节，而是穿插在主电路、控制电路和执行电路中。

4）信号显示与照明电路　信号电路是用于控制信号器件的电路。当电气控制系统中控制对象及其各种工作状态较复杂时，为了能明显地显示出各控制对象的工作状态或某一部分出现的故障，以便操作者及时了解和处理故障，确保人身、机械电气设备的安全。常用的信号器件有：信号指示灯、蜂鸣器、电铃、电喇叭及电警笛等。

由于机械设备结构、工作要求不尽相同，仅靠车间一般照明设施不能达到预期效果，因此，常常需在设备上附设照明器具。为了预防人身直接接触带电压零件和绝缘破坏后的导体而产生的触电危险，因此，机械设备的照明电路应采用安全电压，据国际电工委员会的规定，电路中的最高安全交流电压不得超过25V(有效值)，直流电压为60V。

二、电气控制电路设计的方法与步骤

电气控制系统采用继电-接触器控制系统，常用逻辑代数设计法和经验分析设计法二种。

1. 逻辑代数设计法　逻辑设计法就是利用逻辑代数这一数学工具设计电气控制电路。它根据生产过程的工艺要求，将控制电路中的继电器、接触器线圈的通电与断电，触点的闭合与断开，主令元件中的接通与断开等，看作逻辑函数和逻辑变量，用逻辑函数关系式表示它们之间的逻辑关系，再运用逻辑函数基本公式和运算规律，对逻辑函数式进行化简，按化简后的表达式，画出相应的电气原理图。

采用逻辑设计法设计的控制电路，能求得某逻辑功能的最简电路，但其整个设计过程较复杂。对于一些复杂的控制要求，还必须增设许多新的条件，因此，实际电气控制电路的设计，逻辑设计法仅作为经验设计法的辅助和补充，此处不作详细介绍。

2. 经验分析设计法　根据生产机械对电气控制电路的要求，收集、分析参观国内外现有的同类生产机械的电气控制电路，利用典型环节单元电路，聚集起来并加以补充、修改、综合成所需要的控制电路。若找不到合适的典型环节时，可根据生产机械的工艺要求与工作过程进行边分析、边画图，将输入的主令信号经过适当的转换，得到执行元件所需的工作信号。这种方法在设计过程中会出现随时增加电器元件、触点数量以满足工作条件，从而出现电路复杂、不经济的可能。这种设计方法易于掌握，但不容易获得最佳设计方案，而且还要反复审核电路的工作情况，直至电路的动作准确达到控制要求为止。

经验设计法的步骤：

1）设计各控制单元环节中拖动电动机的起动、正反向运转、制动、调速、停机等的主电路或执行元件的电路。

2）设计满足各电动机的运转功能和工作状态相对应的控制电路，以及满足执行元件实现规定动作相适应的指令信号的控制电路。

3）联接各单元环节构成满足整机生产工艺要求，实现加工过程自动或半自动和调整的控制电路。

4）设计保护、联锁、检测、信号和照明等环节控制电路。

5）全面检查所设计的电路。应特别注意克服电气控制系统在工作过程中因误动作、突然失电等异常情况下不应发生事故，或所造成的事故不应扩大，力求完善整个控制系统的电路。

为了使所设计的电气控制电路既简单又能可靠地工作，设计控制电路时还应注意以下事项。

（1）正确连接电器的线圈　两个交流励磁的电器线圈不能串联连接，因线圈阻抗与气隙大小有关，通电时，由于两个电器动作的灵敏度不同，将造成电压分配不均，先动作的电器线圈阻抗大电压高。而后动作的线圈阻抗小，电压低，无法吸合，又造成电路电流增大，甚至使线圈烧毁。因此，要求两个交流的电器同时动作时，其线圈只能并联连接。见图 5-1b。

同时动作的两直流励磁的电器线圈不能直接并联接于电路中。直流电器的线圈在通电时，线圈中贮存有磁场能量，当线圈突然断电时，由于线圈电感量较大，所产生的感应电势高，在二个线圈构成的回路中其中一个电器线圈流过的感应电流可能大于工作值，而使其继续吸合，出现延时释放的现象造成误动作。因此，两个直流电器要同时动断时，应采用在一个线圈支路中串上一个常开触点，使断电时不构成回路，见图 5-1d。

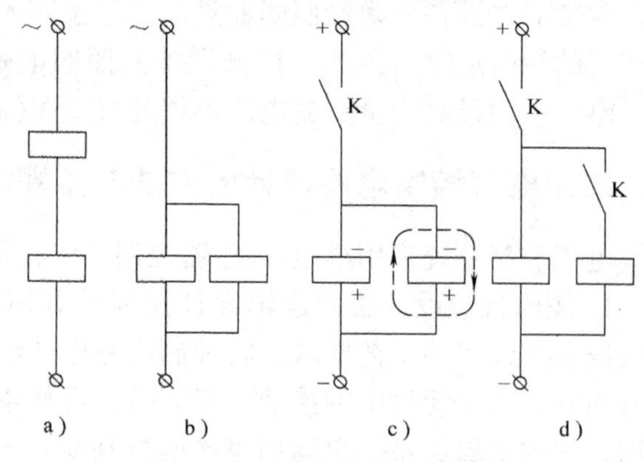

图 5-1　两个电器线圈的联接

a）交流不正确　b）交流正确　c）直流不正确　d）直流正确

（2）简化电路，减少电器的触点，提高可靠性　简化电路，提高电路工作的可靠性，应减少可用可不用的电器，减少不必要的触点，来降低电路的故障率，可采用合并同类触点，见图 5-2a，b。

合理布置触点，尽量减少被控制的负载或电器在接通时所经过的触点数，否则只要其中某一触点（如 KA_1 触点）发生故障时，则其后各电器均不能正常工作，见图 5-3a。若将电路改为 b 图，则每一线圈的接通，只需要经过一对触点，工作较为可靠。

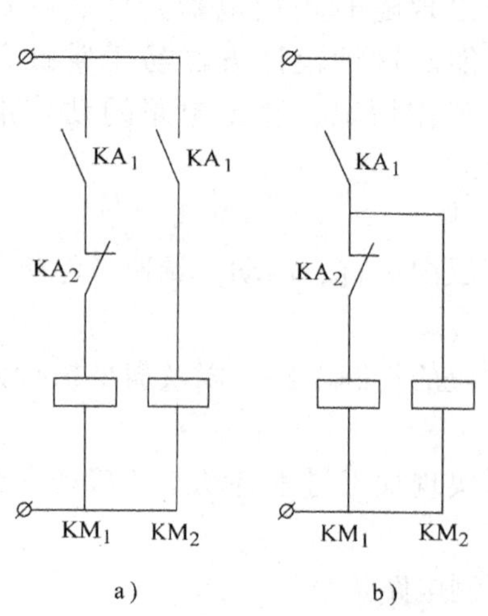

图 5-2　简化电路，减少电器触点数

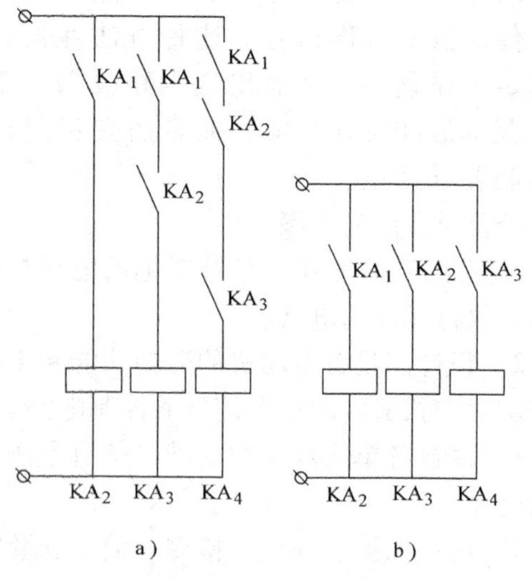

图 5-3　减少串联触点数

利用二极管简化直流控制电路，特别在弱电电器控制电路中，应用时既经济又可靠，见图 5-4。

（3）合理安排元件触点的位置，减少故障与连接导线，在图 5-5a 中，由于 SQ 的动合和动断触点靠得近，当触点断开时产生电弧，若由于动片动作失灵，则很可能在两对不等电位的触点之间造成电源短路。因此，在电路工作原理不变的情况下，应将同一电器的各触点，置于主要电压降元件的同一侧，见图 5-5b。

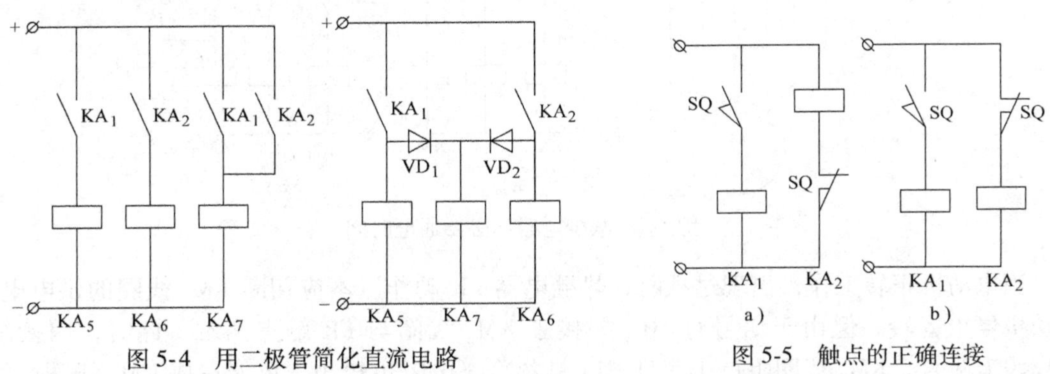

图 5-4　用二极管简化直流电路

图 5-5　触点的正确连接

由于电器元件安装位置不同，如接触器、继电器、熔断器等，或在控制板上，或在电气柜内，而控制按钮、行程开关等电器则安装在控制板外。因此，电气原理图中各电器触点位置是否安排合理将影响电器元件之间相互连接导线的多少，它不但会造成导线浪费，还会降低电路工作的可靠性。见图 5-6a，图中电路需要四根板内外连接线，图 b 电路只需三根连接线。同理，图 c 需要六根板内外连接线，而图 d 只需要三根连接线。

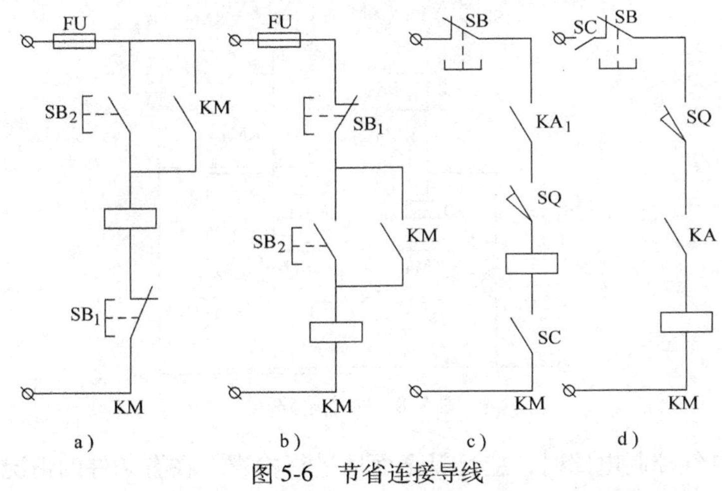

图 5-6　节省连接导线

（4）尽量减少电器不必要的通电时间　在实现正常工作情况下必要的电器通电外，其他可通可不通电的电器均应不通电，以节省电能与减少故障隐患。见图 5-7a、b。

（5）避免出现寄生电路　控制电路在工作过程中，或在事故的情况下，意外地接通的电路，称为寄生电路。出现寄生电路时，可能引起不正常动作，或不能实现正常的保护，见图 5-8。

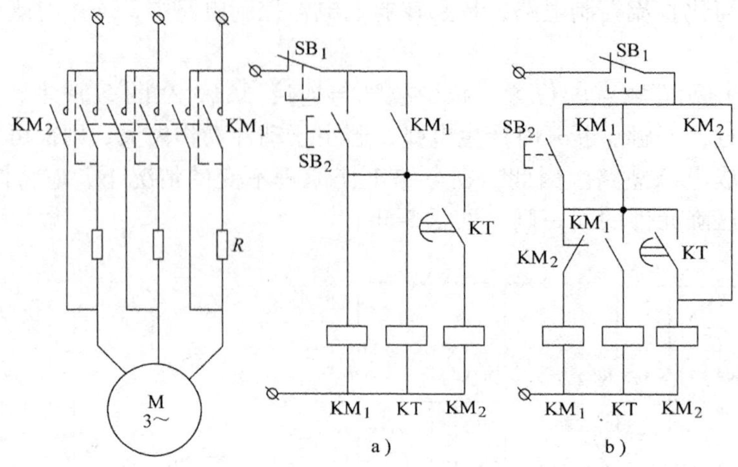

图 5-7　减少电器不必要通电时间

当电动机正转工作，出现过载时，热继电器 FR 动作。本应切断 KM_1 线圈的供电电路，电动机停止运转。但由于信号灯 HL_2 并接于 KM_2 线圈与 FR 触点两端，此时，因接触器 KM_2 没有吸合，KM_2 线圈阻抗小，且 HL_2 灯丝冷态电阻也较小，可能造成 KM_1 线圈两端电压仍然较高的情况，KM_1 接触器不能可靠地释放，造成电动机过载，FR 热继电器动作后而不能停机，达不到保护的目的。

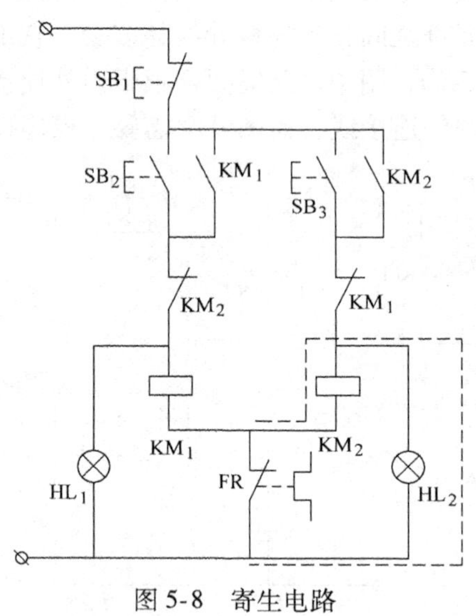

图 5-8　寄生电路

总之，设计电气控制电路时，应反复全面地进行检查，在有条件的情况下，应进行模拟试验，进一步完善所设计的电气控制电路。

第四节　常用电气元件的选择

电气控制系统的电路设计完成之后，就应着手进行有关电气元件的选择。一个大型的自动控制系统常由千万个元器件组成，若其中有一个元器件失灵，就会影响整个控制系统的正常工作，或出现故障，或使生产停产。因此，正确、合理地选用控制电器，是控制电路安全、可靠工作的重要保证。

一、电气元件选择的基本原则

1）按对电气元件的功能要求确定电气元件的类型。

2）确定电气元件承载能力的临界值及使用寿命。根据电器控制的电压、电流及功率的大小确定电气元件的规格。

3）确定电气元件预期的工作环境及供应情况，如防油、防尘、防水、防爆及货源情况。

4）确定电气元件在应用中所要求的可靠性进行选择。

二、电气元件的选择

1. 引入电源控制开关的选择　机械设备的引入电源的控制开关常选用刀开关、组合开关和断路器等。

（1）刀开关与铁壳开关的选用　刀开关与铁壳开关适用于接通或断开有电压而无负载电流的电路，用于不频繁接通与断开，且长期工作的机械设备的电源引入根据电源种类、电压等级、电动机的容量及控制的极数进行选择。用于照明电路时，刀开关或铁壳开关的额定电压、额定电流应等于或大小电路最大工作电压与工作电流。用于电动机的直接起动时，刀开关与铁壳开关的额定电压（380V 或 500V）、额定电流应等于或大于电动机额定电流的3倍。

（2）组合开关选用　组合开关主要用于电源的引入。根据电流种类、电压等级、所需触点数量及电动机容量进行选择。当用于控制 7kW 以下电动机的起动、停止时，组合开关的额定电流应等于电动机额定电流的三倍。若不直接用于起动和停机时，其额定电流只要稍大于电动机的额定电流。

（3）断路器选择　断路器的选择包括正确选用开关的类型、容量等级和保护方式。在选用之前，必须对被选用保护对象的容量，使用条件及要求进行详细的调查，通过必要的计算后，再对照产品使用说明书的数据进行选用。

1）断路器的额定电压和额定电流应不小于电路的正常工作电压和工作电流。

2）热脱扣器的整定电流应与所控制的电动机的额定电流或负载额定电流一致。

3）电磁脱扣器的瞬时脱扣整定电流应大于负载电路正常工作时的峰值电流。对于电动机来说，断路器电磁脱扣器的瞬时脱扣整定电流值 I 可按下式计算

$$I \geqslant KI_{ST} \tag{5-8}$$

式中　K——安全系数，可取 $K=1.7$；

I_{ST}——电动机的起动电流。

2. 熔断器　熔断器的选择，首先应确定熔体的额定电流，其次根据熔体的规格，选择熔断器的规格，再根据被保护电路的性质，选择熔断器的类型。

（1）熔体额定电流的选择　熔体的额定电流与负载性质有关。

1）负载较平稳，无尖峰电流，如照明电路、信号电路、电阻炉电路等。

$$I_{FUN} \geqslant I_{CN} \tag{5-9}$$

式中 I_{FUN}——熔体额定电流；

I_{CN}——负载额定电流。

2）负载出现尖峰电流，如笼型异步电动机的起动电流为$(4\sim7)I_{MN}$（I_{MN}为电动机额定电流）。单台不频繁起动、停机、且长期工作的电动机：

$$I_{FUN}=(1.5\sim2.5)I_{MN} \tag{5-10}$$

单台频繁起动、长期工作的电动机：

$$I_{FUN}=(3\sim3.5)I_{MN} \tag{5-11}$$

多台长期工作的电动机共用一熔断器：

$$I_{FUN}\geqslant(1.5\sim2.5)I_{MN\max}+\sum I_{MNi} \tag{5-12}$$

$$\text{或 } I_{FUN}\geqslant I_M/2.5 \tag{5-13}$$

式中 $I_{MN\max}$——容量最大的一台电动机额定电流；

I_M——可能出现的最大电流。

当 n 台电动机不同时起动时的最大的电流：

$$I_M=7 \quad I_{MN\max}+\sum I_{MNi} \tag{5-14}$$

式中 I_{MNi}——其余几台电动机的额定电流（i 表示 $1\sim i$）

3）采用减压方法起动的电动机：

$$I_{FUN}\geqslant I_{MN} \tag{5-15}$$

（2）熔断器的规格选择 熔断器的额定电压必须大于电路工作电压，额定电流必须大于或等于所装熔体的额定电流。

（3）熔断器类型的选择 熔断器的类型应根据负载保护特性的短路电流大小及安装条件来选择。

3. 接触器选择

（1）种类、类别选择 接触器应根据所控制的负载特性，确定采用交流或直流接触器，选择其使用类别。

（2）额定电压与额定电流 主要考虑接触器主触点的额定电压与额定电流。

$$U_{KMN}\geqslant U_{CN} \tag{5-16}$$

$$I_{KMN}\geqslant I_N=\frac{P_{MN}\times10^3}{KU_{MN}} \tag{5-17}$$

式中 U_{KMN}——接触器的额定电压；

U_{CN}——负载的额定线电压；

I_{KMN}——接触器的额定电流；

I_N——接触器主触点电流；

P_{MN}——电动机功率；

U_{MN}——电动机额定线电压；

K——经验常数，$K=1\sim1.4$。

按照接触器的工作制、安装及散热条件的不同，其额定电流使用值也不同。接触器触点通电持续率大于或等于40%时，额定电流值可降低（10～20）%使用；接触器安装在控制柜内，其冷却条件较差时，额定电流值应降低（10～20）%使用；接触器在重复短时工作制，且通电持续率不超过40%时，其允许的负载额定电流可提高（10～25）%；若接触器安装在控制柜内，允许的负载额定电流仅提高(5~10)%。

(3) 吸引线圈的电流种类及额定电压　对于频繁动作的场合，宜选用直流励磁方式，一般情况下采用交流控制。线圈额定电压应根据控制电路复杂程度，维修、安全要求，设备所采用的控制电压等级来考虑。此外，有时还应考虑车间、乃至全厂所使用控制电路的电压等级，以确定线圈额定电压。

(4) 考虑辅助触点的额定电流、种类和数量。

(5) 根据使用环境选择有关系列接触器或特殊用的接触器。

随着电子技术发展，计算机、微机、*PC* 机的应用，在控制电路工作中，有时电器的固有动作时间应加以考虑。除此之外，还应考虑电器的使用寿命和操作频率。

4. 继电器

(1) 电磁式通用继电器　选用时首先考虑的是交流类型或直流类型，而后根据控制电路需要，是采用电压继电器还是电流继电器，或是中间继电器。作为保护用的应考虑是过电压(或过电流)、欠电压(或欠电流)继电器的动作值和释放值，中间继电器触点的类型和数量，以及选择励磁线圈的额定电压或额定电流值。

(2) 时间继电器　根据时间继电器的延时方式、延时精度、延时范围、触点形式、工作环境等因素确定采用何种形式的时间继电器，然后再选择线圈的额定电压。

(3) 热继电器　热继电器结构形式的选择主要决定于电动机绕组接法及是否要求断相保护。

热继电器热元件的整定电流可按下式选取

$$I_{\mathrm{KRN}}=(0.95\sim1.05)I_{MN} \tag{5-18}$$

式中　I_{KRN}——热元件整定电流。

对于工作环境恶劣、起动频繁的电动机则按下式选取：

$$I_{\mathrm{KRN}}=(1.15\sim1.5)I_{MN} \tag{5-19}$$

对于过载能力较差的电动机，热元件的整定电流为电动机额定电流的(60~80)%。

对于重复短时工作制的电动机，其过载保护不宜选用热继电器，而应选用温度继电器。

(4) 速度继电器　根据机械设备的安装情况及额定工作转速，选择合适的速度继电器型号。

5. 主令电器

(1) 按钮开关　按钮开关主要根据所需要的触点数、使用场合、颜色标注、以及额定电压、额定电流进行选择。

(2) 行程开关　行程开关主要根据机械设备运动方式与安装位置，挡铁的形状、速度、工作力、工作行程、触点数量及额定电压、额定电流来选择。

(3) 万能转换开关　万能转换开关根据控制对象的接线方式、触点形式与数量、动作顺序和额定电压、额定电流等参数进行选择。

6. 制动电磁铁　选择电磁制动器应考虑以下几点：

(1) 电源的性质　制动电磁铁应采用就近容易得到的电源，一般来说，制动电磁铁的电源应与电动机的电源一致。此外，还要考虑制动装置的动作频率，当它超过 300 次/h 时，应选用直流电磁铁，而不应选用交流的。

(2) 行程的长短　制动电磁铁行程的长短，主要决定于配用的机械制动装置。选择时应根据制动力矩大小、动作时间长短及安装位置等来确定。通常，中小型制动器多采用短行程制动电磁铁，大中型制动器为获得较大制动力矩，应采用长行程制动电磁铁。

（3）线圈连接方式　串励电动机的制动装置都采用串励制动电磁铁，其优点是当电动机电枢断线时，无需任何操作就能自动抱闸制动，其缺点是负载电流小时，电磁力有可能克服不了反力而产生抱闸行为。因此，直流制动电磁铁宜用于负载变化不大的场合。并励电动机的制动装置则采用并励制动电磁铁，其优点是电磁力的大小与电动机负载无关，其缺点是万一电枢断线，本应立即抱闸却又不能抱闸制动，容易造成设备与人员的危险。有时，为了安全起见，在一台电动机的制动中，既用了串励制动电磁铁，又用了并励制动电磁铁。

（4）容量确定　制动电磁铁的形式确定后，需进一步确定容量及参数，即电磁吸力、行程或回转角。

直动式制动电磁铁的电磁吸力按下式计算：

$$FhK \geqslant F_B \delta \frac{1}{Y} \tag{5-20}$$

式中　F——气隙为H时的电磁吸力（N）；

h——衔铁行程（即气隙）（mm）；

K——衔铁行程利用系数，$K=0.8\sim0.85$；

F_B——制动瓦块压在制动轮上的压力（N）；

δ——调整好的制动瓦块与制动轮之间的间隙（mm）；

Y——制动装置杠杆系统效率，$Y=0.9\sim0.95$。

转动式制动电磁铁的电磁力矩按下式计算：

$$M\varphi k \geqslant F_B \delta \frac{1}{Y} \tag{5-21}$$

式中　M——在最大回转角下的电磁力矩（N·mm）；

φ——衔铁最大容许的回转角（°）。

7. 控制变压器和整流变压器

（1）控制变压器　控制变压器用来降低辅助电路的电压，以满足一些电器元件的电压要求，保证控制电路安全可靠地工作。控制变压器选择原则是：

1）控制变压器一、二次侧电压应与交流电源电压、控制电路和辅助电路电压相等。

2）应能保证接于变压器二次侧的交流电磁器件在起动时可靠地吸合。

3）电路正常运行时，变压器温升不应超过允许值。

控制变压器容量的近似计算公式为

$$P_T \geqslant 0.6 \sum P_q + \frac{1}{4} \sum P_{Kj} + \frac{1}{8} \sum P_{Km} K_i \tag{5-22}$$

式中　P_T——控制变压器容量（VA）；

P_q——电磁器件的吸持功率（VA）；

P_{Kj}——接触器、继电器起动功率（VA）；

P_{Km}——电磁铁起动功率（VA）；

K_i——电磁铁工作行程 L_P 与额定行程 L_N 之比的修正系数；

当 $L_P/L_N=0.5\sim0.8$ 时，$K_i=0.7\sim0.8$；

$L_P/L_N=0.85\sim0.9$ 时，$K_i=0.85\sim0.9$；

$L_P/L_N=0.9$ 以上时，$K_i=1$。

满足上式时，既可保证已吸合的电器在起动其他电器时仍能保持吸合状态，又能保证起动电器可靠地吸合。

控制变压器的容量也可按变压器长期运行的温升来确定，这时控制变压器的容量应大于或等于最大工作负载的功率。

$$P_T \geqslant \sum P_q K_f \qquad (5\text{-}23)$$

式中　K_f——变压器容量的储备系数，$K_f=1.1\sim1.5$。

控制变压器的实际容量应由以上两式中所算出的最大容量来确定。

(2) 整流变压器　整流变压器是对需要直流供电的电磁器件提供直流电源。

整流变压器的选择原则是:

1) 整流变压器一、二次侧电压应满足交流电源电压、二次侧直流电压的要求。

2) 整流变压器容量。根据直流电压、直流电流和整流方式，求得二次侧的交流电压 U_2、交流电流 I_2，按下式计算整流变压器容量

$$P_T=I_2U_2 \qquad (5\text{-}24)$$

8. 其他电器选择

(1) 机床工作灯和信号灯　根据机床结构、电源电压、灯泡功率、灯头形式和灯架长度，确定所选用的工作灯。

信号灯的选择主要是确定其额定电压、功率、灯壳、灯头型号、灯罩颜色及附加电阻的功率和阻值等参数。

(2) 接线板　根据连接线路的额定电压、额定电流和接线形式，选择接线板的形式与数量。

(3) 导线　根据负载的额定电流，选用铜芯多股软线，考虑其机械强度，不能采用 0.75mm^2 以下的导线(弱电电路的连接导线除外)，应采用不同颜色的导线表示不同电压及主辅电路。

第五节　电气设备装置的安装与调试

完成了电气控制系统电路设计、电气元件选择后，就可着手进行电气设备装置的安装、施工和调试工作。

一、电气设备安装、施工设计内容

电气设备安装施工设计是进行安装的文件依据。

1. 电气设备装置总体布置　根据生产机械的要求和电气原理图，确定所需的电气控制装置、控制柜、操纵台和悬挂操纵箱。确定安装在生产机械上的电动机和电器元件、操纵面板、分线盒的安装位置和布局。确定电动机组、起动电阻箱、操纵台等电器的分布方案。

2. 电气控制装置的结构设计　对于已确定的电气控制装置，根据安装地点、环境要求，

确定装置的外形尺寸，先按标准的结构选择，若不合乎要求，需再进行结构设计。

3. 确定电气控制装置的电器位置图。

4. 确定电气控制板内电器接线图。

5. 确定电气控制系统的互连图。

二、电气设备的安装要求

对于需要经常操作和监视的部分，应安装在便于操作、能统观全局的位置。需要对加工工件进行找正、对刀、调整的，应采用悬挂式操纵箱，并装在离操作者近的位置，尽可能接近加工对象，且要留有一定的活动余地。对于发热厉害、噪声、振动大的电器部件，尽量装在离操作者较远的位置。对于经常维护检修、操作调整的电器部件，应留有一定的余地，以便有关人员进行操作。穿管走线应根据设备特点，进行合理、经济的布局，防止线路干扰。控制板中，凡体积大、重量大的电器应安装在下面，发热元件应安装在上面，注意将感温元件隔离开，强弱电也应隔离，以防干扰。需要经常维护、检修、操作、调整用的电器，安装位置不宜过高或过低。尽可能将外形与结构尺寸相同的电器元件，安装在一排，以利于安装和补充，电器元件的排列要求整齐、美观。但电器元件的布置和安装不宜过密，以利操作者检修。控制箱所有的进、出连接线都应通过接线板连线，并标有与电气原理图相同的编号。电器元件和接线端的每个接点不得多于二根连接导线。

电气控制装置的安装，应安装好一部分，试验一部分，避免在接线中出差错。

三、电气控制系统的调试

电气控制系统电路设计、安装之后，应进行试车、调整。为了使调整、试车工作顺利进行，机械、电气工程技术人员应积极配合。

电气控制系统试车之前，应按电气原理图安装接线图、电气互连图等进行全面核对检查，确认无误后，再通电试车。

整机通电试车应注意以下几点：

1. 各运动部件应先单独调整　首先应查对电磁器件(如电磁阀、离合器等元件)接线的正确与否，然后调整其动作的灵活性。调整限位开关及操作它们的挡铁位置是否符合工作循环的要求。

其次应对机械传动部件(如主轴转向、变速，工作台进给、变速、快速移动，工件的夹紧、松开等)的动作进行单独调整，使达到技术性能要求。

上述各部件进行单独调试时，应将其他暂不调试部件的控制环节电路与电源断开，以便于各部件的单独调试和故障处理。

2. 液压、气动等系统的单独调试　调整液压、气动系统的工作情况，使其基本参数和规定的额定值(如压力继电器压力额定值)达到设计指标的要求。

3. 电气控制系统的调试　在确认机械液压等系统工作无故障后，就可对电气控制系统进行调试。

1）电气控制设备应按调整、半自动、自动三种工作状态，逐一进行调试。

2）在调试过程中，应先进行空载运行试验，运行正常后再加负载调试。

3）控制系统若在“自动”工作循环状态下，应连续正常运行 2~4h，各电器设备工作温升等均应正常后，方可交付使用。

第六节 电气控制电路的设计举例

一、《机床电气控制技术》课程设计的目的与要求

通过课程设计进一步巩固电气控制技术与可编程序控制器的理论知识，初步掌握根据一般生产机械或组合机床的加工工艺要求，设计机床的电气控制电路，或采用继电-接触器控制方法，或采用可编程序控制器的控制方法。

二、设计应完成的技术文件与时间安排

设计应完成的技术文件：

1）电气控制原理图。

2）选择电器元器件，编制电器一览表。

3）编写电气控制电路工作原理说明书。

4）可编程序控制器梯形图，程序清单及外部接线图。

设计时间安排一周时，应完成前三项技术文件。设计时间安排一周半时，应完成四项技术文件，并要求上机操作调试。

三、机床电气控制电路设计举例

1. 设计课题 设计 Z512W 台式钻床主轴箱定位面与两边 $\phi80$、$\phi90$ 端面铣削的三面铣削组合机床(以下简称三面铣)的电气控制电路。

2. 三面铣的主要结构、工艺要求及技术参数

(1) 三面铣的主要结构 图 5-9 为三面铣削组合机床结构示意图及被加工零件示意图。

三面铣削组合机床主要由：床身、两台 TX25 型铣削动力头(电动机容量为 3kW)、两台 TX32 型铣削动力头(电动机容量为 4kW)、HY32 型液压动力滑台(电动机容量为 1.5kW)、液压站、工作台、夹具及工件松紧油缸等部件组成。

(2) 机床工作情况 液压泵电动机起动工作后，按下按钮，发出加工指令信号，工件松紧油缸动作，当工件夹紧到位，压力继电器动作，发出液压动力滑台快进信号，滑台快进到位转工进，同时起动左、右 1 两铣削动力头电动机，分别对零件的左、右侧端面开始加工，当滑台进给到零件的定位面接近中间(垂直方向)铣刀时，中间铣削动力头电动机起动加工，滑台继续进给到右 1，$\phi80$ 端面加工结束，

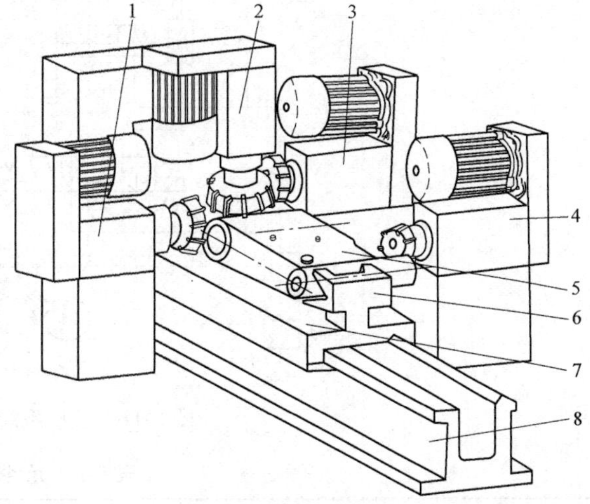

图 5-9 三面铣削组合机床结构示意图与零件示意图
1—左铣削动力头 2—立铣削动力头 3—右 2 铣削动力头 4—右 1 铣削动力头 5—工件 6—夹具 7—液压动力滑台 8—床身

右1动力头电动机停机，同时右2动力头电动机起动，对右 $\phi90$ 端面加工，直到加工终点。此时，左、中间及右2动力头电动机同时停机，待上述铣刀完全停止后，发出滑台快速退回信号，滑台快退到原位，夹紧工件的油缸自动将工件松开。机床一个工作循环结束，操作者取下加工好的工件，再放上未加工的工件，重新发出加工指令，重复以上工作过程。当不再继续加工时，应将液压泵电动机停机，并切断电源。

（3）机床动作循环　机床动作循环见图5-10a，铣刀与工件的相互位置见图5-10b。

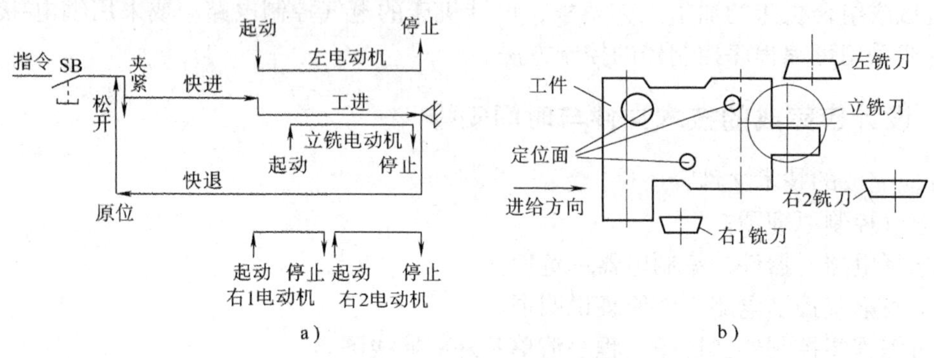

图5-10　机床动作循环图

a）动作循环图　b）工件与铣刀的相互位置图

（4）液压系统工作原理图及元件动作表　三面铣液压系统工作原理图见图5-11，各元件的动作表见表5-2。

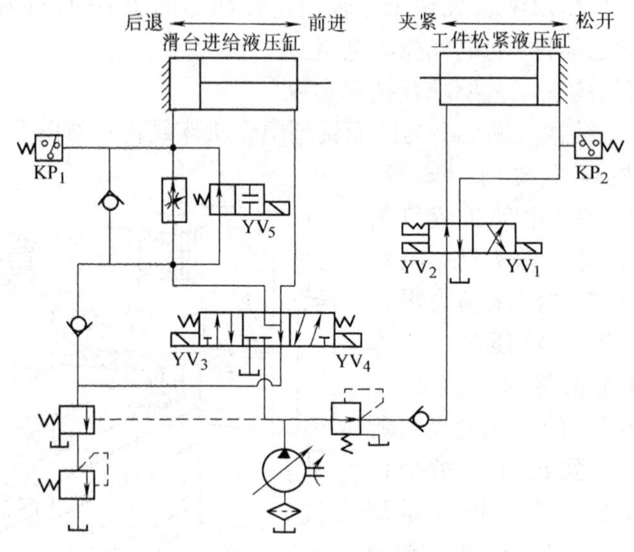

图5-11　液压系统工作原理图

表5-2　元件动作表

元件 / 工步	YV_1	YV_2	YV_3	YV_4	YV_5	KP_1	KP_2
原位	−	(+)	−	−	−	−	−
夹紧	+	−	−	−	−	−	+

（续）

工步＼元件	YV_1	YV_2	YV_3	YV_4	YV_5	KP_1	KP_2
快进	(+)	−	+	−	−	−	+
工进	(+)	−	+	−	+	−	+
死挡铁停留	(+)	−	+	−	+	−/+	+
快退	(+)	−	−	+	−	−	+
松开	−	+	−	−	−	−	−

（5）电动机、电磁阀技术参数　三面铣床上采用的电动机、电磁阀技术参数见表 5-3。

表 5-3　电动机、电磁阀技术参数

符　号	名　称	型号规格				
M_1	液压泵电动机	Y110S-4	1.5kW	1410r/min	380V	3.49A
M_2	左铣削头电动机	Y132S-4	4kW	1440r/min	380V	8.4A
M_3	右 1 铣削头电动机	Y112S-4	3kW	1430r/min	380V	6.8A
M_4	立铣头电动机	Y112S-4	3kW	1430r/min	380V	6.8A
M_5	右 2 铣削头电动机	Y132S-4	4kW	1440r/min	380V	8.4A
YV_1 YV_2	夹紧松开电磁阀	24E-25BD	14.4W		±24V	0.6A
YV_3 YV_4	滑台快进快退电磁阀	35E-25BY	14.4W		±24V	0.6A
YV_5	滑台工进电磁阀	22E-25B	14.4W		±24V	0.6A

（6）机床对电气控制的要求　根据零件加工工艺要求，机床各部件的电器技术参数，对控制系统提出如下要求。

1）五台电动机均为单向旋转，由于电动机容量较小，允许直接起动工作，且停机时不必采用制动控制方案。

2）液压泵电动机起动工作后，直至停止工作时按下总停按钮才停机。在加工过程中，每一工作循环结束时不停机。

3）在机床不进行加工时，四台铣削动力头电动机均要求能实现点动对刀控制。

4）工件的夹紧、松开及滑台的快进、快退应能调整控制。

5）机床能实现单工件一个工作循环的半自动加工过程的控制。

6）控制电路具有必要的联锁环节，及电源、工件夹紧、油泵电动机工作的指示信号电路。

7）电路具有必要的保护环节及机床安全照明电路。

3. 继电-接触器控制电路设计

（1）主电路　电源引入开关 Q_1。液压泵电动机 M_1 由接触器 KM_1 控制；左铣削头电动机 M_2 由接触器 KM_2 控制；右 1 铣削头电动机 M_3 由接触器 KM_3 控制；立铣削头电动机 M_4 由接触器 KM_4 控制；右 2 铣削头电动机 M_5 由接触器 KM_5 控制。

液压泵电动机由于容量较小，单设熔断器 FU_1 作短路保护；M_2 与 M_3 电动机由 FU_2 作短路保护；M_4 与 M_5 电动机由 FU_3 作短路保护。热继电器 FR_1、FR_2、FR_3、FR_4、FR_5 分别为五台电动机的过载保护。图 5-12 为三面铣的主电路。

（2）控制电动机工作的控制电路　控制五台电动机工作的控制电路图见图 5-13。

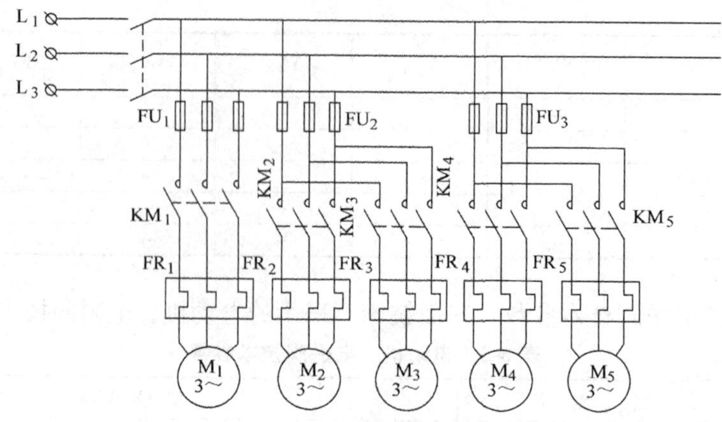

图 5-12　三面铣床主电路

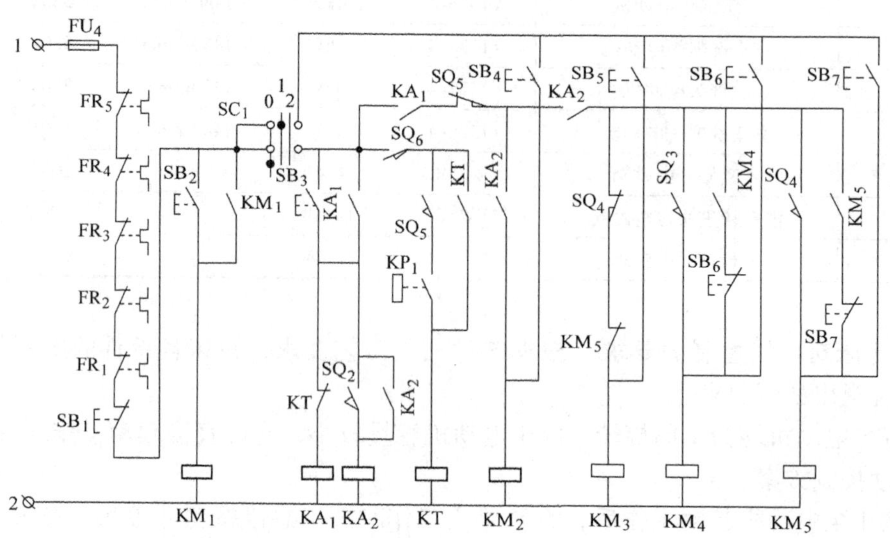

图 5-13　控制电动机工作的控制电路

液压泵电动机 M_1 由总停按钮 SB_1、起动按钮 SB_2 控制接触器 KM_1 通断，实现开停机控制。左铣削头电动机 M_2 与右 1 铣削头电动机 M_3，由快进转工进继电器 KA_2 控制接触器 KM_2、KM_3 接通，起动加工。左铣削动力头加工到终点，压下行程开关 SQ_5，使 KM_2 线圈断电，M_2 电动机停转。右 1 铣削动力头加工到压下行程开关 SQ_4，使 KM_3 线圈断电，M_3 电动机停转。立铣削头电动机 M_4 与右 2 铣动力头电动机 M_5，分别由工作台进给到相应位置时，压下行程开关 SQ_3、SQ_4，控制 KM_4、KM_5 接通，实现起动加工，停机也由压下行程开关 SQ_5 实现。

M_2、M_3、M_4、M_5 四台铣削动力头电动机的点动对刀的控制，通过操作手动开关 SC_1 于 1 位置，然后分别操作 SB_4、SB_5、SB_6、SB_7 实现。

（3）液压系统执行元件控制电路　图 5-14 为液压系统执行元件控制电路。由整流变压器 T_2 获得直流 24V 电压，作为电磁阀供电电源。由图 5-11 液压系统图与表 5-2 元件动作表可知，夹紧、松开电磁阀 YV_1、YV_2 具有机械定位装置，在工作开始时，操作复合按钮 SB_3，发出指令，使电磁阀 YV_1 短时间得电，就能使工件实现夹紧状态的控制。工件的松开则由原位信号行程开关 SQ_1，加工完成信号时间继电器 KT 及工件夹紧压力继电器 KP_2 来控制电磁阀 YV_2。

滑台快进电磁阀 YV_3 得电，由夹紧压力继电器 KP_2、开始加工指令继电器 KA_1 同时控制获得。滑台快进到压下行程开关 SQ_2，继电器 KA_2 得电，发出由快进转工进的信号，电磁阀 YV_5 得电，滑台转为工作进给。当进给到终点，压下行程开关 SQ_5，碰挡铁停止，压力继电器 KP_1 动作，时间继电器 KT 动作，KA_1 断电，YV_3、YV_5 断电，经 KT 延时后，电磁阀 YV_4 得电，滑台快速退回到原位，压下行程开关 SQ_1，电磁阀 YV_4 失电，同时电磁阀 YV_2 得电，工件松开，压力继电器 KP_2 断开，YV_2 失电，同时 SQ_6 断开，KT 断电。

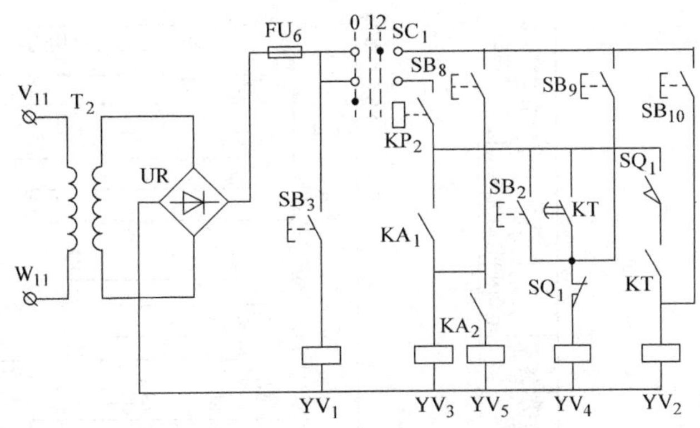

图 5-14　执行元件控制电路

工件的夹紧、松开及滑台快进、快退的调整，是通过操作调整开关 SC_1 于 2 位置，操作相应按钮 SB_3、SB_{10}、SB_8、SB_9，分别使电磁阀 YV_1、YV_2、YV_3、YV_4 得电而实现。

（4）照明、信号指示电路　通过控制变压器 T_1 减压，获得交流 24V 给照明电路供电，交流 6.3V 作信号灯电源电压。图 5-15 为照明、信号指示控制环节电路。

（5）绘制三面铣削组合机床电气控制原理图，见图 5-16。

（6）绘制三面铣削机床电气控制箱面板图，见图 5-17。

（7）电器元件一览表　表 5-4 为三面铣削组合机床电器元件一览表，关于电器的计算与选择过程省略。

（8）电气控制系统工作原理说明书

1）概述。整机容量：16kW。

电压：动力电路及变压器一次为 50Hz，380V；主令控制电路为 50Hz，110V；执行控制电路直流为 24V；照明电路为 50Hz，24V；信号指示电路为 50Hz，6.3V。

操作方式：半自动、调整。

保护环节：短路、过载、零电压、欠电压及接地保护。

2）机床自动加工时电路工作过程。合上电源引入开关 Q，调整开关 SC_1 于 0 位置。

起动液压泵，按下按钮 SB_2，接触器 KM_1 得电，液压泵电动机起动工作，输出高压油。

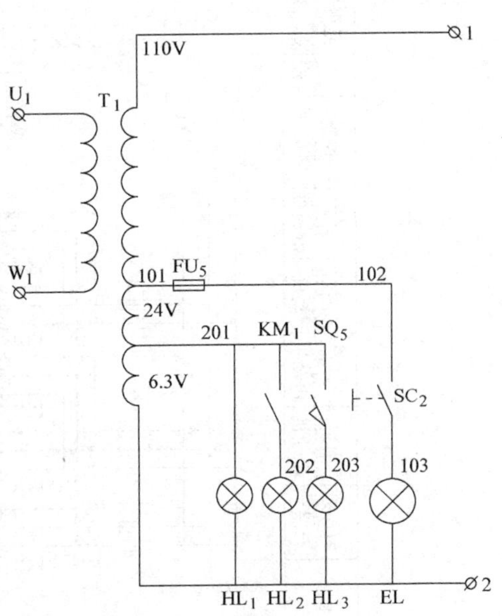

图 5-15　照明、信号指示电路

加工工作过程：按下工作开始复合按钮 SB_3，其中一对触点（301—302）闭合，夹紧电磁阀 YV_1 线圈得电，电磁阀心左移，压力油输入夹紧液压缸大腔，使工件夹紧。工件夹紧到位，压下行程开关 SQ_6，HL_3 指示灯亮。此时压力继电器 KP_2 动作，触

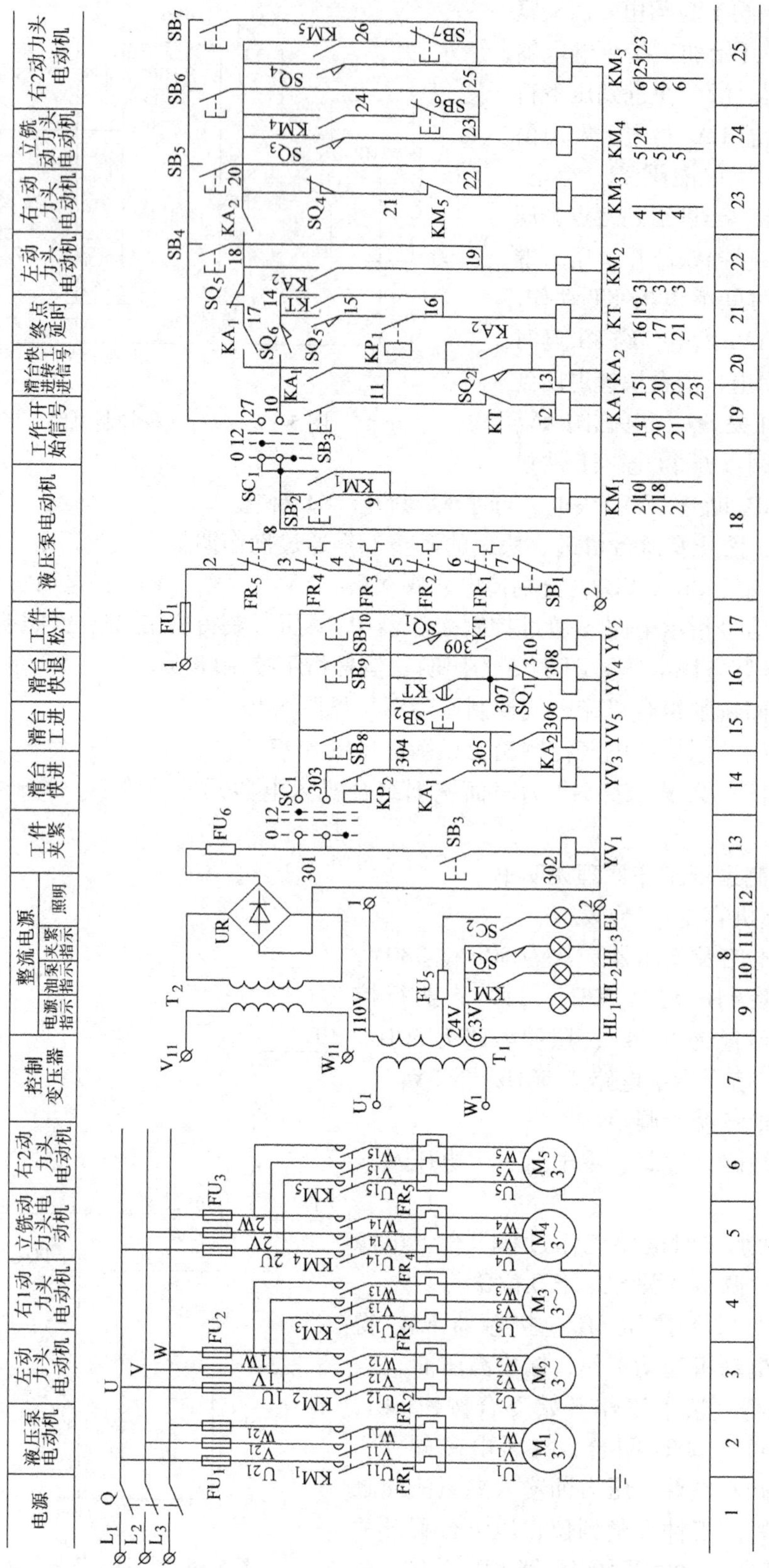

图 5-16 三面铣削组合机床电气控制电路

点(303—304)接通，同时 KA_1 的(304—305)触点已闭合，快进电磁阀 YV_3 线圈得电，滑台快速前进。快进到压下行程开关 SQ_2，继电器 KA_2 得电并自锁，触点(305—306)闭合，电磁阀 YV_5 线圈得电，滑台由快进转为工进。同时，KA_2 触点(18—19)闭合，(18—20)闭合，分别使接触器 KM_2、KM_3 得电，左动力头电动机 M_2、右 1 动力头电动机 M_3 同时起动，对工件左端面与 φ80 孔右端面进行铣削加工。滑台工进到压下行程开关 SQ_3，使接触器 KM_4 得电并自锁，立铣动力头电动机 M_4 起动，对定位面进行加工。滑台继续工进到压下行程开关 SQ_4，接触器 KM_3 失电，右 1 动力头电动机 M_3 停转。同时，接触器 KM_5 得电并自锁，右 2 动力头电动机 M_5 起动，对 φ90 孔右端面进行铣削加工。KM_5 常闭触点打开，使 KM_3 不得电。滑台进给到终点，各端面加工结束，压下终点行程开关 SQ_5，其常闭触点打开，接触器 KM_2、KM_4、KM_5 线圈同时断电，立铣、左、右 2 三台动力头电动机均停转。

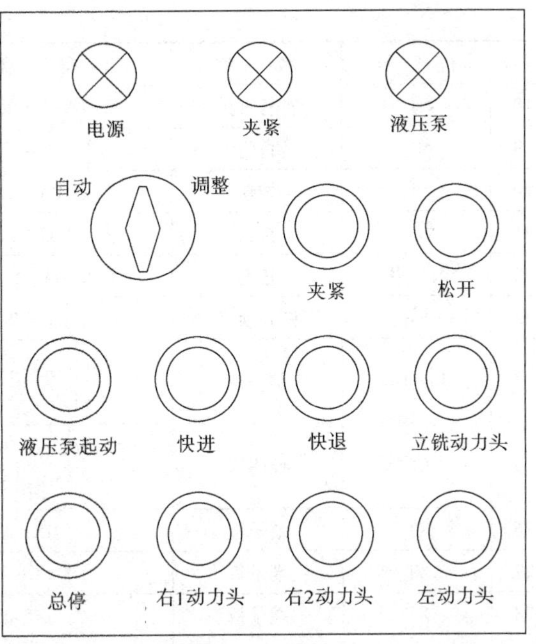

图 5-17　三面铣削机床电气控制箱面板图

表 5-4　三面铣削组合机床主要电器元件一览表

序号	代　号	名　称	型 号 规 格	单位	数量	备　注
1	Q	开关	HZ10-25/3 380V 25A	只	1	引入电源
2	KM_1 ~ KM_5	接触器	CJ20-10 110V	只	5	五台电动机
3	FU_1	熔断器	RL1B-15/6A 380V	只	3	液压泵电动机
4	FU_2	熔断器	RL1B-25/25A 380V	只	3	左、立铣头电动机
5	FU_3	熔断器	RL1B-25/25A 380V	只	3	右 1、右 2 铣头电动机
6	FU_4	熔断器	RL1B-15/2A 380V	只	1	控制电路
7	FU_5	熔断器	RL1B-15/2A 380V	只	1	照明电路
8	FU_6	熔断器	RL1B-15/2A 380V	只	1	直流电路
9	FR_1	热继电器	JR20-10 10R 3. 2/4. 8A	只	1	液压泵电动机
10	FR_2 FR_5	热继电器	JR20-10 14R 7~10A	只	2	左、右 2 铣头电动机
11	FR_3 FR_4	热继电器	JR20-10 13R 6~8. 4A	只	2	右 1、立铣头电动机
12	KA_1	中间继电器	JZ7-44 110V	只	1	工作开始、失压
13	KA_2	中间继电器	JZ7-44 110V	只	1	快进转工进
14	KT	时间继电器	JDZ2-S11 110V	只	1	加工终点延时退回
15	T_1	控制变压器	BK-150 380V/110—2. 4—6. 3V	台	1	控制照明、信号电源
16	T_2	整流变压器	BKZ-5 380V/27V	台	1	电磁铁电源
17	SQ_1 ~ SQ_5	行程开关	LX19-001 4/3mm	只	5	原位、终点等

（续）

序号	代　号	名　称	型 号 规 格	单位	数量	备　注
18	SQ_6	行程开关	LX12-2 2 开 2 闭	只	1	工件夹紧
19	SB_1	按钮	LA20-11J(红)	只	1	总停机
20	SB_2	按钮	LA20-22D(绿)	只	1	液压泵起动
21	SB_3	按钮	LA20-22(绿)	只	1	工作开始与工件夹紧
22	$SB_4 \sim SB_{10}$	按钮	LA20-11(黑、白、黄等)	只	7	调整
23	SC_1	万能转换开关	LW6-5 2/B0334	只	1	工作与调整
24	$HL_1 \sim HL_3$	信号灯	XD0 6.3V/0.95W(绿) 灯座型号 E10/13	只	3	电源、液压泵工作、工件夹紧
25	EL	照明灯	JC2 60~40W24V 灯座形式 E27	只	1	安全照明
26	XT	端子板	JX2-2503	节	3	电源
27	XT	端子板	JX5-1005	节	15	电动机
28	XT	端子板	JX5-0505	节	40	控制等电路
29		导线	BVR 1.5mm^2	m	30	主电路
30		导线	BVR 1mm^2	m	200	控制电路

此时，SQ_5 常开触点(14—15)闭合，由于滑台位于挡铁停留位置，压力继电器 KP_1 动作，触点(15—16)闭合，时间继电器 KT 线圈得电，瞬时动作常开触点闭合并自锁，触点(309—310)闭合，为工件松开电磁阀 YV_2 线圈得电作准备。触点(11—12)打开，切断继电器 KA_1 线圈电路，使 KA_1、KA_2 均断电，KA_1 触点(304—305)打开，KA_2 触点(305—306)也打开，电磁阀 YV_3、YV_5 线圈均断电，滑台停在终点。由于 KA_1 触点(10—17)打开，KA_2 触点(18—19)、(18—20)打开，保证了各动力头电动机不再得电起动。在各动力头电动机完全停转后，时间继电器 KT 延时闭合的常开触点(304—307)闭合，电磁阀 YV_4 线圈得电，滑台快速退回，退回至原位时，压下行程开关 SQ_1，触点(307—308)打开，电磁阀 YV_4 线圈断电，滑台停在原位，SQ_1 触点(304—309)闭合，电磁阀 YV_2 线圈得电，电磁阀心右移，压力油输入液压缸小腔，使工件松开，压力继电器 KP_2 触点打开，电磁阀 YV_2 线圈断电，同时夹紧行程开关 SQ_6 放开，使时间继电器 KT 线圈断电，夹紧信号灯暗，一个工作循环结束。

3）调整控制环节。铣削动力头对刀时电动机点动控制。铣削动力头铣刀换刀时应能实现对刀点动调整控制。机床处于不加工状态，进行点动控制时，是将手控开关 SC_1 操作在 1 位置，然后分别操作按钮 SB_4、SB_5、SB_6、SB_7，使接触器 KM_2、KM_3、KM_4、KM_5 接通，实现每台电动机的点动工作。

工件夹紧、放松与滑台快进、快退调整控制。在液压泵电动机工作的情况下，操作 SC_1 开关于 2 位置，触点(8—10)打开。使按下工作开始复合按钮 SB_3 时，继电器 KA_1 不会得电，工件夹紧电磁阀 YV_1 线圈得电，工件夹紧。按下按钮 SB_{10}，电磁阀 YV_2 线圈得电，工件松开。按下按钮 SB_8，电磁阀 YV_3 线圈得电，滑台实现快速前进调整。按下按钮 SB_9，电磁阀 YV_4 线圈得电，滑台实现快速退回调整。

4）保护环节。熔断器 FU_1 为液压泵电动机，FU_2 为左、右 1 铣削动力头电动机，FU_3 为立铣、右 2 铣削动力头电动机的短路保护。FU_4、FU_5、FU_6 分别为控制电路、照明电路、执行电路的短路保护。热继电器 FR_1、FR_2、FR_3、FR_4、FR_5 分别为液压泵电动机 M_1 和四台动力头电动机 M_2、M_3、M_4、M_5 的过载保护，其常闭触点均串联在控制电路的总电路中，其目的是为了保护刀具与工件不被撞坏，当有一台电动机过载停机时，其他几台电动机应停机，滑台也不进给。

欠电压与失电压保护，除了由各接触器和继电器本身能实现外，电路中还可由工作开始继电器 KA_1 作为在突然失电后，重新来电时，液压泵电动机起动，工件处于夹紧情况下，滑台不会自行快速前进的失电压保护。

通过手控开关 SC_1 的机械定位联锁作用，保证机床正常工作时，若误按工件松开调整按钮 SB_{10}，YV_2 线圈不会得电，工件不会被松开，确保了机床的正常加工。

4. 可编程序控制器控制设计　本设计仍以 Z512W 台式钻床主轴箱定位面与两边 ϕ80、ϕ90 端面铣削的三面铣削组合机床为例，采用可编程序控制器控制的设计过程。按前所述，该机床的控制系统具有以下特点：该机床输入输出均为开关量；输入/输出点数为 18/10，总点数超过 20 点；机床具有半自动工作与调整二种工作状态。根据以上特点可采用 PLC 控制。

（1）机型选择　本机床为单机运行工作，暂不考虑扩展能力、中断能力和联网能力。按经验估算，PLC 的内存容量约等于 I/O 总点数的 10～15 倍，即为 280～390 条数指令，且机床的工作过程时间较长。选用 ACMY-S256 型 PLC 控制器，其技术性能可满足控制要求。

（2）机床控制过程功能表图　图 5-18 为三面铣机床控制过程功能表图。

（3）现场信号与 PLC 软继电器编号对照表见表 5-5。

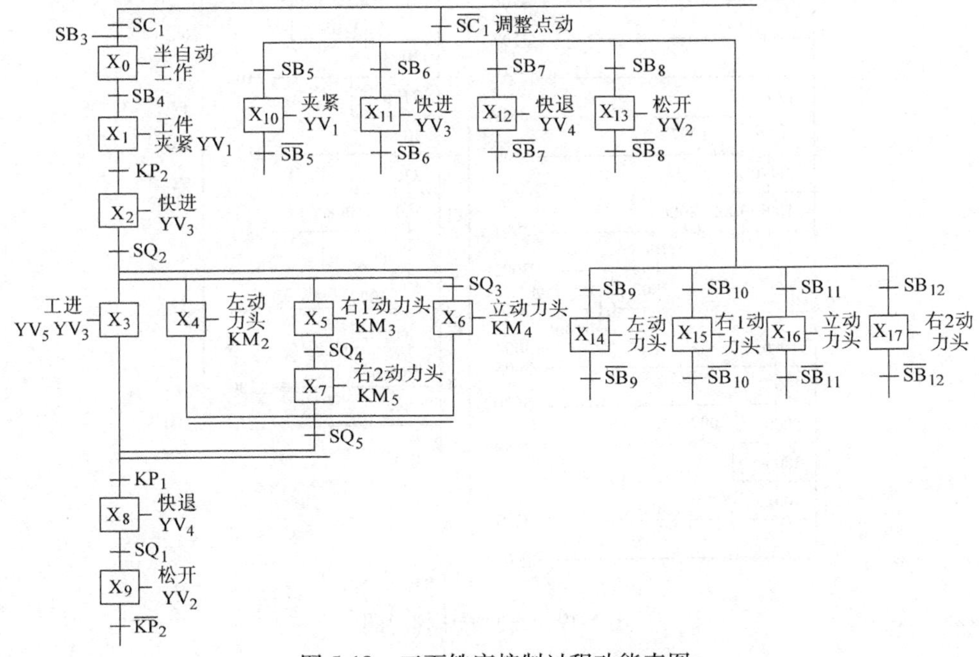

图 5-18　三面铣床控制过程功能表图

表 5-5　现场信号与 PLC 软继电器对照表

分类	信号名称	现场信号代号	PLC 线圈编号	分类	信号名称	现场信号代号	PLC 线圈编号
输入信号	半自动工作与调整工作开关	SC_1	1200	输入信号	左动力头电动机点动调整按钮	SB_9	1104
	工件开始按钮	SB_3	1000		右 1 动力头电动机点动调整按钮	SB_{10}	1105
	工件夹紧按钮	SB_4	1001		立铣动力头电动机点动调整按钮	SB_{11}	1106
	夹紧压力继电器	KP_2	1002		右 2 动力头电动机点动调整按钮	SB_{12}	1107
	滑台快进转工进行程开关	SQ_2	1003	输出信号	工件夹紧电磁阀	YV_1	2000
	立铣动力头电动机起动行程开关	SQ_3	1004		滑台快进电磁阀	YV_3	2001
	右 2 动力头电动机起动行程开关	SQ_4	1005		滑台工进电磁阀	YV_5	2002
	终点行程开关	SQ_5	1006		滑台快退电磁阀	YV_4	2003
	碰挡铁停止压力继电器	KP_1	1007		工件松开电磁阀	YV_2	2004
	滑台原位行程开关	SQ_1	1008		左动力头接触器	KM_2	2100
	工件夹紧点动调整按钮	SB_5	1100		右 1 动力头接触器	KM_3	2101
	滑台快进点动调整按钮	SB_6	1101		立铣动力头接触器	KM_4	2102
	滑台快退点动调整按钮	SB_7	1102		右 2 动力头接触器	KM_5	2103
	工件松开点动调整按钮	SB_8	1103		工件夹紧指示灯	HL_3	2200

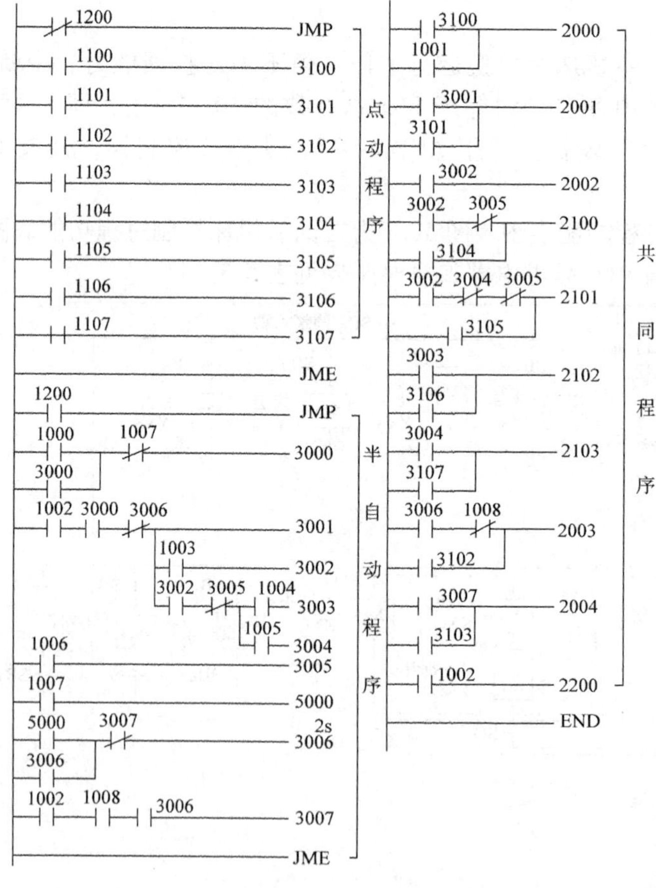

图 5-19　三面铣床梯形图

（4）梯形图与程序清单　画 PLC 控制梯形图时，应将原继电-接触器控制电路中的交流控制电路与直流执行电路分开画的，在 PLC 梯形图中应画在一起。有些纯粹由非继电器组成的电路(如液压泵电动机的接触器电路,各电动机过载保护的热继电器等)，可以不进入 PLC 程序。本设计选用 ACMY-S256 机型，具有跳转指令的 PLC 控制器。用 JMP 指令，通过工作方式把程序分成调整点动和半自动程序进行工作。

图 5-19 为三面铣床梯形图，表 5-6 为三面铣床程序清单。

表 5-6　三面铣床程序清单

序号	指令名称	数据	序号	指令名称	数据	序号	指令名称	数据	序号	指令名称	数据
0000	LD ONT	1200	0022	OR	3000	0044	OUT	5000	0066	LD	3002
0001	JMP		0023	ANDNOT	1007	0045	#	0020	0067	ANDNOT	3004
0002	LD	1100	0024	OUT	3000	0046	LD	5000	0068	ANDNOT	3005
0003	OUT	3100	0025	LD	1002	0047	OR	3006	0069	OR	3105
0004	LD	1101	0026	AND	3000	0048	ANDNOT	3007	0070	OUT	2101
0005	OUT	3101	0027	ANDNOT	3006	0049	LD	1002	0071	LD	3003
0006	LD	1102	0028	IL		0050	AND	1008	0072	OR	3106
0007	OUT	3102	0029	OUT	3001	0051	AND	3006	0073	OUT	2102
0008	LD	1103	0030	LD	1003	0052	OUT	3007	0074	LD	3004
0009	OUT	3103	0031	OUT	3002	0053	JME		0075	OR	3107
0010	LD	1104	0032	LD	3002	0054	LD	3100	0076	OUT	2103
0011	OUT	3104	0033	ANDNOT	3005	0055	OR	1001	0077	LD	3006
0012	LD	1105	0034	IL		0056	OUT	2000	0078	ANDNOT	1008
0013	OUT	3105	0035	LD	1004	0057	LD	3001	0079	OR	3102
0014	LD	1106	0036	OUT	3003	0058	OR	3101	0080	OUT	2003
0015	OUT	3106	0037	LD	1005	0059	OUT	2001	0081	LD	3007
0016	LD	1107	0038	OUT	3004	0060	LD	3002	0082	OR	3103
0017	OUT	3107	0039	ILC		0061	OUT	2002	0083	OUT	2004
0018	JME		0040	ILC		0062	LD	3002	0084	LD	1002
0019	LD	1200	0041	LD	1006	0063	ANDNOT	3005	0085	OUT	2200
0020	JMP		0042	OUT	3005	0064	OR	3104	0086	END	
0021	LD	1000	0043	LD	1007	0065	OUT	2100			

（5）三面铣床 PLC 外部接线见图 5-20。

（6）调试　将已设计的程序输入 PLC 用户存储器中，按实际控制要求，用开关电器制成的模拟板，模拟控制对象，进行程序功能的调试。有条件的可进行实物模拟试验。即采用现场实际使用的检测元件和执行机构组成模拟控制系统，检测控制器的实际负载能力。

有关施工设计的其他内容，如电气柜内电器位置图、电器安装接线互连图等，此处不再阐述。

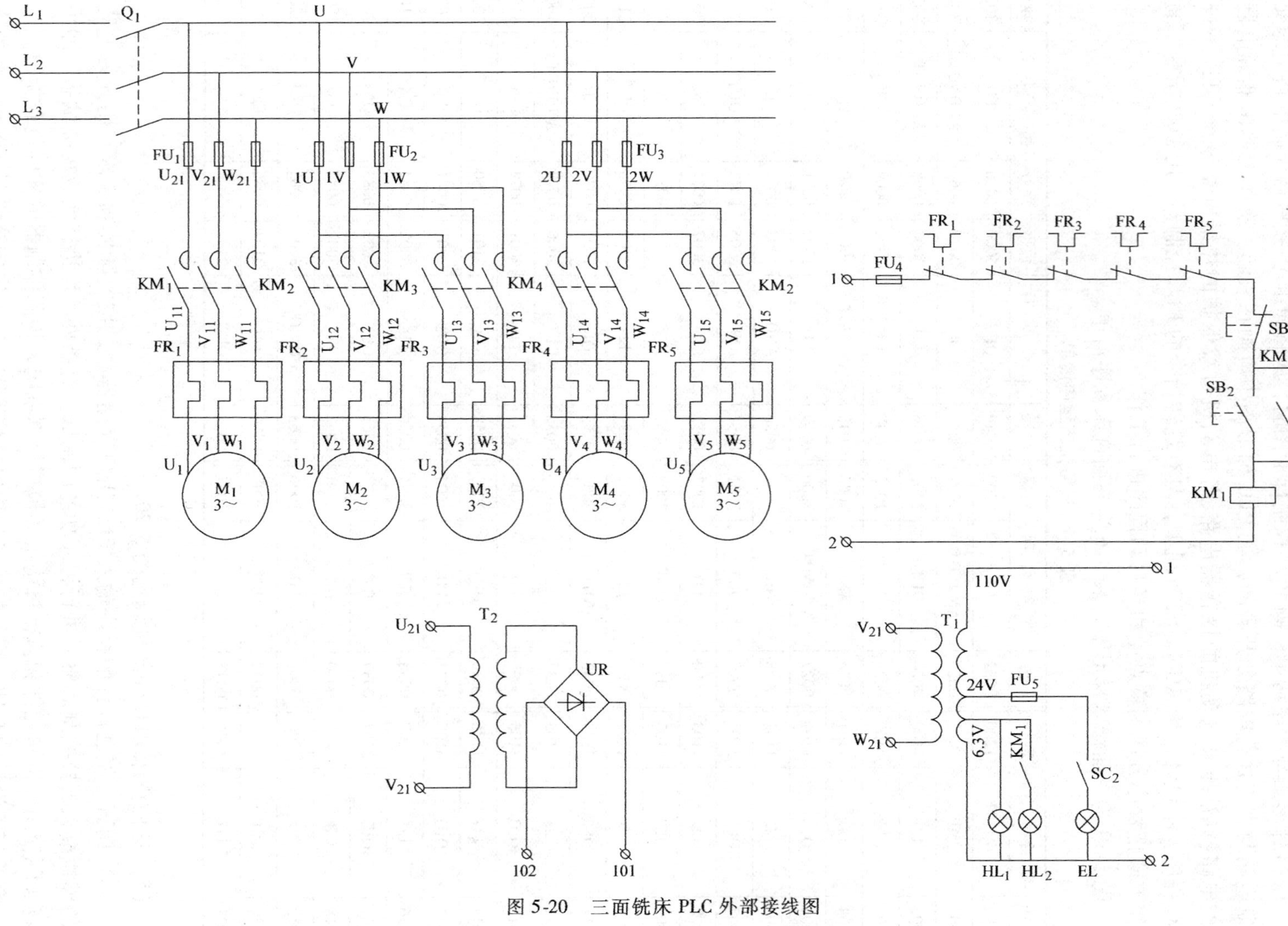

图 5-20　三面铣床 PLC 外部接线图

实 验

实验一 三相异步电动机的点动控制和长动控制电路

一、实验目的

1. 通过实验进一步加深对点动控制和长动控制特点的理解。

2. 通过对点动控制和长动控制电路的实验安装接线，初步掌握由电气原理图变换成安装图的能力。

二、实验设备

1. 三相异步电动机		Y90S-2	1 台
2. 安装三相异步电动机基本控制环节电路实验板			1 块
使用电器如下：	交流接触器	CJ20-10	1 只
	按钮盒	LA10-3H	1 只
	电源开关	HZ10-10/3	1 只
	组合开关	HZ10-10/1	1 只
	熔断器	RL1B-15/10	3 只
	接线端子	JX2-10	1 组

三、实验电路

实验一电路图

四、实验步骤

1. 检查各电器是否符合本实验要求。

2. 按图 a 点动控制电路，在接线板上安装除电动机以外的所有电器，并进行接线。

3. 自检控制电路后，请指导老师检查。

4. 在不接电动机的情况下，检查电器动作是否正常。

5. 接入电动机，观察电器动作是否正常，并注意体会点动控制。

6. 切断电源，在原电路基础上，按图 b 的长动控制电路改接控制电路。

7. 合上电源，按起动按钮 SB_2 和停止按钮 SB_1，实现正常开机和停机控制。

8. 切断电源，按图 c 连接控制电路，操作 SC、SB_1、SB_2，体会电路实现长动与点动控制的原理。

9. 在与 SB_2 并联的接触器辅助触点上插入小纸片，再重新按起动按钮 SB_2，观察有何现象并记录。

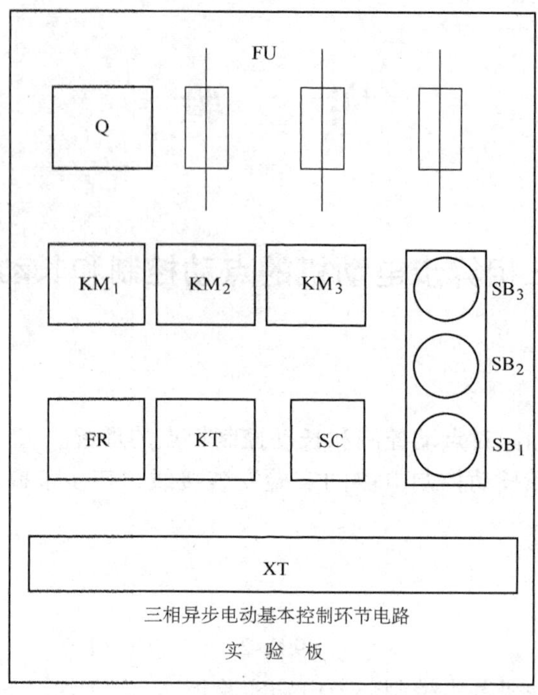

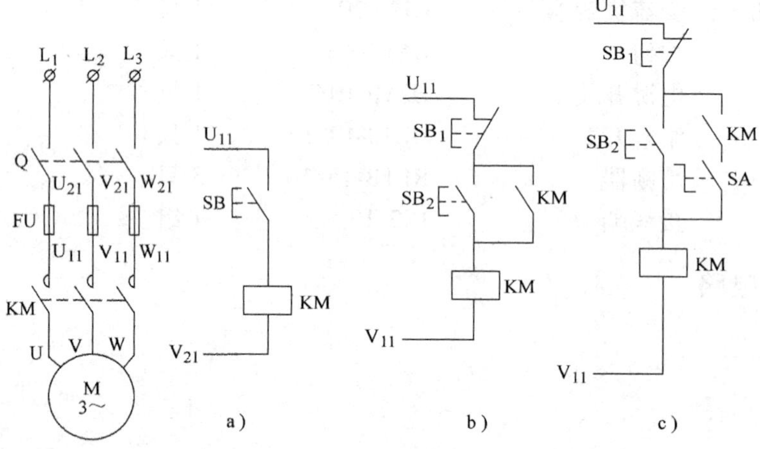

实验一图 三相异步电动机的点动和长动控制电路

五、注意事项

1. 凡是电动机、按钮及电源引入线，一律要经过接线端子引入。
2. 安装接线后，请老师检查无误后方可通电操作。
3. 操作次数不宜过频繁，因为大的起动电流容易损坏电器和电动机。
4. 注意安全操作。

六、实验报告

1. 试比较点动控制与长动控制，从结构上看主要区别是什么？从功能上看主要区别是什么？

2. 分析步骤 9 中看到的现象。

实验二　三相异步电动机的正反转控制电路

一、实验目的

1. 掌握用接触器控制的正反转电路的工作原理及接线方法。
2. 熟悉三联按钮的使用和正确接线方法。
3. 通过实验，训练对本控制线路的故障分析和故障排除的能力。

二、实验设备

1. 三相异步电动机		Y90S-2	1 台
2. 安装三相异步电动机基本环节控制电路实验板			1 块
使用电器如下：	交流接触器	CJ20-10	2 只
	热继电器	JR20-10/10R	1 只
	按钮盒	LA10-3H	1 只
	电源开关	HZ10-10/3	1 只
	熔断器	RL1B-15/10	3 只
	接线端子	JX2-10	1 组

三、实验电路

实验电路见实验二电路图 a 按钮盒接线见实验二电路图 b。

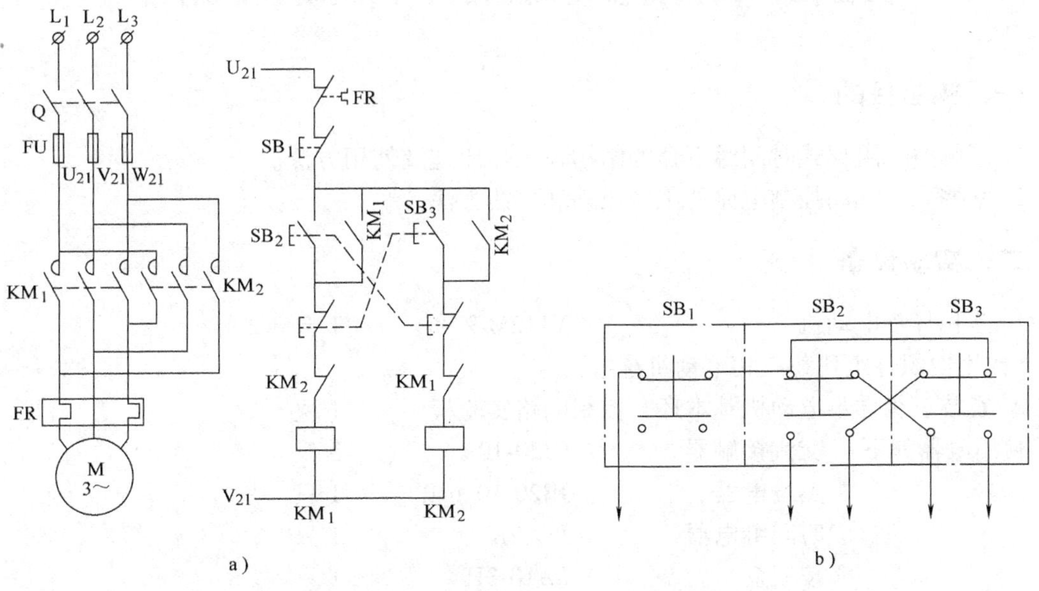

实验二图　三相异步电动机的正反转控制电路

四、实验步骤

1. 检查各电器的型号和规格是否符合实验要求。
2. 按图 a 的正反转控制电路，在接线板上安装电器，并参考图 b 完成接线。
3. 检查接线是否正常，并请老师检查。
4. 在不接入电动机的情况下，试验主电路和控制电路。
5. 接入电动机，操作 SB_2、SB_3、SB_1，观察电动机正反转及停机的过程。
6. 操作以下按钮，观察电路工作情况，并分析原因。

（1）按下 SB_2 电动机正转，然后直接按下 SB_3，此时电动机出现什么情况？记录现象。

（2）停机后，同时按下 SB_2、SB_3 电路会出现短路吗？电动机运转否？记录现象。

（3）按下 SB_2 电动机正向运转，此时很轻按一下 SB_3 出现什么现象？记录现象。

（4）断开电源，将 KM_1、KM_2 常闭触点连接在本线圈电路上。然后送上电源，分别操作 SB_2、SB_3 时，此时看到什么现象？

五、注意事项

1. 注意按钮盒内接线，防止线间短路。
2. 实验中电动机正反转操作的变换不宜过快，次数也不宜过多。
3. 注意安全。

六、实验报告

1. 实验中出现哪些故障？如何排除？
2. 回答实验步骤 6 中出现的四种现象，分析原因。

实验三　三相异步电动机的Y-△起动控制电路

一、实验目的

1. 了解空气阻尼式时间继电器的结构、工作原理及使用方法。
2. 掌握Y-△起动控制电路的工作原理和接线方法。

二、实验设备

1. 三相异步电动机		Y112M-2	1 台
（或用白炽灯组代替三相电动机绕组）			
2. 安装三相异步电动机基本环节控制电路实验板			1 块
使用电器如下：	交流接触器	CJ20-10	3 只
	热继电器	JR20-10 14R	1 只
	时间继电器	JS7-2A	1 只
	按钮盒	LA10-3H	1 只
	电源开关	HZ10-10	1 只

熔断器　　RL1B-15/15　　3只

接线端子　　JX2-10　　1组

三、实验电路

见实验三电路图。

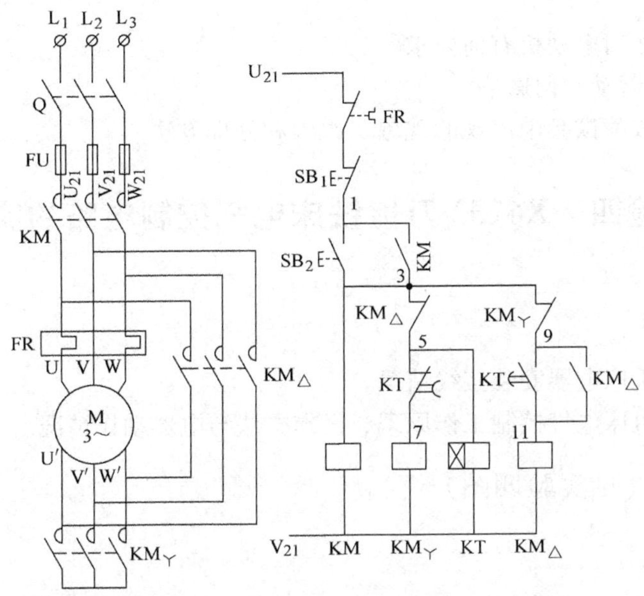

实验三图　三相异步电动机的Y-△起动控制电路

四、实验步骤

1. 检查各电器的好坏及规格是否符合要求。

2. 用手压动 KT 衔铁动作，观察时间继电器动作过程，调节进气孔螺钉，观察延时效果。

3. 按实验三图的Y-△起动控制电路进行接线。

4. 自检电路确认无误后，请老师检查。

5. 接通电源，不接入电动机(或白炽灯组)，操作主令电器，观察控制电路中各电器工作情况。

6. 断开电源，接入电动机(或白炽灯组)，按正常操作，观察Y-△起动控制电路的工作过程。

7. 故障试验

(1) 断开电源，使 KM_Y线圈回路中有一处断线，按正常操作，观察电路工作情况，记录其现象。

(2) 断开电源，使 KM_Y线圈电路恢复正常，$KM_\triangle$线圈回路中有一处断线，按正常操作，观察电路工作情况，记录其现象。

(3) 断开电源，使 $KM_\triangle$，线圈电路恢复正常，KT 线圈回路中有一处断线，按正常操作，观察电路工作情况，记录其现象。

（4）断开电源，将 KT 常闭触点接到 $KM_{\triangle}$线圈电路(9~11)处，常开触点接到 KM_{Y}线圈电路(5~7)处，按正常操作，观察电路工作情况，记录其现象。

（5）试验过程中有一组实验时发现电动机作Y接起动后，到 KT 延时触点动作后，电动机停转，检查控制电路工作正常，分析其原因。

五、试验报告

1. Y-△起动方法对电动机有何要求？
2. KT 延时值对起动有何影响？
3. 分析并回答故障试验中出现的现象、原因和处理方法。

实验四　X6132 万能铣床电气控制电路的实验

一、实验目的

1. 了解、熟悉机床电器安装接线情况。
2. 进一步理解机床电气控制工作原理、操作方法与电器动作情况。

二、实验电路(见实验四图)

三、实验设备

X6132 铣床电气控制电路模拟控制板	1 块
笼型异步电动机	3 台
万用表	1 只
电工工具	1 套

四、预习要求

1. 复习 X6132 铣床电气控制工作原理。
2. 明确各电器开关的作用。

五、实验内容与步骤(大实验建议安排四课时)

1. 根据电路图查对各电器元件的安装位置。
2. 详细查对各电器接点与连接线，并将各电器元件处于零位状态。
3. 联接电源线和到各电动机、电磁铁线圈的端线。
4. 接通电源进行整机正常运行操作：

（1）主轴电动机控制

1）起动。操作预选向开关 SC_5，确定电动机正、反向运行。操作起动按钮 SB_1(或 SB_2)，电动机起动运行。

2）停机。操作停机按钮 SB_3(或 SB_4)，电动机停机制动。

3）冲动。停机情况下冲动和主轴电动机运行情况下冲动。

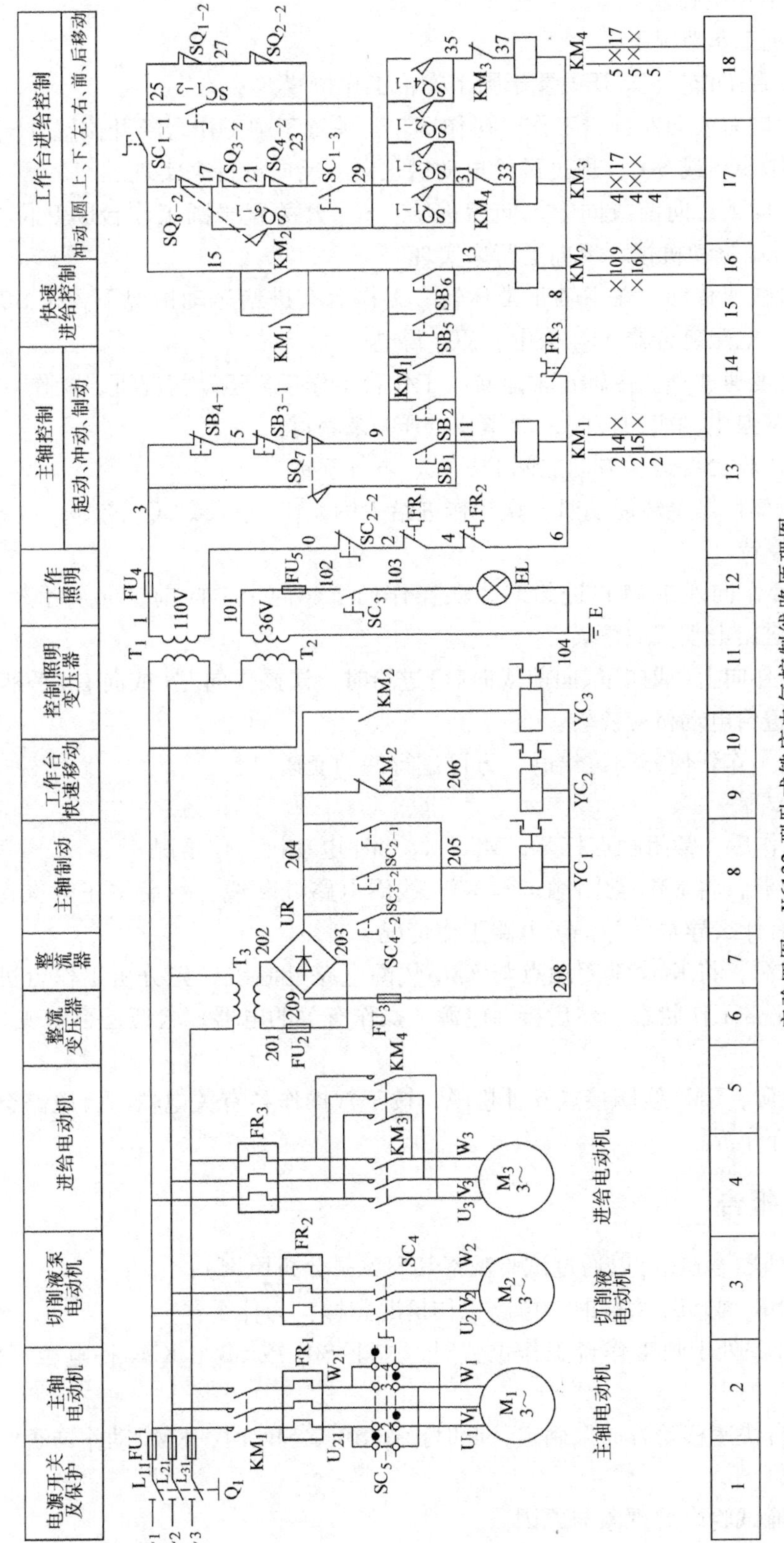

实验四图　X6132 型卧式铣床电气控制线路原理图

（2）进给电动机控制

主轴电动机工作情况下：

1）圆工作台工作。SC_1 开关置于圆工作台工作位置。

2）工作台向右或向左进给工作。操作 SC_1 开关置于圆工作台断开位置，SQ_3、SQ_4 处于零位状态，操作 SQ_1 或 SQ_2，通过进给电动机正向、反向运行来实现。

3）工作台向下、向前或向上、向后进给。SC_1 开关置于圆工作台断开位置，操作 SQ_3 或 SQ_4，通过进给电动机正、反向运行来实现。

4）工作台快速移动。在主轴正常运转、工作台有进给运动情况下，按 SB_5（或 SB_6）按钮，KM_2 得电，电磁离合器 YC_2 失电，YC_3 得电。

5）工作台变速冲动。主轴正常运转，工作台不作任何运动情况下，操作 SQ_6 来获得。

（3）切削液泵电动机的控制，操作 SC_4 开关来获得。

（4）验证工作台各运动方向之间的机械、电气互锁。

1）当圆工作台作旋转运动时，误操作进给手柄，使 SQ_1（或 SQ_2 或 SQ_3 或 SQ_4）动作时，进给电动机应停转。

2）工作台作向左或向右进给时，误操作向下、向上、向前、向后手柄，使 SQ_3（或 SQ_4）动作时，进给电动机应停转。

3）工作台作向上（或向下、向前或向后）进给时，误操作向左（或向右）手柄，使 SQ_2（或 SQ_1）动作时，进给电动机应停转。

4）工作台不作任何方向进给时，方可进行冲动变速。

（5）故障试验

1）FR_2 动作后，常闭触点打开，M_1、M_2、M_3 电动机工作情况。

2）断开电源，将 KM_4 常闭触点与 KM_3 线圈电路处断线，然后按正常操作后，观察进给电动机工作有什么异常，并记录电路工作情况。

3）断开电源，将 KM_3 常闭触点与 KM_4 线圈电路处断线，先分析工作台进给运动中会出现哪几种不正常工作状态，然后接通电源，操作有关的电器，验证是否出现这些故障，并记录下来。

4）断开电源，KM_1 线圈接点 6 处松脱，按正常操作各有关电器时，电路会出现哪些现象？记录并进行分析。

六、试验报告

1. 回答下列思考题（可以通过试验观察其现象并分析原因）：

（1）按下 SB_3 或 SB_4 太轻时，电路工作情况怎样？为什么？

（2）SC_1 开关处于圆工作台工作位置时，按下 SB_5 或 SB_6，KM_2 得电否？M_3 电动机转动否？为什么？

（3）工作台快速移动方向未确定，此时操作 SB_5、SB_6 时，KM_2 动作与否？工作台作何方向移动？

2. 叙述故障试验中的现象与原因。

3. 写出实验心得体会。

*实验五 凸轮控制器控制电路实验

一、实验目的

1. 了解凸轮控制器结构与工作原理。

2. 学会阅读凸轮控制器工作图和电路连接特点。

3. 通过实验加深对凸轮控制器三对常闭触点联锁作用的理解。

4. 通过实验进一步理解凸轮控制器控制绕线转子异步电动机转子串电阻起动的限流与调速作用。

二、凸轮控制器电路图

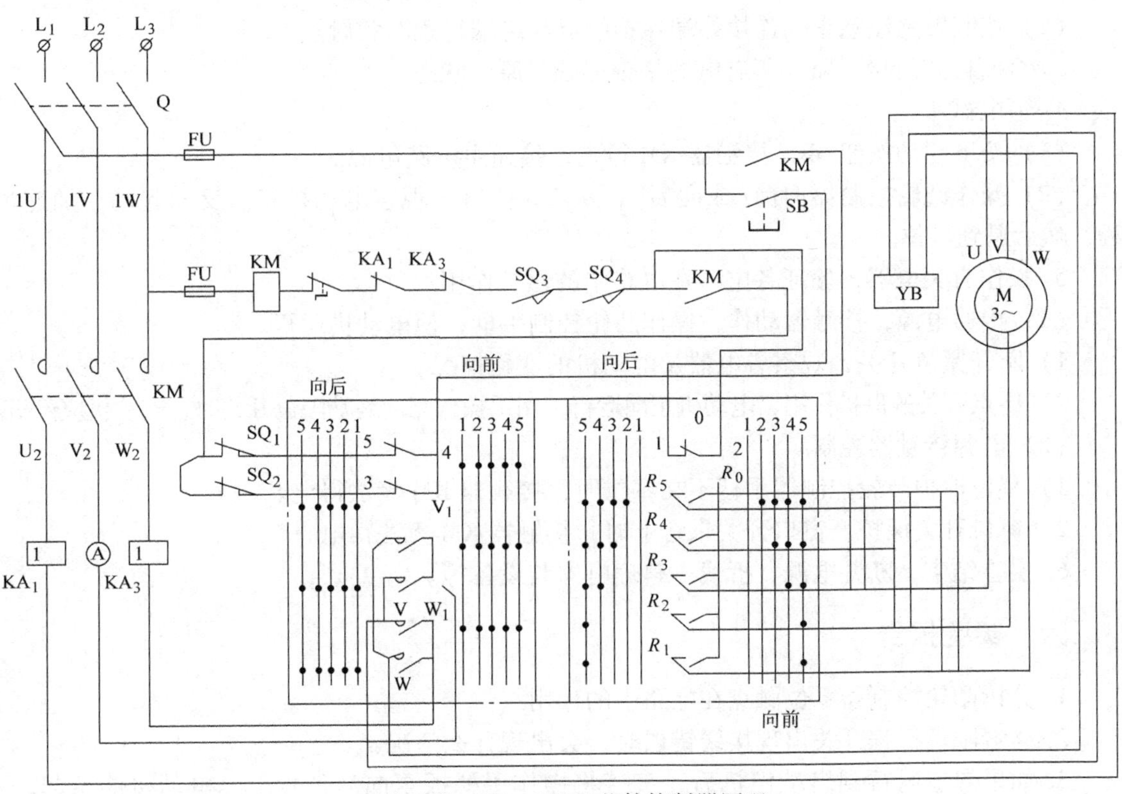

实验五图 KT_{14}-25J/1 凸轮控制器原理

三、实验设备

凸轮控制器	一台	变阻器	3 只
电流表	一只	转速计	1 只
控制板	一块	电源开关	1 只
接触器	1 只	熔断器	2 只
过电流继电器	2 只		

按钮	1只	终点开关	2只
窗口开关	1只	紧急开关	1只
电工工具	1套	绕线转子异步电动机	1台

四、预习要求

1. 复习凸轮控制器工作原理及保护盘的保护原理。
2. 复习绕线转子异步电动机转子串电阻起动、调速的工作原理。

五、实验内容与步骤

1. 打开凸轮控制器外盖，转动操作手柄，观察其结构及各触点动作情况。
2. 按电路图连接电路
(1) 主电路从电源开关至电动机接线端点，自上而下连接。
(2) 控制电路注意正确连接终端保护触点与终端行程开关触点。
3. 全面检查所接电路，所有电器是否都处于原位状态。
4. 通电试车
(1) 按下起动按钮 SB，接触器 KM 得电，接通主电路电源。
(2) 操作凸轮控制器向前(或向后)，从 1-5 位置，观察电动机正、反向起动、加速过程，然后退到零位。
5. 操作有关电器，验证各电器在电路中的保护作用
(1) 接通电源，接触器动作，操作凸轮控制手柄，使电动机运行。
1) 断开紧急开关，观察各电器及电动机的变化情况。
2) 终点开关的保护作用，电动机正向运行，用手操作正向终端限位开关时，电动机应停机。
(2) 电源接触器控制
1) 零位保护凸轮控制器手柄不在零位时，接触器 KM 无法得电。
2) 窗口开关保护。窗口开关未合上时，接触器 KM 无法得电。
6. 实验结束，断开电源，拆线，整理电器与设备等。

六、实验报告

1. 分析凸轮控制器零位触点在电路中的作用。
2. 终端限位行程开关出现接线错误时，会出现什么情况?
3. 如果向前运行到终端停机后，直接将操作手柄扳至向后位置上，电动机能否起动?为什么?
4. 写出实验心得体会，若有故障现象应进行分析。

实验六　编程器使用练习

一、实验目的

1. 掌握编程器的基本操作方法。

2. 熟悉编程器上的符号及功能。
3. 通过实例键入用户程序，并进行连机调试的基本方法。

二、实验设备

1. ACMY-S256 主机　　　　　1 台
2. ACMY-S256P 编程器　　　1 只
3. 微动开关　　　　　　　　1 只
4. 1.5V 电池和 1.5V 小灯泡　各 1 只

三、实验内容

本实验以包装机计数控制的程序作为练习。包装机的梯形图及 I/O 分配见实验六图。

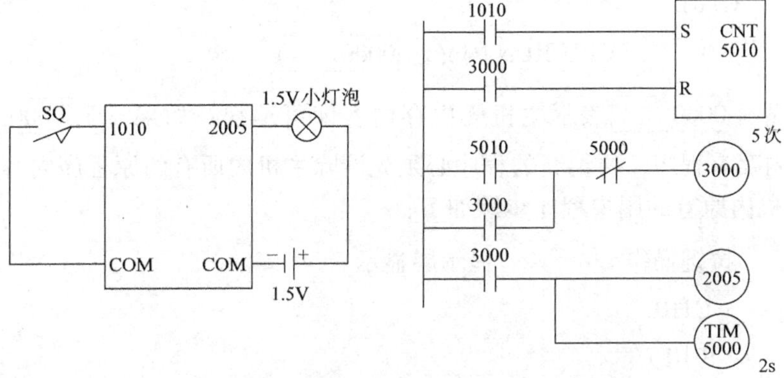

实验六图　包装机计数输入输出电路与梯形图

四、程序清单

指令地址	指令名称	操作数
0000	LD	1010
0001	LD	3000
0002	CNT	5010
0003	#	0005
0004	LD	5010
0005	OR	3000
0006	AND-NOT	5000
0007	OUT	3000
0008	LD	3000
0009	OUT	2005
0010	TIM	5000

0011	#	0020
0012	END	

五、实验步骤

1. 主机未接通电源前先将编程器插入主机的外设插入口。

2. 然后将主机的电源(AC220V)接通。

3. 将主机上的电源开关拨向“ON”，此时显示屏上显示 SFI-256，同时编程器上 24 只指示灯有规律地闪光，这说明主机和编程器已正常，可以工作。

4. 要进行编程须按下列步骤操作：

操作顺序	按键操作	指示灯	显示屏显示
(1)	CTRL		
(2)	0	CPU RUN 闪光	0000

说明：如显示 0000 表示主机无内存内容即可编程。如果显示 0000　　1000 或其他，说明主机内存有程序，要编新的程序必须先清除主机内所有的原程序内容。

5. 清除主机内原有的用户程序步骤如下：

顺序	按键操作	显示屏显示
(1)	CTRL	
(2)	SHIFT	
(3)	2	
(4)	CTRL	
(5)	SHIFT	
(6)	2	0000

上述显示说明主机内的程序已全部清除。

6. 写出(键入)程序操作

顺序	按键操作		指示灯(亮)	显示	
1	LD	1010ENTER	LD	0000	1010
2	LD	3000ENTER	LD	0001	3000
3	CNT	5010ENTER	CNT	0002	5010
4	KEEP/#	0005ENTER	#	0003	0005
5	LD	5010ENTER	LD	0004	5010
6	OR	3000ENTER	OR	0005	3000
7	AND-NOT	5000ENTER	AND-NOT	0006	5000
8	OUT	3000ENTER	OUT	0007	3000

9	LD	3000ENTER	LD	0008　3000
10	OUT	2005ENTER	OUT	0009　2005
11	TIM	5000ENTER	TIM	0010　5000
12	KEEP/#	0020ENTER	#	0011　0020
13	END	ENTER	END	0012

7. 校对程序

用“ENTER±”键对程序的全部指令由下向上或自上而下地逐条进行校对，按一次“ENTER±”键相应的指令移动一条。

8. 联机

经校对后确认程序无错误时，才能进行输入输出设备的连接。按实验六图，将开关 SB 的常开触点的两个接线头用导线分别接入主机的输入端子 1010 端和输入的 COM 端子上。再将干电池串联小灯泡，分别接输出端的 2005 端子及输出端的 COM 端子上。

检查连线无错误后，将主机的工作状态变换为“运行状态”操作方法如下：

顺序	按键操作	指示灯
1	CTRL	
2	RUNC/5	CPU RUN 闪光

上述的情况以后，主机便进入“运行”状态。

9. 调试

用手按微动开关 SQ 一次一个计数信号输入，连按 5 次使 2005 触点闭合，小灯泡即亮。经 2s 后 TIM5000 动作使 2005 触点断开。小灯泡熄灭，内部电路复位，再次工作按上述的步骤进行又是一个循环。这样可以证明运行正常。

实验七　三相笼型异步电动机Y-△减压起动的 PLC 控制

一、实验目的

1. 进一步掌握 PLC 编程的操作方法。
2. 掌握实际控制电路的连机方法。

二、实验设备

1. PLC 主机	ACMY-S 256 型	1 台
2. 编程器	ACMY-S 256P	1 台
3. 三相异步电动机	Y90S-2	1 台

4. 安装三相异步电动机基本环节控制电路实验板　　1 块

使用电器如下：	交流接触器	CJ20-10	3 只
	热继电器	JR20-10 14R	1 只
	按钮盒	LA10-3H	1 只

电源开关	HZ10-10	1 只
熔断器	RL1B-15/15	4 只
接线端子	JX2-10	1 组

三、实验内容

本实验以三相笼型异步电动机Y-△减压起动控制电路的程序作为编程练习，并对主电路进行接线，最后与 PLC 进行连机运行。其主电路、PLC 外部接线和程序见实验七图。

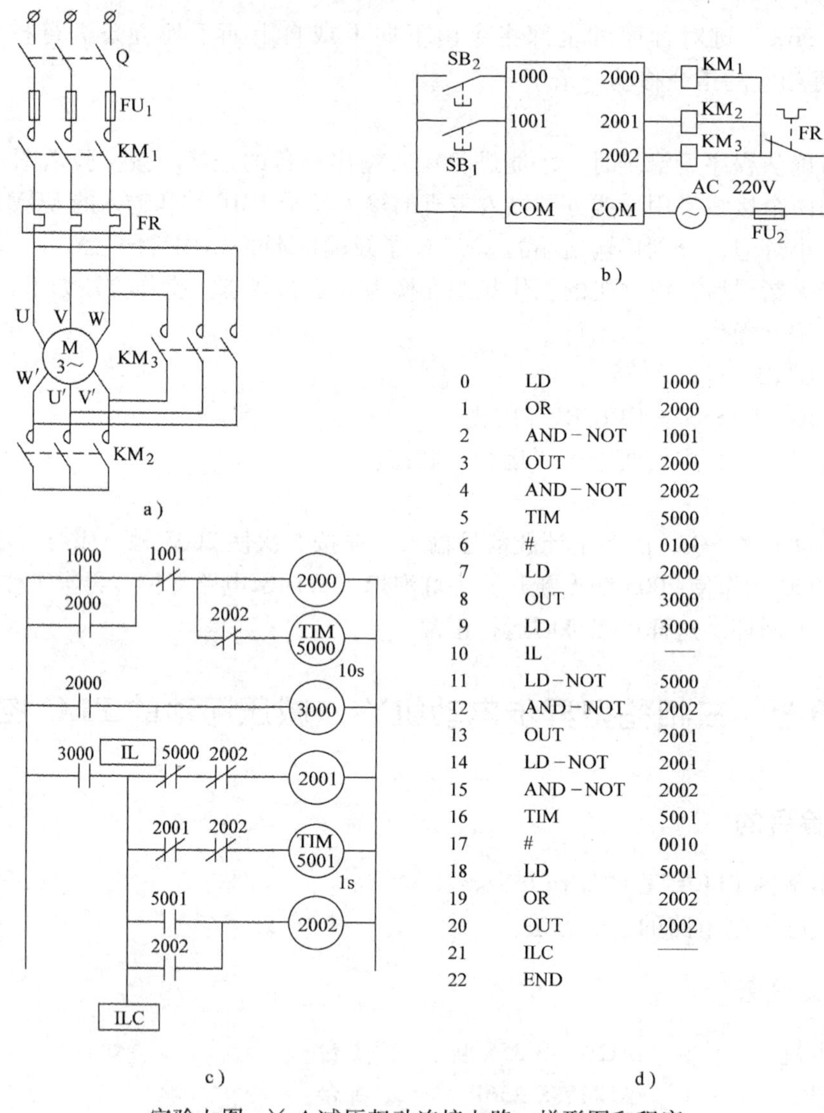

实验七图 Y-△减压起动连接电路、梯形图和程序

a）主电路 b）I/O 连接 c）梯形图 d）程序

四、实验步骤

1. 主机未接通电源前先将编程器插入主机的外设插入口。

2. 然后将主机的电源(AC 220V)接通。

3. 将主机上的电源开关拨向“ON”位，此时显示屏上显示 SFI-256，同时编程器上 24 只指示灯有规律地闪亮，这说明主机和编程器已正常，可以工作。

4. 编程操作及校对程序(其方法参照实验六的实验步骤 4、5、6、7)。

5. 联机。经校对后确认程序无错误了，进行输入输出设备的连接，见实验七图 b。将 SB_1 常开触点的两个接线头用导线分别接到主机的 1000 端子上和输入的 COM 端子上。SB_2 的两个接线头分别接到 1001 的端子和输入端的 COM 端子上。再将 KM_1、KM_2、KM_3 三个接触器线圈的一个端分别接到主机的输出端子 2000、2001、2002 上。三个线圈的另一端并在一起接到热继电器 FR 的常闭触点的一端，FR 常闭触点的另一端和输出端的 COM 端接上 220V 以下的交流电源上。

6. 按实验七图 a 进行主电路的接线。

7. 检查连线无错误后，经指导老师检查后，将主机的工作状态变换为“运行状态”操作方法如下：

顺序	按键操作	指示灯
(1)	CTRL	CPU 灯亮
(2)	RUNC/5	RUN 灯闪光

在上述的情况下主机便进入“运行”状态。

8. 调试

合上电源开关 Q，按下 SB_2，电动机Y形起动。经过设定的时间值后自动转为△形工作，按下 SB_1，电动机停转，证明运行正常。

五、注意事项

1. 按钮及电源引入线，一律要经过接线端子引入电动机。
2. 安装接线后联机时，必须请老师检查无误后方可通电操作。
3. 操作次数不宜过频繁，因为大的起动电流容易损坏电器和电动机。
4. 注意安全操作。

附　　录

电气图常用图形及文字符号新旧对照表

名　　称	GB 312—1964 图形符号	GB 1203—1975 文字符号	GB/T 4728—1996～2000 图形符号	GB/T 7159—1987 文字符号
直流电	——		——	
交流电	～		～	
交直流电	≂		≂	
正、负极	＋　－		＋　－	
三角形联接的三相绕组	△		△	
星形联接的三相绕组	Y		Y	
导线	——		——	
三相导线				
导线连接			或	
端子	○		○	
可拆卸的端子	⌀		⌀	
端子板	1 2 3 4 5 6 7 8	JX	1 2 3 4 5 6 7 8	XT
接地				E
插座		CZ		XS
插头		CT		XP
滑动（滚动）连接器				E
电阻器一般符号		R		R
可变（可调）电阻器		R		R
滑动触点电位器		W		RP

（续）

名　称	GB 312—1964 图形符号	GB 1203—1975 文字符号	GB/T 4728—1996~2000 图形符号	GB/T 7159—1987 文字符号
电容器一般符号	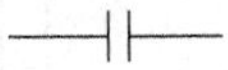	C	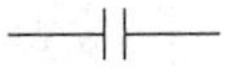	C
极性电容器	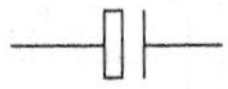	C	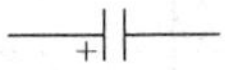 +	C
电感器、线圈、绕组、扼流圈		L		L
带铁心的电感器	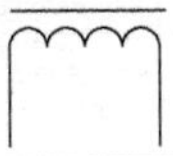	L	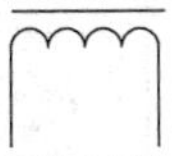	L
电抗器		K	 或 	L
可调压的单相自耦变压器	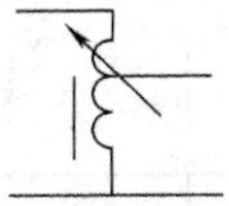	ZOB	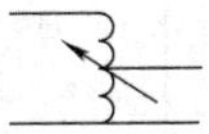	T
有铁心的双绕组变压器	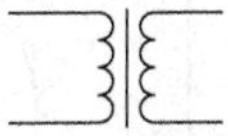	B	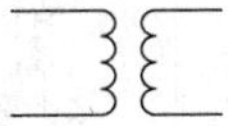	T
三相自耦变压器星形连接	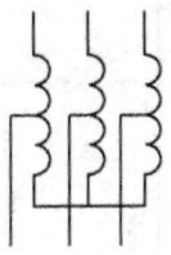	ZOB	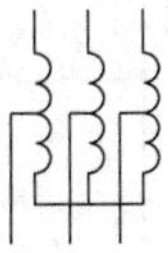	T
电流互感器	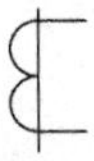	LH	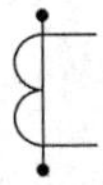	TA
他励直流电动机	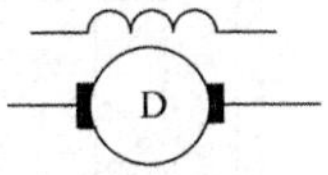 D	ZD	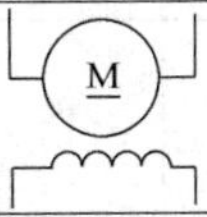 M	M
三相笼型异步电动机	 D	JD	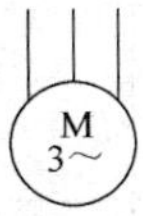 M 3~	M 3~
三相绕线转子异步电动机	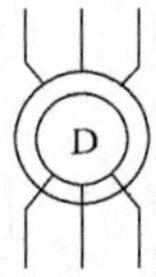 D	JD	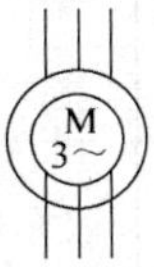 M 3~	M 3~
普通开关	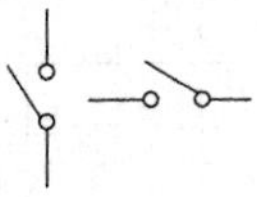	K	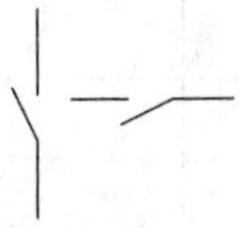	SC

（续）

名　称	GB 312—1964 图形符号	GB 1203—1975 文字符号	GB/T 4728—1996~2000 图形符号	GB/T 7159—1987 文字符号
普通三相刀开关		K		Q
按钮开关动合触点 （起动按钮）		QA		SB
按钮开关动断触点 （停止按钮）		TA		SB
位置开关 动合触点		XK		SQ
位置开关 动断触点		XK		SQ
熔断器		RD		FU
接触器动合主触点		C		KM
接触器动合辅助触点				
接触器动断主触点		C		KM
接触器动断辅助触点				
继电器动合触点		J		KA
继电器动断触点		J		KA
热继电器 动合触点		RJ		FR

（续）

名　称	GB 312—1964 图形符号	GB 1203—1975 文字符号	GB/T 4728—1996～2000 图形符号	GB/T 7159—1987 文字符号
热继电器动断触点		RJ		FR
延时闭合的动合触点		SJ		KT
延时断开的动合触点		SJ		KT
延时闭合的动断触点		SJ		KT
延时断开的动断触点		SJ		KT
接近开关动合触点		JK		SP
接近开关动断触点		JK		SP
气压式液压继电器动合触点		YJ	P	KP
气压式液压继电器动断触点		YJ	P	KP
速度继电器动合触点	n	SDJ	n	KS
速度继电器动断触点	n	SDJ	n	KS

（续）

名　称	GB 312—1964 图形符号	GB 1203—1975 文字符号	GB/T 4728—1996～2000 图形符号	GB/T 7159—1987 文字符号
温度继电器			$t°$ 或 θ	TK
操作器件一般符号 接触器线圈		C		KM
缓慢释放继电器的线圈		SJ		KT
缓慢吸合继电器的线圈		SJ		KT
热继电器的驱动器件		RJ		FR
电磁离合器		CLH		YC
电磁阀		YD		YV
电磁制动器		ZC		YB
电磁铁		DT		YA
照明灯一般符号		ZD		EL
指示灯/信号灯 一般符号		ZSD/XD		HL
电铃		DL		HA

（续）

名　称	GB 312—1964 图形符号	GB 1203—1975 文字符号	GB/T 4728—1996~2000 图形符号	GB/T 7159—1987 文字符号
电扬声器	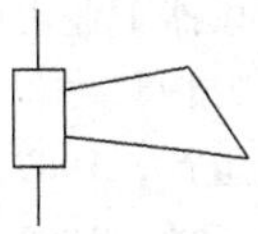	LB	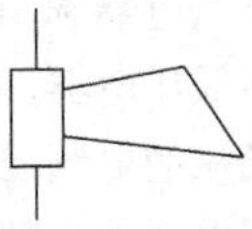	HA
蜂鸣器	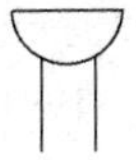	FM	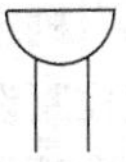	HA
电警笛、报警器	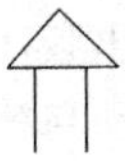	JD		HA
普通二极管		D	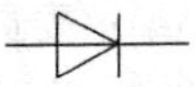	VD
普通晶闸管		T SCR KP	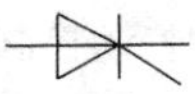	VT
稳压二极管		DW CW	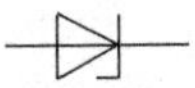	VS
PNP 晶体管	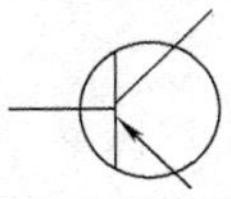	BG	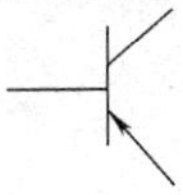	VT
NPN 晶体管	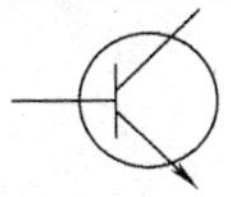	BG	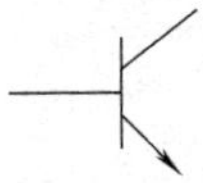	VT
整流桥	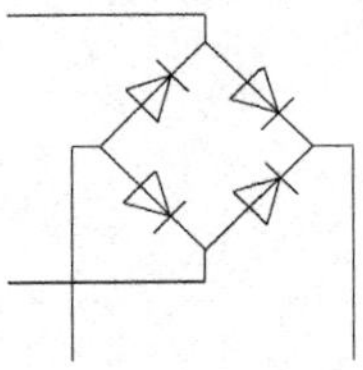	U	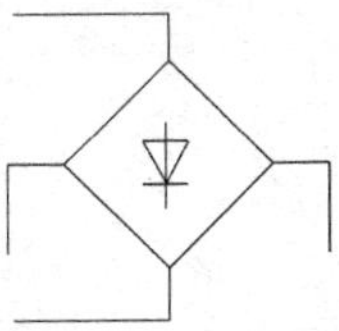	UR

参考文献

[1] 丁明道. 高低压电器选用和维修600问[M]. 北京：兵器工业出版社，1990.
[2] 吴肇基. 实用低压电器[M]. 北京：水利电力出版社，1985.
[3] 李仁. 生产机械的电气控制[M]. 北京：机械工业出版社，1987.
[4] 方承远. 工厂电气控制技术[M]. 北京：机械工业出版社，1992.
[5] 龚浦泉，陈远龄. 机床电气自动控制[M]. 重庆：重庆大学出版社，1988.
[6] 许翏. 工厂电气控制设备[M]. 北京：机械工业出版社，1991.
[7] 金振华. 组合机床及其调整与使用[M]. 北京：机械工业出版社，1990.
[8] 焦振学. 机床电气控制技术[M]. 北京：北京理工大学出版社，1992.
[9] 宋佰生. 机床控制电器及电控制器[M]. 北京：中国劳动与社会保障出版社，1990.
[10] 机床维修丛书编审委员会. 车床维修[M]. 上海：上海科学技术出版社，1993.
[11] 机床维修丛书编审委员会. 铣床维修[M]. 上海：上海科学技术出版社，1993.
[12] 刘光源，钱季宝. 常用机床电气检修[M]. 上海：上海科学技术出版社，1990.
[13] 齐占庆. 机床电气控制技术[M]. 北京：机械工业出版社，1994.
[14] 赵仁良. 电力拖动控制线路[M]. 北京：中国劳动与社会保障出版社，1994.
[15] 王维亚，梁平. 可编程序控制器及其应用[M]. 南宁：广西教育出版社，1990.